高等院校信息技术规划教材

软件测试技术及实践

詹慧静 主编　　陈　燕　段相勇 副主编

清华大学出版社
北京

内 容 简 介

本书全面、系统地阐述了软件测试的基本理论和基本技术。全书共 8 章,内容包括软件测试基本知识、白盒测试技术、黑盒测试技术、软件生存周期的测试、缺陷报告与测试评估、测试管理、软件自动化测试工具以及自动化测试实例。本书精心安排了典型案例,介绍了不同测试方法中测试用例的设计过程及自动化功能、性能测试。本书既注重内容的先进性,又突出了教材的应用性和实践性,将软件测试与软件工程密切结合,强调将软件测试贯穿整个软件生存周期,使软件测试知识能迅速运用到软件工程实践中。

本书既可作为高等学校本科软件测试课程教材,也可以作为软件测试人员的参考书。

图书在版编目(CIP)数据

软件测试技术及实践/詹慧静主编. —北京:清华大学出版社,2015(2019.9重印)
高等院校信息技术规划教材
ISBN 978-7-302-42528-1

Ⅰ. ①软…　Ⅱ. ①詹…　Ⅲ. ①软件—测试—高等学校—教材　Ⅳ. TP311.5

中国版本图书馆 CIP 数据核字(2016)第 000833 号

责任编辑:焦　虹　战晓雷
封面设计:常雪影
责任校对:焦丽丽
责任印制:刘祎淼

出版发行:清华大学出版社
　　　　网　　　址:http://www.tup.com.cn,http://www.wqbook.com
　　　　地　　　址:北京清华大学学研大厦 A 座　　　　邮　　编:100084
　　　　社 总 机:010-62770175　　　　　　　　　　　邮　　购:010-62786544
　　　　投稿与读者服务:010-62776969,c-service@tup.tsinghua.edu.cn
　　　　质量反馈:010-62772015,zhiliang@tup.tsinghua.edu.cn
　　　　课件下载:http://www.tup.com.cn,010-62795954
印 刷 者:北京富博印刷有限公司
装 订 者:北京市密云县京文制本装订厂
经　　销:全国新华书店
开　　本:185mm×260mm　　　　印　张:18.25　　　字　　数:422 千字
版　　次:2016 年 4 月第 1 版　　　　　　　　　　　印　　次:2019 年 9 月第 5 次印刷
定　　价:39.00 元

产品编号:063557-01

前言

foreword

随着软件规模的不断增大和软件复杂性的日益提高,市场对软件质量的要求不断提高,如何保证软件质量已成为软件开发过程中越来越重要的问题。软件测试是保证软件质量的重要手段。软件测试直接决定软件产品的质量。

近年来,软件测试工作受到人们越来越多的重视,软件行业对进行专业化、高效率软件测试的要求也越来越高,越来越严格。要开发一个好的软件,需要有素质过硬的软件测试人员。国际化大型软件公司在软件测试上投入了大量的人力和物力,软件测试人才越来越受到重视。我国的软件测试工作远远落后于国外,软件测试人才的紧缺已是无法回避的事实,要让软件质量上台阶,需要更多合格的软件测试人才,这是促进我国软件产业成熟的一个亟待解决的问题。

软件测试是一项专业性较强的工作,除了要求软件测试人员有一定的实际开发经验,还要求测试人员掌握许多测试理论和实用的测试技术。作为高等学校计算机软件相关专业,软件测试是必须开设的一门专业课程。如何将软件测试教材的内容安排得既系统、合理、适用,又符合市场对软件测试人才的测试理论和测试技术的要求,是软件测试课程教师需要关心和思考的问题。为了满足教学需求,我们组织了有丰富软件开发经验及软件测试课程教学经验的人员共同编写了本教材。我们在编写中参阅了大量国内外相关文献资料,将软件开发及软件测试教学的经验融入教材中,在内容组织结构方面做了精心安排,设计了较多经典实例。

本书全面、系统地阐述了软件测试的基本理论和基本技术,全书共8章,第1章介绍软件测试基本知识;第2章和第3章介绍白盒及黑盒测试技术常用的测试方法,并通过典型案例介绍不同测试方法中测试用例的设计过程;第4章强调软件测试贯穿整个软件生存周期,介绍软件生存周期的不同测试阶段,即单元测试、集成测试、系统测试和验收测试4个阶段,还介绍性能测试和在各个测试阶段都可采用的回归测试;第5章介绍软件缺陷的基本概念及如何报告软件缺陷和对缺陷进行评估；第 6 章介绍如何对测试项目实施各项管理活动；第 7 章介绍自动化测试的定义及发展、软件测试工具的作用和优势及软件测试工具的分类，并选择一些常用和主流的测试工具进行介绍；在第 8 章采用"任务驱动式"的编写模型，精心设计了 WinRunner 功能测试和 LoadRunner 负载测试两个实例。通过这两个自动化测试实例来带动 WinRunner 8.2 和 LoadRunner 11.0 自动化测试工具的学习。本书是一本非常实用的软件测试教材。

　　本书第 1 章、第 2 章、第 3 章、第 7 章由詹慧静编写，第 8 章由詹慧静、董坤共同编写，第 4 章、第 6 章的 6.1 节至 6.4 节和 6.8 节由陈燕编写，第 5 章、第 6 章的 6.5 节至 6.7 节由段相勇编写。全书由詹慧静、陈燕修改定稿。

　　李汶秋、王洋、杨丽萍、吴海峰、白玲、吴梅香、邓静参与了第 5 章的编写工作，并为本书编写工作收集了一些相关资料及进行了校稿工作。

　　真理是相对的，实践是多元的，读者是最好的老师，尽管编者以认真、严谨的态度来完成这本教材的策划和编写，但由于时间仓促，书中难免会存在疏漏之处，我们热切期待读者的批评指正。

编　者

目录

Contents

第1章

软件测试概述

本章学习目标
- 了解软件、软件危机和软件工程的基本知识。
- 了解软件错误、软件缺陷和软件故障的概念。
- 了解软件质量的含义及常用的质量模型。
- 了解软件测试基础知识。
- 熟练掌握指导测试过程的常用软件测试模型。
- 熟练掌握测试用例设计的基本知识。
- 了解软件测试的组织和对人员的要求。
- 了解软件测试的发展历史。

软件测试是软件工程的一个重要部分,是确保软件质量的重要手段。最近几年来,由于软件复杂度的不断增强,更由于软件的工业化发展趋势,软件测试得到广泛的重视。本章先向读者介绍软件测试需要的基本知识,再介绍指导衡量软件质量的常用质量模型和指导软件测试过程的常用软件测试模型,最后介绍软件测试的核心内容——测试用例及设计的相关知识。

1.1　软件、软件危机和软件工程

对于软件测试,需要了解如下软件及软件工程的内容:
- 软件及软件危机。
- 软件工程。
- 软件的开发模型。

1.1.1　软件及软件危机

计算机系统包括硬件系统和软件系统两大部分。随着电子技术的发展和进步,软件从规模、功能、应用范围上得到了很大的发展,人们对软件的需求和依赖越来越大,对软件的质量要求也越来越高。那么,什么是软件? 软件有哪些特征呢?

1. 软件的定义及特征

软件是能够完成预定功能和性能的可执行的计算机程序,包括使程序正常执行所需要的数据,还包括在软件开发过程中记录的开发活动及为了维护和使用软件的一系列文档。

软件是一种特殊的产品,有以下特征:

(1) 软件是逻辑产品,它具有抽象性,与硬件产品有本质的区别。

(2) 软件没有明显的制造过程,要提高软件的质量,必须在软件开发方面下工夫。

(3) 软件在运行使用期间,没有像硬件那样的机械磨损、老化问题,但它存在退化问题,必须对其进行多次修改与维护。

(4) 软件的开发和运行受到计算机系统的限制,对计算机系统环境有着不同程度的依赖性。为了解决这种依赖性带来的问题,在软件开发中提出了软件的移植问题。

(5) 软件产品生产的成本主要是脑力劳动,在还未完全摆脱手工开发方式的情况下,大部分产品是"定做"的。

(6) 软件本身是复杂的。软件的复杂性可能来自它反映的实际问题的复杂性,也可能来自程序逻辑结构的复杂性。

(7) 软件成本相当昂贵。软件的开发需要高强度的、复杂的脑力劳动,因此成本昂贵。

(8) 软件的推广应用涉及社会因素。

2. 软件危机

软件危机是指落后的软件生产方式无法满足迅速增长的计算机软件需求,从而导致软件开发与维护过程中出现一系列严重问题的现象。

软件危机主要表现在以下几个方面:

(1) 软件功能与实际需求不符。原因是开发人员没有准确地理解用户的需求,一方面,许多用户在软件开发的初期不能准确完整地向开发人员表达他们的需求;另一方面,软件开发人员常常在对用户需求还没有正确全面认识的情况下,就急于编写程序。

(2) 软件生产率随着软件规模与复杂性提高而下降,软件生产不能满足日益增长的软件需求。

(3) 软件开发费用和进度失控。软件开发中费用超支,开发周期大大超过规定日期的情况经常发生,有时为了赶进度和节约成本采取一些权宜之计,这样又往往严重损害了软件产品的质量。

(4) 软件难以修改、维护。很多程序缺乏相应的文档资料,程序中的错误难以定位,难以改正,有时改正了已有的错误又引入新的错误。

(5) 软件的可靠性差。尽管软件开发耗费了大量的人力物力,而系统的正确性却越来越难以保证,出错率大大增加,由于软件错误而造成的损失十分惊人。

(6) 软件产品质量难以保证。开发团队缺乏严密有效的质量检测手段,以及缺少完善的软件质量保证评审体系,使最终的软件产品存在很多缺陷。

（7）软件文档配置没有受到足够的重视。软件文档不完备，并且存在文档内容与软件产品不符的情况。

软件危机产生的原因有两方面：一是软件产品的固有特性；二是软件专业人员自身的缺陷。

软件的不可预见性和逻辑结构复杂是软件产品固有特性，软件不同于硬件，它是逻辑产品而不是物理部件，随着软件的发展，软件规模越来越大并且逻辑越来越复杂。在写出程序代码并在计算机上试运行之前，软件开发过程的进展情况较难衡量，软件质量也较难评价，因此管理和控制软件开发过程十分困难。

来自软件专业人员自身的缺陷主要体现在以下方面。其一，软件产品是人的思维结果，因此软件生产水平最终在相当程度上取决于软件人员的教育、训练和经验的积累；其二，大型软件往往需要很多人合作开发，甚至要求软件开发人员深入应用领域的问题研究，这样就需要在用户与软件人员之间以及软件开发人员之间相互沟通和交流，在此过程中难免发生理解的差异，从而导致后续错误的设计或实现，而要消除这些误解和错误往往需要付出巨大的代价；其三，由于计算机技术和应用发展迅速，知识更新周期加快，软件开发人员经常处在变化之中，不仅需要适应硬件更新的变化，而且还要涉及日益扩大的应用领域问题研究；软件开发人员在每一项软件开发中几乎都必须调整自身的知识结构以适应新的问题求解的需要，而这种调整是人所固有的学习行为，难以用工具来代替。

解决软件危机既要有技术措施，又要有必要的组织管理措施。软件工程就是从技术和管理两个方面研究如何更好地开发和维护计算机软件的一门学科。

1.1.2　软件工程

1. 软件工程的定义及目标

1）软件工程的定义

"软件工程"一词，首先是 1968 年北大西洋公约组织（NATO）在联邦德国召开的一次会议上提出的。它反映了软件人员认识到软件危机的出现，以及为谋求解决这一危机而做的一种努力。对于软件工程，人们从不同的角度给其下过各种定义。

- 定义一：软件工程是将系统化的、严格约束的、可量化的方法应用于软件的开发、运行和维护，即将工程化应用于软件。
- 定义二：软件工程是建立并使用完善的工程化原则，以较经济的手段获得能在实际机器上有效运行的可靠软件的一系列方法。
- 定义三：软件工程是应用计算机科学、数学、逻辑学及管理科学等原理，开发软件的工程。软件工程借鉴传统工程的原则、方法，以提高质量、降低成本和改进算法。其中，计算机科学、数学用于构建模型与算法，工程科学用于制定规范、设计范型（paradigm）、评估成本及确定权衡，管理科学用于计划、资源、质量、成本等管理。

软件工程除以上 3 种定义，还有很多种定义，但不论有多少种定义，它的中心思想都是把软件当作一种工业产品，要求"采用工程化的原理与方法对软件进行计划、开发和维护"。这样做的目的，不仅是为了实现按预期的进度和经费完成软件生成计划，也是为了提高软件的生成率和软件的质量。

2）软件工程的目标

从狭义上说，软件工程的目标是生产出满足预算、按期交付、用户满意的无缺陷的软件，进而当用户需求改变时，所生产的软件必须易于修改。从广义上说，软件工程的目标就是提高软件的质量与生产率，最终实现软件的工业化生产。

要达到软件工程的目标，在软件开发时必须注重考虑下面几个方面的问题：

（1）可修改性。允许对系统进行修改，而不增加系统的复杂性。

（2）有效性。软件系统能在一定的时间资源和空间资源环境下完成规定的任务。

（3）正确性。软件能够准确无误地执行用户需求的各种功能，满足用户要求的各种性能指标。

（4）可靠性。有时也称为健壮性，就是在硬件、操作系统出现小故障，或者人为操作不当的情况下，不会导致软件系统失效。如对卫星导航系统，可靠性要求就特别高。

（5）可理解性。包括两个方面的内容，一是软件系统结构清晰，容易理解；二是程序算法功能清晰，容易读懂。可理解性有助于控制软件系统的复杂性，提高软件的可维护性。

（6）可复用性。软件中的某个部分可以在系统的多处重复使用，或者在多个系统中使用。

（7）可适应性。体现软件在不同的硬件和操作系统环境下的适应程度。

（8）可移植性。体现了软件从一种计算机环境移动到另一种计算机环境下的难易程度。

（9）可跟踪性。包括两个方面，一是可以根据软件开发的文档对设计过程进行正向跟踪或逆向跟踪；二是软件测试和维护过程中，对程序的执行进行跟踪，根据跟踪情况，分析程序执行的因果关系。

（10）互操作性。多个软件相互通信，协作完成任务的能力。

2. 软件的生存周期

一个软件从定义到开发、使用和维护，直到最终被废弃，要经历一个漫长的时期，通常把软件经历的这个漫长的时期称为软件的生存周期。

软件工程强调使用生存周期方法，从时间的角度对软件开发和维护的复杂问题进行分解，把软件生存的漫长周期依次划分为若干阶段，每个阶段有相对独立的任务，最后逐步完成每个阶段的任务。软件工程采用生存周期的方法，对软件产品开发过程的管理、软件开发工具的组织及软件质量保障具有重要意义。首先，由于把整个开发工作划分成若干开发阶段来完成，这样能把复杂的问题分解并分派到不同阶段加以解决，使得每阶段工作目标明确，工作相对简单。其次，可为每一阶段的中间产品提供了检验的依据。

一般，软件生存周期包括软件定义、软件开发、软件使用与维护 3 个阶段，每个阶段又可细分为不同的子阶段。软件生存周期一般由制订计划、需求分析、软件设计、程序编写、软件测试、运行维护 6 个子阶段组成，如图 1-1 所示。下面简单介绍各阶段的主要任务。

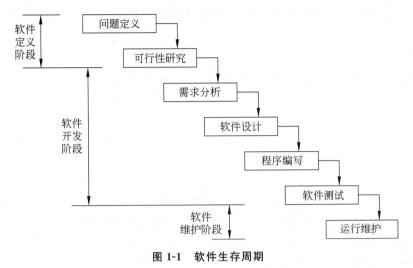

图 1-1　软件生存周期

1）制订计划

此阶段由软件开发人员和用户通过沟通、讨论，弄清楚用户需要解决的问题。由系统分析员根据对问题的理解，提出系统目标与范围，请用户审查并认可。之后根据系统目标及实现环境，从技术、经济和社会等几个方面研究并论证开发软件系统的可行性，并写出可行性论证报告。如果结论认为该软件项目值得进行，应制订出完成开发任务的项目实施计划，否则应提出项目终止的建议。同时，此阶段还应制定出人力、资源及进度计划。

2）需求分析

需求分析的任务是确定所要开发软件的功能需求、性能需求、运行环境约束和外部接口等描述。编制软件需求规格说明书、软件系统的确认测试准则。软件的性能需求包括软件的适应性、安全性、可靠性、可维护性、错误处理等。为了使需求规格说明书更直观，易于理解，可使用需求模型。

3）软件设计

这一阶段主要根据需求分析的结果，对整个软件系统进行设计，如系统框架设计、数据库设计等。软件设计一般分为概要设计和详细设计，主要是根据软件需求规格说明书建立软件系统的结构，明确算法、数据结构和各程序模块之间的接口信息，规定设计约束，并为编写源代码提供必要的说明。概要设计即把确定的各项功能需求转换成需要的体系结构，在该系统结构中，每个成分都是意义明确的模块，而每个模块都和某些需求相对应。详细设计就是为每个模块完成的功能进行具体描述，要把功能描述转变成精确的、结构化的过程描述，即该模块的控制结构是怎样的，应该先做什么、后做什么，有什么样的条件判定，有什么重复处理等，并用相应的表示工具把这些控制结构表示出来。软件设计是软件工程的技术核心，好的软件设计将为软件程序编写打下良好的基础。

4) 程序编写

此阶段是将软件设计的结果转换成计算机可运行的程序代码。在程序编码中必须制定统一、符合标准的编写规范。以保证程序的可读性和易维护性,提高程序的运行效率。

5) 软件测试

在软件设计及编码完成后要经过严密的测试,以发现软件在整个设计过程中存在的问题并加以纠正,它是保证软件质量的重要手段。整个测试过程分为单元测试、集成测试、确认测试和系统测试 4 个阶段。测试的方法主要有白盒测试和黑盒测试两种。在测试过程中需要建立详细的测试计划并严格按照测试计划进行测试,以减少测试的随意性。

6) 运行维护

软件维护是软件生存周期中持续时间最长的阶段。该阶段在软件开发完成并投入使用后开始进行。在软件不能继续适应用户的要求而需要进行修改(比如运行中发现了软件故障,为了增强软件的功能需要进行变更等等)时,必须对软件进行维护。另外,要延续软件的使用寿命,也需要对软件进行维护。

3. 软件过程

什么是过程?广义地说,人们随时间的流逝而进行的各种活动均可称为过程(process,或译为流程)。软件过程可理解为围绕软件开发所进行的一系列活动。软件过程也称为软件开发模型。早期软件开发中,软件过程与软件生存周期过程常常不加区分。但是随着软件的发展,软件的规模越来越大,逻辑结构也越来越复杂,对于大型、复杂的软件系统,采用这种线性模型显然是不合适的。除传统的线性开发模型外,又陆续涌现了一批新的、允许在开发过程中任意回溯和迭代的过程模型。常用的软件开发模型有瀑布模型、快速原型模型、螺旋模型、增量模型、构件集成模型、转换模型、净室模型、统一过程等。

1.1.3 软件的开发模型

1. 瀑布模型

瀑布模型(也称线性顺序模型或软件生存周期模型)是温斯顿·罗伊斯(Winston Royce)在 1970 年提出的。瀑布模型遵循软件生存周期的划分,明确规定各个阶段的任务,各个阶段的工作自上而下、顺序展开,如同瀑布流水,逐级下落。

瀑布模型把软件生存周期划分为计划时期(或定义时期)、开发时期和维护时期,这 3 个时期又分别细分为若干个阶段。瀑布模型如图 1-2 所示。

瀑布模型的特点如下:

(1)顺序性。只有等前一阶段的工作完成以后,后一阶段的工作才能开始;前一阶段的输出文档就是后一阶段的输入文档。

(2)依赖性。只有前一阶段有正确的输出时,后一阶段才可能有正确的结果。

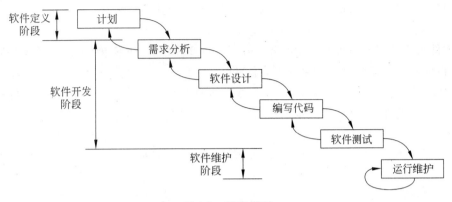

图 1-2　瀑布模型

为了保证质量,瀑布模型软件开发在各个阶段坚持了两个重要的做法:

(1) 每一阶段都要完成规定的文档。没有完成文档,就认为没有完成该阶段的任务。

(2) 每一阶段都要对完成的文档进行复审,以便尽早发现问题,消除隐患。

瀑布模型存在以下问题:

(1) 瀑布模型在需求分析阶段要求客户和系统分析员必须指明软件系统的全部需求,这是困难的,有时甚至是不现实的。

(2) 需求确定后,用户和软件项目负责人要等相当长的时间(经过设计、实现、测试、运行)才能得到一份软件的最初版本。

2. 快速原型模型

由于软件开发初期确定软件系统需求方面存在的困难,人们开始借鉴建筑师在设计和建造原型方面的经验。软件开发人员根据客户提出的软件定义,快速地开发出一个原型,它向客户展示了待开发软件系统的全部或部分功能和性能,在征求客户对原型意见的过程中,进一步修改、完善、确认软件系统的需求并达到一致的理解,这就是软件开发的快速原型法,如图 1-3 所示。

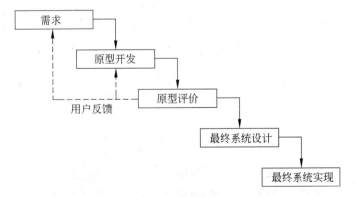

图 1-3　快速原型模型

原型是软件开发人员向用户提供的一个"样品"，能够使用户立刻与想象中的目标系统进行比较，并针对原型向开发人员迅速做出反馈。

软件大多数属于单件生产，如果每开发一个软件都提供原型，成本就会成倍增加。为此，在建立原型系统时经常采取下述做法：

（1）原型系统只包括未来系统的主要功能及系统的重要接口。它不包括系统的细节，例如异常处理、对非有效数据的反应等，对系统的性能需求如硬件运行速度等也可推迟考虑。

（2）为尽快向用户提供原型，开发原型系统时应尽量使用能缩短开发周期的语言和工具。

大多数原型都废弃不用，仅把建立原型的过程当作帮助定义软件需求的一种手段。快速原型模型改变了"把生存周期等同于过程模型"的习惯性思维，使人们认识到，生存周期只指出了整个周期中应包含哪些活动，并未规定这些活动应该发生多少次。快速原型模型的优点是能较准确地获得用户的需求。

3．增量模型

增量模型是演化模型，而演化模型是渐进式的开发模型，它遵循迭代的思想方法，使所开发的软件在迭代中逐步达到完善，有时也把它称为迭代化开发模型。常见的演化模型有增量模型与螺旋模型两种，一般适用于大型软件开发。

增量模型（incremental model）是瀑布模型顺序特征与快速原型模型的迭代特征相结合的产物。增量模型把软件看作一系列相互联系的增量，采用增量式的开发，每次发布一个增强功能的版本，而且是可评估的产品。其中任一个增量的开发流程均可按瀑布模型或快速原型模型完成。增量模型如图1-4所示。

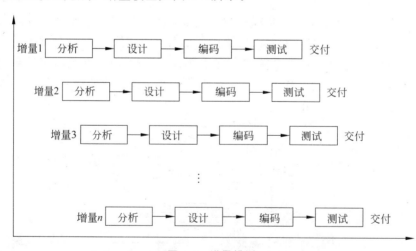

图 1-4　增量模型

在增量模型中，首先开发出核心的框架，每次可以少量或大量地在上面增加功能。增量模型有利于控制技术风险。不同的增量可配备不同数量的开发人员，使计划增加灵活性。

4. 螺旋模型

螺旋模型(spiral model)是美国 TRW 公司的巴利·玻姆(Barry Boehm)于 1988 年提出的。螺旋模型将瀑布模型与快速原型模型结合起来,并且加入两种模型均忽略了的风险分析,弥补了两者的不足。螺旋模型沿着螺线旋转,在笛卡儿坐标系的 4 个象限上分别表达了 4 个方面的活动,如图 1-5 所示。

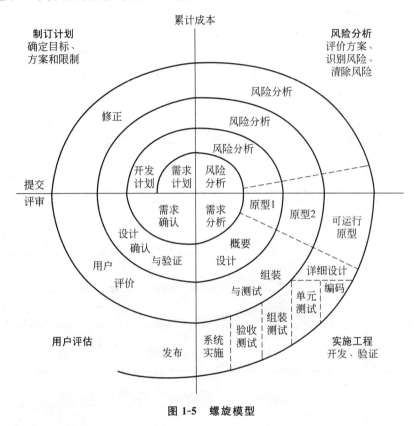

图 1-5 螺旋模型

螺旋模型在笛卡儿坐标 4 个象限的活动如下:

(1) 制订计划。确定完成本轮螺旋所定目标的策略,包括确定待开发系统的目标,选择方案,设定约束条件等。

(2) 风险分析。评估本轮螺旋可能存在的风险。必要时,可通过建立一个原型来确定风险的大小,然后据此决定是按原目标执行,还是修改目标或终止目标。

(3) 实施工程。在排除风险后,实现本轮螺旋的目标。例如,第一轮可能产生产品的需求规格说明书,第二轮可能实现产品设计,等等。

(4) 用户评估。由用户评价本轮的结果,同时计划下一轮的工作。

软件开发中存在着风险,项目越复杂,估算中的不确定因素越多,风险也越大,严重时可能会导致软件开发的失败。风险分析的目的,就是要了解、分析并设法降低和排除这种风险。当软件随着过程的进展而演化时,开发者和用户都需要更好地了解每一级演化存在的风险。螺旋模型利用快速原型作为降低风险的机制,在任何一次迭代中均可应用原型方法;同时,在总体开发框架上,螺旋模型又保留了瀑布模型所固有的顺序性和"边开发,边评审"等特点。这种将二者融合在一起的迭代框架,无疑可以更真实地反映客观世界。对于高风险的大型软件,螺旋模型是一个理想的开发过程。

螺旋模型的特点是在项目的所有阶段都考虑各类风险,从而能在风险变成问题之前降低它的危害。它的不足之处是,难以使用户相信演化方法是可控的,并且过多的迭代周期会增加开发成本和时间。

5. 统一过程

统一过程(Rational Unified Process,RUP)用一个二维空间描述软件开发活动,水平轴代表时间,显示了过程动态的一面,它将软件生存周期分为 4 个阶段,分别是初始阶段、细化阶段、构造阶段和交付阶段,每个阶段又分为若干次迭代,每次迭代有一个核心工作流,经历需求、分析、设计、实现、测试等活动,如图 1-6 所示。

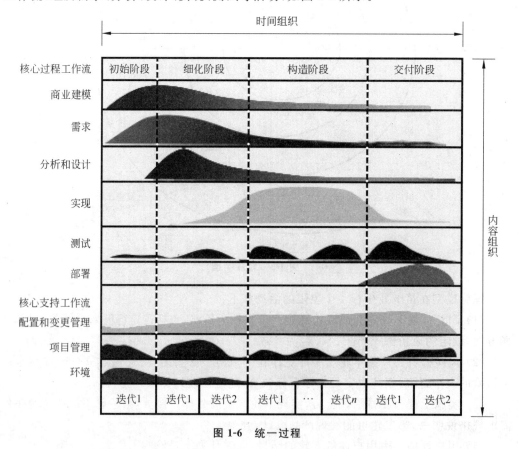

图 1-6　统一过程

从横轴来看,RUP 把软件开发生存周期划分为多个循环,每个循环生成产品的一个新版本,每个循环由以下 4 个连续阶段组成:

(1)初始阶段。定义目标产品视图和业务模型,确定系统范围。

（2）细化阶段。设计、确定系统的体系结构，制订工作计划即资源需求。

（3）构造阶段。构造产品并继续演进需求、体系结构、计划，直至产品提交。

（4）交付阶段。把产品提交给用户使用。

软件开发模型有很多种，每种模型各有优缺点。软件开发单位可根据待开发软件的特征及本单位具体情况选择适合的开发模型。在实际应用中，有时也可以把几种模型组合起来使用，取长补短。

1.2　软件缺陷与软件故障

对于软件缺陷和软件故障，需要了解以下内容：

- 软件缺陷及软件故障的定义。
- 软件缺陷和软件故障案例。

1.2.1　软件缺陷及软件故障的定义

软件的质量是软件的生命，为了保证软件的质量，人们在长期的软件开发过程中积累了许多经验并总结出许多行之有效的方法。但是，软件开发是一个十分复杂的过程，很难避免存在一些错误，无论软件开发人员做了多大的努力，软件错误仍然会存在。软件是由人来开发的，在整个软件生存周期的各个阶段，都贯穿着人的直接或间接的干预，因此肯定会有不完美甚至存在错误的地方，这些不完美和错误造成了软件的缺陷。因此，软件存在缺陷是软件的一种属性。软件测试的目的就是发现尽可能多的软件缺陷，并期望通过更正错误或修正不可接受的不完善之处把缺陷消灭，以提高软件的质量。

软件错误是指在软件生存周期内的不希望出现或不可接受的人为错误。软件错误是由于人为的原因产生的，如编码人员在编码过程中将一个条件表达式写错了。

软件缺陷是存在于软件（文档、数据、程序）之中的那些不希望的或不可接受的偏差，如影响软件正常运行能力的问题、软件错误、用户的需要不能满足、功能的不完善等都属于软件缺陷。

软件故障是指软件在运行过程中产生的一种不希望的或不可接受的内部状态。如软件进入一个执行死循环的过程中时，就说软件出现了故障。

软件失效是指软件运行时产生的一种不希望的或不可接受的外部行为结果，如软件运行在某一条件下导致了计算机的死机状态。

通常软件错误是对软件质量影响比较严重的软件缺陷，一个软件错误必定产生一个或多个软件缺陷。当一个软件缺陷被激活时，便产生一个软件故障，同一个软件缺陷在不同条件下被激活，可能产生不同的软件故障。软件故障若无适当的措施（容错）加以及时处理，便不可避免地导致软件失效。

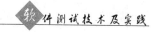

1.2.2 软件缺陷和软件故障案例

1. 爱国者导弹防御系统

1991 年,美国爱国者导弹防御系统首次应用于海湾战争中对抗伊拉克飞毛腿导弹。爱国者导弹系统在这次战争中屡建战功,多次成功拦截飞毛腿导弹,但也有几次出现了严重的失误,其中一枚在沙特阿拉伯多哈美国军营爆炸的飞毛腿导弹造成 28 名美国士兵死亡。

分析专家得出的事故原因是,爱国者导弹防御系统中存在一个系统时钟的小错误,这个小错误积累可能延时 14 小时,从而造成了跟踪系统失去准确度。在那次多哈袭击战斗中,导弹系统已经连续运行 100 小时,至此导弹的时钟已经偏差三分之一秒,相当于 600m 距离的误差,从而造成拦截失败。

2. 迪士尼公司的"狮子王童话"游戏软件兼容性问题

1994 年圣诞节前夕,美国迪士尼公司发布了第一个面向儿童的多媒体光盘游戏"狮子王童话",由于迪士尼公司的著名品牌和良好的营销方式,"狮子王童话"成为了当年圣诞节的必买礼物,销售额非常可观。但是不久,迪士尼公司就受到了家长和孩子们的抱怨。

原来,由于迪士尼公司没有对当时市场上的各种 PC 机型进行完整的系统兼容性测试,只是在几种 PC 机型上进行了相关测试,导致了这个游戏光盘只能在少数 PC 上正常运行,而绝大多数 PC 都不能正常安装和使用。

3. 英特尔奔腾芯片缺陷

在计算机的"计算器"中输入以下算式:$(4195835/3145727) \times 3145727 - 4195835$,如果结果显示为 0,说明计算没问题。而在 1994 年发现,结果可能为其他答案,这就是英特尔奔腾(Intel Pentumn)CPU 芯片的一个浮点除法软件缺陷,最终英特尔花费 4 亿多美元更换了芯片。

4. 阿丽亚娜 5 型火箭事故

1996 年 6 月 4 日,是欧洲航天局阿丽亚娜 5 型运载火箭的首次发射,因软件引发的问题导致火箭在发射 40 秒后偏轨,从而激活了火箭的自我摧毁装置,造成星箭俱毁。

事故原因是阿丽亚娜 5 型火箭采用了阿丽亚娜 4 型火箭的初始定位软件,阿丽亚娜 5 型火箭加速度值输入到计算机系统的整型加速度产生上溢出,以加速度为参数的速度、位置计算错误,导致惯性导航系统对火箭控制失效,程序只得进入异常处理,引爆自毁。此次事故损失了 3.7 亿美元。

5. 美国航天局火星登陆事故

1999 年 12 月 3 日,美国宇宙航天局火星极地登陆飞船在试图登陆火星表面时突然坠毁失踪。故障评测委员会调查分析了这一故障,认定出现该故障的原因可能是由于某一数据位被更改,并认为该问题在内部测试时应该能够解决。

经调查发现,登陆飞船由多个小组测试,其中一个小组测试了飞船的落地过程,另一个小组测试了着陆过程的其他部分,前一小组没有注意着地数据位是否置位,后一小组在开始测试之前重置了计算机,清除了数据位,两个测试小组只顾完成自己的测试任务,而没有进行很好的沟通。

6. 跨世纪"千年虫"问题

"千年虫"问题是一个众所周知的软件缺陷。20 世纪 70 年代,人们所使用的计算机存储空间非常小。程序员们为了节约存储空间,在存储日期数据时,年份只保留后两位,如 1998 年被表示为 98,1999 年被表示为 99,而 2000 年被表示为 00,这样将会导致某些程序在计算时得到不正确的结果,如把 00 误解为 1900 年。在嵌入式系统中可能存在同样的问题,有可能导致设备停止运转或者发生更加灾难性的后果。

由于世界上各地的政府和企业都对"千年虫"问题给予了足够的关注,1999 年 1 月 1 日到 2000 年 3 月 1 日并没有出现大范围的计算机故障。但是,为解决这样一个简单的设计缺陷,全世界付出了几十亿美元的代价。

7. "冲击波"计算机病毒

冲击波病毒是利用在 2003 年 7 月 21 日公布的 RPC 漏洞进行传播的,该病毒于当年 8 月在美国爆发,使美国的政府机关、企业及个人用户的成千上万的计算机受到攻击。随后,冲击波病毒很快在因特网上广泛传播,使十几万台邮件服务器瘫痪,给世界范围内的因特网通信带来惨重损失。

冲击波病毒运行时会不停地利用 IP 扫描技术寻找网络上系统为 Windows 2000 或 XP 的计算机,找到后就利用 DCOM/RPC 缓冲区漏洞攻击该系统,一旦攻击成功,病毒体将会被传送到对方计算机中进行感染,使系统操作异常,不停重启,甚至导致系统崩溃。另外,该病毒还会对系统升级网站进行拒绝服务攻击,导致该网站堵塞,使使用户无法通过该网站升级系统。该病毒几乎影响了当时所有的微软公司 Windows 系统,随后微软公司不得不紧急发布补丁包,以修正这个缺陷。

8. 金山词霸出现的错误

金山词霸 2003 和金山快译 2003 正式在全国各地上市以来遭到了很多用户的强烈批评,比如金山在某些词语翻译上的错误,以及当安装路径不是默认路径或以其他英文路径进行安装时,就会出现安装完成后无法取词和无法解释的现象等,以至于金山公司在正式版发布后几天就不得不发布补丁。

从以上几个典型的软件质量问题案例中可以看到,软件质量问题带来的危害是非常严重的,可能会带来不可逆转的灾难性后果,忽视软件质量必将让人们付出沉重的代价,甚至受到严厉的惩罚。虽然任何软件都会不同程度地存在缺陷,会带缺陷发布、使用,但对于测试人员来说,通过专业化方法、手段进行高效率的软件测试,尽可能多地找出软件中存在的各种各样的缺陷并加以修复,是保证软件质量的重要手段,也是测试人员的职责和目标。

1.3 软件质量与质量模型

为了了解软件质量的含义及对软件质量的属性进行研究和度量,需要学习以下内容:

- 软件质量的概念。
- 软件质量模型。

1.3.1 软件质量

质量是多维的概念,包括实体、实体的属性和对实体的观点。世界著名的质量管理专家朱兰(Joseph M. Juran)从用户的使用角度出发,曾把质量的定义概括为产品的"适用性"(fitness for use)。美国的另一位质量管理专家克劳斯比(Philip B. Crosby)从生产者的角度出发,曾把质量概括为产品符合规定要求的程度。软件质量与传统意义上质量的概念并无本质上的差别,只是针对软件的某些特性进行了调整。软件质量是产品、组织和体系或过程的一组固有特性。随着计算机的不断发展,对软件质量的理解不断加深,根据 GB/T 11457—2006《信息技术软件工程术语》,可以将软件质量定义为:软件质量是与软件产品满足明确或隐含需求的能力有关的特征和特性的总和。其含义包括以下 4 个方面:

(1) 软件产品中能满足给定需求的特性的总体。软件需求是衡量软件质量的基础。一个质量好的软件产品应在功能和性能等方面都满足给定的需求。

(2) 软件具有所期望的各种属性的组合程度。包括软件结构良好、易于维护和使用等。

(3) 顾客和用户觉得软件满足其综合期望的程度。包括软件满足用户需求、软件界面一致友好、方便用户使用等。

(4) 确定软件在使用中将满足顾客预期要求的程度。包括软件各项配置齐全,软件开发过程的各阶段的文档齐全、规范。

软件质量是许多质量属性的综合体现,这些质量属性反映了软件质量的方方面面,人们通过改善各种质量属性来实现软件质量的整体提升。

那么,影响软件质量的属性有哪些?应该从哪些质量属性着手改善软件的整体质量呢?软件的质量属性很多,如正确性、精确性、可靠性、容错性、可扩展性、易用性、灵活性等。为了对影响软件质量的属性进行研究和度量,并方便地对软件的质量进行评价和风险进行识别、管理,需要一个易于理解的质量模型来指导。质量模型通常代表软件质量属性的总体。目前,主流的软件质量模型分为层次模型和关系模型两类。比较著名的层次模型有 McCall 模型、Boehm 模型、ISO/IEC 9126 模型和 ISO/IEC 25010 模型。它们的共同特点是把软件质量属性定义为分层模型,这些质量属性用特性和子特性的分层树结构进行分类。McCall 模型和 Boehm 模型都为两层结构，第一层是基本质量特性，为按大类划分的质量特性；第二层为基本质量特性所包含的子类质量特性。而 ISO/IEC 9126 模型为 3 层模型，第一层和第二层同样为基本质量特性和子类质量特性，第三层称为度量。ISO/IEC 25010 质量模型可以弥补 ISO/IEC 9126 模型的不足，因此取代了 ISO/IEC 9126 模型。

1.3.2 软件质量模型

1. McCall 质量模型

McCall 模型是 McCall、Richards 和 Walters 等人在 1978 年提出的质量模型，McCall 认为软件质量可以从两个层次来分析，第一层为按大类划分的质量特性，叫基本质量特性；第二层为每个基本质量特性所包含的子类质量特性。McCall 模型对基本质量特性从 3 个重要方面考虑，即产品运行(操作特性)、产品修订(承受可改变能力)、产品变迁(新环境适应能力)。产品运行特性包括正确性、可靠性、效率、可使用性和完整性 5 个子特性；产品修订特性包括可维护性、可测试性和灵活性 3 个子特性；产品变迁特性包括可移植性、可复用性和共运行性 3 个子特性。McCall 模型如图 1-7 所示。McCall 模型所提供的度量方式仅能主观地进行测量。

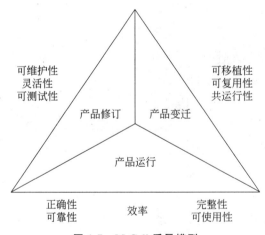

图 1-7 McCall 质量模型

2. Boehm 质量模型

Boehm 模型是 B. W. Boehm 等人于 1976 年首次提出的，它在表达质量特征的层次性上与 McCall 模型非常相似，采用层级的质量模型结构。Boehm 模型将软件产品的质量从软件的可使用性、软件的可维护性和软件的可移植性 3 个方面考虑。这 3 个方面的基本质量特性又可分为 15 个子特性：准确性、完备性、一致性、健壮性、设备效率、可说明性、可存储性、通信性、设备独立性、自描述性、结构化性、简明性、可扩充性、易读性、自包含性。Boehm 模型包含了 McCall 模型中没有的硬件属性，它基于更广泛的属性，并且对可维护性做了更多的关注。

3. ISO/IEC 9126 质量模型

国际标准化组织在吸收、借鉴了 Boehm 和 McCall 等已有的模型基础上,于 1991 年制定了 ISO/IEC 9126 软件质量模型,该模型定义了外部和内部质量的质量属性,并将其划分为 6 个基本质量特性:功能性、可靠性、易读性、效率、可维护性、可移植性,这些基本质量特性还能进一步被分解为若干子特性。ISO/IEC 9126 标准经过几次修订,2001 年发布的 ISO/IEC 9126 标准包括基本质量特性、子特性、度量 3 个层次,并分为内部和外部质量模型和使用质量模型。内部和外部质量模型除了保留了与之前版本相同的 6 个基本质量特性外,还引入了使用质量的概念,规定了内部质量、外部质量和使用质量。ISO/IEC 9126 于 2011 年 3 月被 ISO/IEC 25010 模型取代。

4. ISO/IEC 25010 质量模型

国际标准化组织于 2011 年 3 月发布了最新的 ISO/IEC 25010 软件质量评价模型,用以弥补 ISO/IEC 9126 质量模型的不足,并替代了 ISO/IEC 9126 标准。新的 ISO/IEC 25010 软件质量评价标准描述了个 8 个质量特性和 36 个子特性,如表 1-1 所示。

表 1-1　ISO/IEC 25010 软件质量评价标准

质量特性	功能性	安全性	兼容性	可靠性	可用性	效率性	可维护性	可移植性
子特性	完整性 正确性 适合性	保密性 完整性 适合性 抗抵赖性	软件兼容性 硬件兼容性 依从性	稳定性 容错性 易恢复性 健壮性 依从性	被识别的适当性 易学性 易用性 吸引性 技术可访问性 用户错误防御	时间特征 资源特征 依从性	易分析性 易变更性 修改稳定性 易测试性 自我报告 模块性 可复用性	适应性 可安装性 一致性 可替代性 依从性

5. CMM

CMM 不是软件质量模型,是软件能力成熟度模型(Capability Maturity Model for Software)。

软件产品的质量在很大程度上取决于软件开发和维护过程的质量。CMM 是软件工程过程方面的国际标准,它是由美国卡内基·梅隆(Carnegie Mellon)大学的研究人员研究并提出的模型。CMM 是对于软件组织在定义、实施、度量、控制和改善其软件过程的实践中各个发展阶段的描述。这个模型便于确定软件组织的现有过程能力和查找出软件质量及过程改进方面的最关键的问题,从而为选择过程改进战略提供指南。其有效性已为大量实践所证实,并已成为对软件企业的生产能力和产品质量进行衡量的标准。

CMM 为软件企业的过程能力提供了一个阶梯式的进化框架,阶梯共有 5 级。第一级是一个起点,任何准备按 CMM 体系进化的企业都自然处于这个起点上,并通过这个起点向第二级迈进。除第一级外,每一级都设定了一组目标,如果达到了这组目标,则表明达到了这个成熟级别,可以向下一个级别迈进,其成熟度级别定义如图 1-8 所示。CMM 可以作为软件公司自我评估的方法和自我提高的手段,因此,它不仅可以提高软件公司软件开发和管理的能力,并且可以提高软件的生产率和软件质量,从而提高软件公司的国内和国际竞争力。

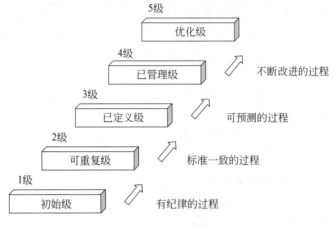

图 1-8 CMM 过程成熟度级别

CMM 把软件开发组织的能力成熟度分为 5 个可能的等级。

1 级:初始级。为 5 级 CMM 成熟度的最低级,该等级软件工程管理制度欠缺,对过程几乎没有定义,混乱无序,经常由于对软件项目管理和计划的缺乏导致时间、费用超支;管理方式属于反应式,主要用来应付危机;过程不可预测,难以重复;测试过程和其他过程混杂在一起。

2 级:可重复级。该等级有了项目级思想。建立了基本的项目管理来跟踪项目费用、进度和功能特性。该等级有一定的组织性,采取了一定的措施控制费用和时间。管理人员可及时发现问题,采取措施。一定程度上可重复类似项目的软件开发。

3 级:已定义级。该等级具备了组织化思想,通过管理和工程活动实现软件过程文档化、标准化,可按需要改进开发过程,采用评审方法保证软件质量。可借助 CASE 工具提高质量和效率。

4 级:已管理级。在该成熟度等级中,组织过程处于统计控制下,针对制定的质量和效率目标收集并测量相应指标。利用统计工具分析并采取改进措施。对软件过程和产品质量有定量的理解和控制。该成熟度等级的管理是量化的管理,所有过程需要建立相应的度量方式,所有产品的质量(包括工作产品和提交给用户的产品)需要有明确的度量指标。量化控制将使软件开发真正成为一种工业生产活动。

5 级:优化级。该等级是 5 级中的最高级,它基于统计质量和过程控制工具,持续改进软件过程,同时,质量和效率也得到稳步改进。该等级尝试新的技术和处理过程,并评价结果,以期达到质量更佳的等级。如果所有人认为已经达到最佳时,新的想法又出现了,则再一次提高到下一个等级。

上述的 5 个等级定义了一个有序的尺度,用来衡量软件机构的成熟度和评价其过程能力。每一个成熟度等级均为过程的继续改进提供一个基础。CMM 可以通过软件过程评估和软件能力评估来评估软件机构的软件过程成熟度。还可以通过 CMM 建立的一组成熟软件机构特征的准则,指导软件企业软件过程的开发和维护,使软件企业不断改善软件过程、实施成本、进度、功能和产品质量等。

1.4 软件测试的基础知识

为了学习后续章节的软件测试技术及软件测试理论,需要了解如下软件测试基础知识:

- 软件测试的定义。
- 软件测试的目的。
- 软件测试的分类。
- 软件测试的原则。
- 软件测试与软件开发的关系。

1.4.1 软件测试的定义

软件测试作为软件工程中保证质量的重要环节,越来越受到大家的重视。随着当今软件规模和复杂性的日益增加,进行专业化的高效率的软件测试,尽可能多地找出软件的缺陷,是软件测试人员追求的目标。

正如零件加工厂商在把零件销售给顾客之前要进行合格检验一样,软件企业在把软件交付给客户之前也需要进行严格的软件测试。软件测试是一种能够保证软件质量的有效手段,软件测试的目的就是发现缺陷,并尽可能地修正这些缺陷。

对于什么是软件测试,根据侧重点的不同,主要有 3 种描述:

- 定义一:在 IEEE 所提出的软件工程标准术语中,软件测试被定义为"使用人工和自动手段来运行或测试某个系统的过程,其目的在于检验它是否满足规定的需求或弄清楚预期结果与实际结果之间的差别。"
- 定义二:软件测试是一种软件质量保证活动,通过一些经济、有效的方法,发现软件中存在的缺陷,从而保证软件质量。
- 定义三:软件测试是根据软件开发各阶段的规格说明和程序的内部结构而精心设计一批测试用例,并利用这些测试用例去执行软件,以发现软件缺陷的过程。

以上 3 种观点从不同角度定义了软件测试。简单地说,软件测试就是为了发现错误而执行程序的过程。软件测试归根结底是为了保证软件质量。

软件测试是软件工程中的一个重要环节,是贯穿整个软件开发生存周期的。软件测试是对软件产品(包括阶段性产品)进行验证和确认的活动过程,其目的是尽快、尽早地发现在软件产品中所存在的各种问题。软件测试主要的工作内容是验证(verification)和确认(validation)。

验证是检验开发出来的软件产品是否和需求规格及设计规格书一致,即是否满足软件厂商的生产要求。具体内容包括以下 3 点:

（1）确定软件生存周期中的某一给定阶段的产品是否达到前阶段确立的需求的过程。

（2）程序正确性的形式证明，即采用形式理论证明程序符合设计规约规定的过程。

（3）评审、审查、测试、检查、审计等各类活动，或对某些项处理、服务或文件等是否和规定的需求相一致进行判断和提出报告。

由于设计规格书本身就可能有问题或存在错误，所以即使软件产品中某个功能实现的结果和设计规格书完全一致，但所设计的功能不是用户所需要的，依然是软件严重的缺陷。因为设计规格书很有可能一开始就对用户的某个需求理解错了，因此，仅仅进行验证测试还是不充分的，还需要进行确认测试。

确认就是检验产品功能的有效性，即是否满足用户的真正需求。确认包括静态确认和动态确认。

（1）静态确认，不在计算机上实际执行程序，通过人工或程序分析来证明软件的正确性。

（2）动态确认，通过执行程序，对执行结果做分析，测试程序的动态行为，以证实软件是否存在问题。

软件测试的对象不仅是程序，还应该包括整个软件开发期间各个阶段所产生的文档，如需求规格说明书、概要设计文档、详细设计文档，当然源程序是软件测试的主要对象。

1.4.2　软件测试的目的

软件测试的目的是寻找错误，并花最少的代价、在最短时间内尽最大可能找出软件中潜在的各种错误和缺陷，通过修正各种错误和缺陷提高软件的质量。测试是为了证明程序有错，而不能保证程序无错。同时，测试不仅是为了发现软件的错误和缺陷，也是为了对软件质量进行度量和评估。另外，还能根据收集的测试结果数据为软件可靠性分析提供依据。

软件测试的目的决定了如何组织测试。如果测试的目的是找出更多的缺陷和错误，那么测试就应该直接针对软件中比较复杂的部分或以前出错比较多的位置。相反，如果测试的目的是给最终用户提供一个可信度高的质量评价，那么测试就应该直接针对在实际应用中经常用到的商业假设。为了保证软件的质量，在软件测试时要同时考虑这两方面问题。

为了更好地阐述软件测试的目的，Grenford J. Myers 提出 4 个观点：

（1）软件测试是为了发现错误而执行程序的过程。

（2）检查系统是否满足需求，这也是测试的期望目标。

（3）一个好的测试用例在于它能发现至今未发现的错误。

（4）一个成功的测试是发现了至今未发现的错误的测试。

归根结底，软件测试的目的是为了保证软件产品的最终质量，在软件开发的过程中对软件产品进行质量控制。

1.4.3　软件测试的分类

软件测试是一项十分复杂的系统工程,对于软件测试,可以从不同的角度加以分类,对测试进行分类是为了更好地明确测试的过程,了解测试究竟要完成哪些工作,尽可能做到全面测试。

1. 按测试方式进行分类

软件测试按测试方式可以分为静态测试和动态测试。

1) 静态测试

静态测试是一种不运行软件而进行测试的技术,主要检查软件系统的表示和描述是否一致,是否存在冲突和歧义,侧重于发现软件在描述、表示和规格上的错误。

2) 动态测试

动态测试指的是实际运行被测程序,当软件系统在模拟或真实环境中执行之前、之中和之后,对软件系统行为的分析是动态测试的主要特点。

判断一个测试属于动态还是静态的唯一标准就是看是否运行程序。

2. 按测试方法进行分类

软件测试按测试方法可以分为白盒测试、黑盒测试及灰盒测试。

1) 白盒测试

白盒测试也称结构测试或逻辑驱动测试,它是按照程序内部的逻辑结构测试程序,通过测试来检测产品内部动作是否按照设计规格说明书的规定正常进行,检验程序中每条路径是否都能按预定要求正确工作。

2) 黑盒测试

黑盒测试也称功能测试或数据驱动测试,它是在已知产品所应具有的功能的条件下,通过测试来检测每个功能是否都能正常使用,在测试时,完全不考虑程序内部结构和内部特性,测试者在程序接口进行测试,只检查程序功能是否按照需求规格说明书的规定正常使用,程序是否能适当地接收输入数据而产生正确的输出信息,并且保持外部信息(如数据库或文件)的完整性。

3) 灰盒测试

灰盒(gray box)是一种程序或系统上的工作过程被局部认知的装置。灰盒测试也称作灰盒分析,是介于白盒测试与黑盒测试之间的一种测试方法。灰盒测试关注输出对于输入的正确性,同时也关注内部表现,但这种关注不像白盒那样详细、完整,只是通过一些表征性的现象、事件、标志来判断内部的运行状态,有时候输出是正确的,但内部有错误,这种情况非常多。如果每次都通过白盒测试来操作,效率会很低,因此需要采取这样的一种灰盒方法。

3. 按测试阶段进行分类

软件测试按测试阶段可以分为单元测试、集成测试、系统测试和验收测试。

1）单元测试

单元测试是指对软件中的最小可测试单元（模块）进行检查和验证。对于单元测试中的单元，一般要根据实际情况去判定其具体含义。如 C 语言中单元指一个函数，Java 里单元指一个类，图形化的软件中可以指一个窗口或一个菜单等。总的来说，单元就是人为规定的最小的被测功能模块。单元测试是在软件开发过程中要进行的最低级别的测试活动，软件的独立单元将在与程序的其他部分相隔离的情况下进行测试。

2）集成测试

集成测试也叫组装测试。将完成单元测试的所有单元（模块），按照设计要求（如软件的结构图）组装成为子系统或系统，进行集成测试。实践表明，一些模块虽然能够单独地正常工作，但并不能保证连接起来也能正常工作。一些局部反映不出来的问题，在全局上很可能暴露出来。经集成测试后，已经按照设计把所有的模块组装成一个完整的软件系统，接口错误也已经基本排除了。集成测试的集成策略主要有增量式集成和非增量式集成等。

3）系统测试

系统测试是将通过集成测试的软件包作为整个计算机系统的一个元素，与计算机硬件、外部设备、某些支持软件、数据和人员等其他系统元素结合在一起，在实际运作环境下，对计算机系统进行一系列的测试，全面查找被测试系统的错误，测试系统的整体性能、可靠性、安全性等。

4）验收测试

验收测试是部署软件之前的最后一个测试操作。在软件产品完成了单元测试、集成测试和系统测试之后，产品发布之前所进行的软件测试活动。它是技术测试的最后一个阶段，也称为交付测试。验收测试的目的是确保软件准备就绪，并且可以让最终用户将其用于执行既定功能和任务。

验收测试用来验证软件系统是否达到了需求规格说明书中的要求，保证软件产品最终被用户接受，即软件的功能和性能如同用户所合理期待的那样。另外，验收测试阶段还要确认软件所有的配置是否齐全，如软件所有的文档资料是否齐全等，以便能够支持软件的使用和维护工作。

5）回归测试

每当软件发生变化时，必须重新测试现有的功能，以便确定修改是否达到了预期的目的，检查修改是否损害了原有的正常功能。为了验证修改的正确性及其影响，就需要进行回归测试。

回归测试是在对软件进行修改（主要是对代码进行修改）后，重新进行测试以确认修改没有引入新的错误或导致其他代码产生错误。自动回归测试将大幅降低系统测试、维护升级等阶段的成本。回归测试作为软件生存周期的一个组成部分，在整个软件测试过程中占有很大的工作量比重，软件开发的各个阶段都会进行多次回归测试。

4. 按软件测试内容进行分类

软件测试按测试的内容进行分类，其类别非常多，如功能测试、压力测试、性能测试

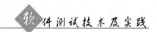

等。下面主要介绍常用的几种类别。

1）功能测试

功能测试就是对软件产品的各功能进行验证,检查实际的功能是否符合需求规格说明书的要求及是否满足用户的需求,是否有多余或遗漏的功能。

2）接口测试

对各个模块进行系统联调即集成测试时,需要进行程序内部接口和程序外部接口测试。接口测试主要用于检测外部系统与系统之间以及内部各个子系统之间的交互。测试的重点是要检查数据的交换、传递和控制管理过程,以及系统间的相互逻辑依赖关系等。接口测试在单元测试阶段进行了一部分工作,而大部分工作都是在集成测试阶段完成的。

3）性能测试

性能测试以自动化测试为主,人工测试为辅。性能测试主要是通过自动化的测试工具模拟多种正常、峰值以及异常负载条件来对系统的各项性能指标进行测试。

4）负载测试

负载测试是模拟软件系统所承受的负载条件下的系统负荷,通过不断加载(如逐渐增加模拟用户的数量)来观察不同负载下系统的响应时间、数据吞吐量和系统占用的资源(如 CPU、内存)等,以检验系统的行为和特性,发现系统可能存在的性能瓶颈、内存泄漏、不能实时同步等问题。负载测试的目标是测试当负载逐渐增加时系统各项性能指标的变化情况。

负载测试是为了发现系统的性能问题,负载测试需要通过系统性能特性或行为来发现问题,从而为性能改进提供帮助,从这个意义看,负载测试可以看作性能测试的一部分。但两者的目的是不一样的,负载测试是为了发现缺陷,而性能测试是为了获得性能指标。在性能测试过程中,也可以不调整负载,在同样负载情况下,通过改变系统的结构、改变算法、改变硬件配置等等来得到相应的性能指标数据,从这个意义看,负载测试可以看作是性能测试所用的一种技术。

5）压力测试

压力测试是在强负载(大数据量、大量并发用户等)下的测试,查看软件系统在峰值使用情况下的操作行为,从而有效地发现系统的某项功能隐患、系统是否具有良好的容错能力和可恢复能力。压力测试分为高负载下的长时间(如 24 小时以上)的稳定性压力测试和极限负载情况下导致系统崩溃的破坏性压力测试。

压力测试可以看作是负载测试的一种,即高负载下的负载测试,或者说压力测试采用负载测试技术。通过压力测试,可以更快地发现内存泄漏问题,还可以更快地发现影响系统稳定性的问题。例如,在正常负载情况下,某些功能不能正常使用或系统出错的概率比较低,可能一个月只出现一次,但在高负载(压力测试)下,可能一天就出现,从而发现有缺陷的功能或其他系统问题。通过负载测试可以证明这一点,例如,某个电子商务网站的订单提交功能,在 20 个并发用户时错误率是 0,在 100 个并发用户时错误率是 1%,而在 500 个并发用户时错误率是 20%。

负载测试和压力测试都可以获得系统正常工作时的极限负载或最大容量。

6）安全性测试

安全性测试主要测试系统防止非法侵入的能力，例如测试系统如何处理没有授权的内部或者外部用户对系统进行的攻击或者恶意破坏，是否仍能保证数据的安全。

7）易用性测试

易用性测试是指用户使用软件时是否感觉方便，比如是否最多点击鼠标三次就可以达到用户的目的。易用性和可用性存在一定的区别，可用性是指是否可以使用，而易用性是指是否方便使用。

8）兼容性测试

兼容性测试主要测试软件产品在不同的硬件平台、不同的操作系统、不同的工具软件及不同的网络等环境下是否能够正常运行。

5．按测试实施组织划分

软件测试按实施组织划分可以分为开发方测试、用户测试（β测试）和第三方测试。

1）开发方测试

开发方测试，也称为验证测试或 α 测试。开发方通过检测和提供客观证据，证实软件是否满足规定的需求。开发者在软件开发中检测和证实软件是否满足软件设计说明或软件需求规格说明书的要求。在软件开发之后，开发方需对要提交的软件进行全面的自我检查与验证。

2）用户测试

用户测试是指用户在实际应用环境下，通过运行和使用软件，检测与核实软件产品是否符合自己预期的要求。通常用户测试是指用户的使用性测试，由用户找出软件在应用过程中所发现的缺陷，并对使用质量进行评价。

β测试通常可以看作一种"用户测试"。β测试主要是把软件产品有计划地免费分发到目标市场，由软件开发公司组织各方面的典型用户在日常工作中实际使用 β 版本，并要求用户报告异常情况，提出批评意见，然后软件开发公司再对 β 版本进行改错和完善。软件开发公司从 β 测试中获取的信息有助于软件产品的成功发布。

3）第三方测试

第三方测试有别于开发人员或用户进行的测试，其目的是为了保证测试工作的客观性。从国外的经验来看，测试逐渐由专业的第三方承担。第三方测试也就是由在技术、管理和财务上与开发方和用户方相对独立的组织进行的软件测试，一般情况下是在模拟用户真实应用环境下进行软件确认测试。同时第三方测试还可适当兼顾初级监理的功能，其自身具有明显的工程特性，为发展软件工程监理制奠定坚实的基础。

1.4.4　软件测试的原则

为了以最少的时间和人力找出软件中潜在的各种缺陷和实现软件测试的目的，软件测试应该遵循以下原则：

（1）应当把"尽早和不断进行软件测试"作为软件开发者的座右铭。

由于软件的复杂性、程序性和软件开发各个阶段的多样性，在软件生存周期的每个环节都可能存在缺陷,所以不应该把软件测试仅仅看作软件开发过程中一个独立阶段工作,而应当把它贯穿到软件开发的各个阶段中。坚持在软件开发的各个阶段进行技术评审与验证,这样才能在开发过程中尽早地发现和预防缺陷,降低修复缺陷的成本。

(2)测试应从"小规模"开始,逐步转向"大规模"。

最初的测试通常把焦点放在单个程序模块上,进一步测试的焦点则转向在集成在一起的模块中寻找错误,最后在整个系统中寻找错误。

(3)时刻关注用户的需求。

提供软件的目的是帮助用户完成预定的任务,并满足用户的需求。系统中最严重的问题是那些无法满足用户需求的错误。因此,所有的测试都应追溯到用户需求。测试人员应该在不同的测试阶段站在不同用户的角度去看问题。

(4)设计测试用例时应考虑各种可能的情况。

在测试之前应该根据测试的需求设计测试用例。测试用例主要用来检验程序逻辑路径及功能,因此不但需要输入数据,并且需要针对这些输入数据得到预期的输出结果。如果对测试输入数据没有给出输出结果,那么就缺少了检验实测结果的基准,就有可能把一个似是而非的错误结果当作一个正确结果。在设计测试用例时,应该考虑各种可能的情况,既要考虑合法输入,又要考虑不合法输入,以及各种边界条件、特殊情况下制造极端状态和意外状态,比如网络异常中断、电源断电等情况。合理的输入条件是指能验证程序正确性的输入条件,而不合理的输入条件是指异常的、临界的、可能引起问题异变的输入条件。用不合理的输入条件测试程序时,有时会比用合理的输入条件进行测试能发现更多的缺陷。

(5)程序员应该避免检查自己的程序。

测试工作应该由独立的专业软件测试机构来完成。通常,程序的设计者对自己的程序印象深刻,并总认为是正确的。倘若在设计时就存在理解错误,或因不良的编程习惯留下隐患,那么程序员本人很难发现这类错误。如果由独立的专业测试机构来测试程序员编写的程序,可能更加有效,并更加容易取得成功。

(6)充分注意测试中的群集现象。

将 Pareto 原则应用于软件测试。简单地讲,Pareto 原则暗示着测试发现的错误中的 80% 很可能起源于 20% 的程序模块中,实际经验也证明了这一点。大多数的缺陷只是存在于测试对象的极小部分中。缺陷并不是平均而是集群分布的。测试过程中要充分注意缺陷集群的现象,对发现缺陷较多的程序或者软件模块应进行反复的深入的测试。

(7)严格执行测试计划并及时响应变更。

为了使测试工作有条不紊地进行,首先应该制定严格的测试计划,应该在测试工作真正开始前的较长时间内就执行测试计划。测试计划可以在需求模型一完成就开始,详细的测试用例定义可以在设计模型被确定后立即开始。因此,所有测试应该在任何代码被产生前就进行计划和设计。在测试计划中应把测试时间安排得尽量宽松,不要希望在极短的时间内完成一个高水平的测试。为了防止测试工作的随意性,要严格地按测试计划完成测试工作,并对测试过程进行跟踪管理。

测试人员要充分关注软件开发过程,对开发过程的各种变化及时做出响应,根据开发过程的各种变化对测试计划进行相应的调整。

(8) 应该对每一个测试结果做全面检查。

这一条原则常常被测试人员忽视。必须对预期的输出结果明确定义,对实测的结果仔细分析检查,抓住关键,暴露错误。尤其是实际结果与预期结果不一致时,需要再次测试确认,严重的错误要召开会议进行讨论和分析。

(9) 妥善保存一切测试文档。

妥善保存测试过程中一切文档的重要性不言而喻,这些文档对今后软件系统的使用和维护是非常重要的,测试的重现性及回归测试往往也要靠测试文档。

(10) 完全测试是不可能的,测试需要终止。

在有限的时间和资源条件下,要进行完全的测试,找出所有的软件缺陷,使软件趋于完美,这是不可能的。一个中等规模的程序,其路径组合也是非常庞大的,对于每一种可能的路径都执行一次的穷举测试是不可能的,即使能穷举测试,也无法找到程序中所有隐藏的缺陷。因此,要根据测试缺陷的概率以及软件可靠性要求,确定最佳停止测试时间,而不能无限地测试下去。

(11) 注意回归测试的关联性。

回归测试的关联性一定要引起充分的重视,修改一个错误而引起更多错误的现象经常发生。

1.4.5　软件测试与软件开发的关系

软件测试是指为了寻找软件缺陷而执行程序的过程。软件测试的目的是尽可能发现软件的缺陷,而不是证明软件正确。对于软件测试,很多人认为测试只针对编码阶段,只要对代码进行测试就行了,这是一个非常错误的观念。软件测试要贯穿于整个软件的开发过程,软件生存周期的各个阶段中都少不了相应的测试。

软件开发各个阶段进行的测试活动如下。

1. 需求分析阶段

在软件的需求分析阶段进行的测试工作如下:

(1) 对需求分析的结果,如需求规格说明书等,进行确认和审核。

(2) 进行测试需求分析,编制测试规程,制定测试计划,明确测试范围,确认测试方法和测试资源,制定系统测试方案。

2. 概要设计阶段

在软件的概要设计阶段进行的测试工作如下:

(1) 对概要设计的结果——概要设计规格说明书等进行确认和审核。

(2) 制定集成测试方案,为集成测试设计测试用例,为集成测试做准备工作和搭建集成测试环境。

3. 详细设计阶段

在软件的详细设计阶段进行的测试工作如下：

（1）对软件详细设计结果，如详细设计说明文档等，进行验证、确认和审核。

（2）制定单元测试方案，为单元测试设计测试用例，为单元测试做准备工作和搭建单元测试环境。

4. 程序编写阶段

在软件的程序编写阶段进行的测试工作如下：

（1）为单元测试做准备工作，为单元测试和集成测试搭建测试环境。

（2）对单元测试方案进行补充或修改，补充单元测试用例，进行单元测试。

5. 软件测试阶段

（1）检查并补充搭建各测试阶段需要的测试环境，按阶段执行单元测试、集成测试、系统测试及验收测试，每阶段都包括回归测试。

（2）编制和提交各阶段测试总结报告及测试报告。

在软件开发和软件测试中，为了提高工作效率，很多工作可以并行进行。在软件的需求得到确认并通过评审之后，测试计划制定工作和概要设计工作就可以并行进行。如果概要设计已完成，对各个模块的详细设计、编码、单元测试等工作又可并行。

软件测试并非仅仅是执行测试，而是一个包含很多复杂活动的过程。在软件开发过程中，软件测试人员必须充分考虑如何将软件开发和测试活动较好地结合在一起，搞清楚什么时候应该进行测试，什么时候应该进行什么类别的测试，只有这样才能提高软件测试的工作效率，提高软件产品的质量。

1.5　软件测试模型

软件测试模型可以作为测试过程的参考依据，常用的软件测试模型有以下几种：

- V 模型。
- W 模型。
- H 模型。
- X 模型。

1.5.1　V 模型

软件测试是与软件开发紧密相关的一系列有计划、系统性的活动。软件开发过程模型对于软件开发过程具有很好的指导作用，同样软件测试也需要测试模型去指导实践。为此，软件测试专家通过实践总结出了许多很好的测试模型。这些测试模型将测试活动进行了抽象，并与开发活动进行了有机结合，是测试过程管理的重要参考依据。它的提出和发展反映了人们对软件过程的某种认识观,体现了人们对软件过程认识的提高和飞跃。

V 模型是在快速应用开发(Rapid Application Development,RAD)模型基础上演变而来的,由于将整个开发过程构造成一个 V 字形而得名。它最早是由 Paul Rook 在 20 世纪 80 年代后期提出的。V 模型反映了测试活动与软件开发的分析设计活动的关系,该模型将软件实现和验证有机地结合起来,如图 1-9 所示。V 模型从左到右描述了基本的开发过程和测试行为,非常明确地标注了测试过程中存在的不同类型的测试,并清楚地描述了这些测试阶段和开发过程各阶段的对应关系。从水平对应关系看,左边下降的是开发过程的各阶段,右边上升的是测试过程的各阶段。

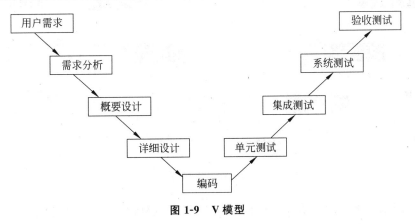

图 1-9 V 模型

V 模型的价值在于它明确地表明了测试过程中存在的不同级别,并且清楚地描述了这些测试阶段和开发(分析、设计、编码)阶段的对应关系。通常,单元测试所对应的是详细设计环节,单元测试的测试用例是和详细设计一起设计出来的;集成测试对应概要设计,在做模块功能分析及模块接口、数据传输方法的时候,就把集成测试用例根据概要设计中模块功能及接口等实现方法编写出来。V 模型指出,单元测试和集成测试应检测程序是否满足软件设计的要求;系统测试应检测系统功能、性能的质量特性是否达到系统要求的指标;验收测试则与用户需求对应,确定了软件的实现是否满足用户需要或合同的要求。

实际上,仔细观察就会发现,V 模型只是将瀑布模型中的测试部分做了细化,是一种传统软件开发模型,仍然是线性模型,一般适用于一些传统软件的开发。V 模型仅仅把测试过程作为在需求分析、系统设计及编码之后的一个阶段,是针对程序进行的寻找错误的活动,而忽视了测试对需求分析、系统设计的验证,需求的满足情况一直到后期的验收测试才被验证。它的局限性在于没有明确地规定早期的测试,无法体现"尽早地和不断地进行软件测试"的原则。

1.5.2 W 模型

在 V 模型中增加软件各开发阶段应同步进行的测试,就演化为 W 模型。在 W 模型中,开发是一个 V,测试是与此并行的另一个 V。W 模型是由 Evolutif 公司提出的,它由两个 V 字形模型组成,分别代表测试与开发过程,如图 1-10 所示,开发过程位于图的左边,测试过程位于图的右边。图中明确表示出了测试与开发的并行关系,每个开发阶段都应该对应相应的测试或测试阶段。相对于 V 模型,W 模型增加了软件开发各阶段中同步进行的验证和确认活动,在软件的需求和设计阶段的测试活动应遵循 IEEE 1012—1998《软件验证与确认(V&V)》的原则。

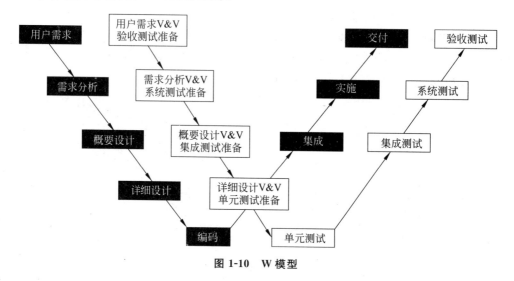

图 1-10　W 模型

W 模型强调,测试伴随着整个软件开发周期,而且测试的对象不仅仅是程序,需求分析、设计等阶段输出的文档同样要测试,也就是说,测试与开发是同步进行的,测试始终贯穿于整个开发过程。W 模型有利于尽早且全面地发现问题,例如,需求分析完成后,测试人员就应该参与到对需求文档的验证和确认活动中,以尽早地找出缺陷所在。同时,对需求的测试也有利于及时了解项目难度和测试风险,及早制定应对措施,这将显著减少总体测试时间,加快项目进度。W 模型很好地体现了"尽早地和不断地进行软件测试"的原则,但 W 模型也存在局限性。在 W 模型中,需求、设计、编码等活动被视为串行的,同时,测试和开发活动也保持着一种线性的前后关系,上一阶段完全结束,才可正式开始下一阶段工作。这样就无法支持迭代的开发模型。对于当前软件开发复杂多变的情况,W 模型并不能解决测试管理面临的困惑。

1.5.3　H 模型

相对于 V 模型和 W 模型,H 模型将软件测试活动完全独立出来,形成了一个完全独立的流程,贯穿于产品的整个周期,与其他流程并发进行,某个测试点准备就绪时,就可以从测试准备阶段进行到测试执行阶段。如图 1-11 所示,这个示意图仅仅演示了在整个生产周期中某个层次上的一次测试"微循环"。图中标注的其他流程可以是任意的开发流程,例如设计流程或编码流程。也就是说,只要测试条件成熟了,测试准备活动完成了,测试执行活动就可以进行了。

H 模型指出,软件测试要尽早准备,尽早执行。不同的测试活动可以是按照某个次

序先后进行的,但也可能是反复的,只要某个测试达到准备就绪点,测试执行活动就可以
开展。

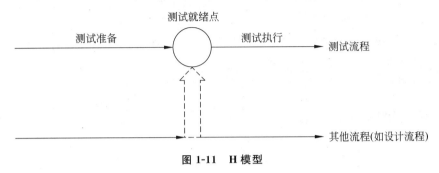

图 1-11　H 模型

1.5.4　X 模型

X 模型的基本思想是由 Marick 提出的,它提出针对单独的程序片段进行相互分离
的编码和测试,此后通过频繁地交接、集成、综合成为可执行的程序,目标在于弥补 V 模
型的一些缺陷。其结构如图 1-12 所示。

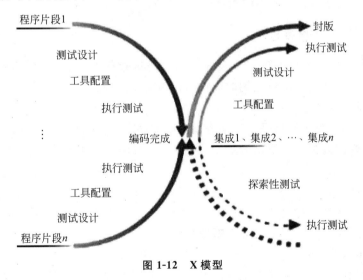

图 1-12　X 模型

X 模型的左边描述的是针对单独程序片段所进行的相互分离的编码和测试,此后将
进行频繁的交接,通过集成最终成为可执行的程序,然后再对这些可执行程序进行测试。
已通过集成测试的成品可以进行封装并提交给用户,也可以作为更大规模和范围内集成
的一部分。多根并行的曲线表示变更可以在各个部分发生。由图 1-12 中可见,X 模型还
定位了探索性测试,这是不进行事先计划的特殊类型的测试,这一方式往往能帮助有经
验的测试人员在测试计划之外发现更多的软件错误。但该模型对测试人员的熟练程度
要求比较高,可能对测试造成人力、物力和财力的浪费。

1.6 测试分析和设计测试用例

为了能很好地编写测试用例文档,需要掌握以下内容:

- 测试用例的定义、作用和分类。
- 测试用例文档及测试用例设计过程。

1.6.1 测试用例的基本概念

1. 测试用例的定义

测试用例(test case)是测试人员编写的重要文档。测试用例是为某个特定的目标而设计的一组测试输入数据、执行条件和预期输出结果,以测试某个程序路径或验证是否满足某个特定需求。由于在实际测试时无法达到穷举测试,所以要从软件输入域中选择有代表性或特殊性的数据作为测试数据,测试用例就是为了高效率地发现软件缺陷而精心设计的少量测试数据,这些少量的有代表性或特殊性数据的选择可根据第 2 章、第 3 章的白盒及黑盒测试技术的不同测试方法来确定。

2. 测试用例的作用与特点

测试用例是软件测试的核心,是设计和制定测试过程的基础,一个好的测试用例会使得测试工作事半功倍。测试用例的优点与作用主要体现在以下几点。

1)有效性

在测试时,进行完全测试是不科学也是不可能的。从庞大的可用测试数据中精选有代表性或特殊性的数据作为测试数据来进行测试,可以有效地节省时间和资源,提高测试效率。

2)可复用性

好的测试用例具有重复使用的功能,这样就可以大大节约测试时间,提高测试效率。测试用例在重复使用的过程中也会不断地被精化。

3)易于管理和组织

在测试计划中可以有效地组织测试用例,分门别类地提供给不同测试人员使用。也可以作为检验测试人员工作进度、工作量和工作效率的因素。

4)可维护性

软件版本更新后,只需修改少量的测试用例即可开展测试工作,降低工作强度,缩短项目周期。

5)可评估性

从测试管理的角度,测试用例的通过率和软件的缺陷数目可作为评估软件质量的重要因子。

3．测试用例的分类

为了方便测试用例设计的编写与执行，可以将测试用例进行分类。测试用例通常可以分为以下几类。

1）白盒测试用例

白盒测试用例也可称为路径测试用例，是根据被测程序的控制结构而设计的测试用例，设计方法有逻辑覆盖法和基本路径测试法。

2）黑盒测试用例

黑盒测试用例包括功能测试用例和非功能测试用例。常用的功能测试用例的设计方法有等价类划分法、边界值法、错误猜测法、因果图法、判定表驱动法、场景法、正交试验法等。非功能测试用例有性能测试用例、容错能力测试用例、压力测试用例、可靠性测试用例、信息安全测试用例、安装/反安装测试用例等。

3）用户界面测试用例

用户界面测试用例是针对软件用户界面窗口的所有窗口对象的测试用例，例如菜单、命令按钮、输入框、列表框、单选按钮、复选框、工具栏、状态栏等对象的测试用例。

1.6.2　测试用例文档及测试用例设计过程

1．测试用例文档

测试用例就是设计针对特定需求或目标的测试方案，如特定功能或组合功能的测试方案，并编写成文档。

对于一个测试人员来说，测试用例的设计编写是一项必须具备的能力，但有效设计和熟练编写测试用例是十分复杂的技术。

一个完整的测试用例文档主要包括测试用例标识符、测试标题、测试目标的描述、测试环境的描述、输入数据/动作的描写、测试的方法和步骤、测试预期的结果、测试用例的优先级、测试用例的关联、测试日期、测试用例设计人员、测试人员、测试审查人员等，如表 1-2 所示。

表 1-2　测试用例文档模板

用例设计者		审查人员		日期	
软件名称		软件标识符		版本号	
对应需求编号			对应开发人员		
用例标识符		测试标题		优先级	
测试目标					
输入数据					
预期的结果					
测试环境					

续表

测试用例的关联			
测试方法			
测试步骤			
测试人员		测试日期	
结论	□通过		□未通过

（1）测试用例标识符。在整个测试过程及软件开发过程中，用于引用和定位该测试用例的唯一标识符，每个测试用例都有唯一的标识符，以区别其他测试用例及方便查找或跟踪测试用例。

（2）测试标题。为了便于理解测试用例的测试内容，最好给予一个直观的测试标题，测试标题应能清楚地表达出测试用例的用途。例如，用户登录测试。

（3）测试目标。测试是针对某个特定的需求和目标编写的，测试目标也可以理解为本测试用例的测试对象。根据需求规格说明书及其他设计文档来详细描述测试对象的特征，

（4）测试环境。主要描述利用该测试用例进行测试时的环境要求，如硬件环境、软件环境、网络环境及测试工具的要求。

（5）输入数据/动作。描述利用该测试用例执行测试对象时需要的输入数据、输入条件或输入动作。通常执行一个测试对象的输入数据或输入条件可能是一个数据集合，在设计测试用例时，可使用不同测试方法选择有代表性的输入数据或输入条件。

（6）测试方法和步骤。描述所采用的测试技术和方法及测试数据输入的步骤。

（7）测试预期的结果。标识按照指定的环境和输入标准得到的期望输出结果。尽可能提供适当的需求规格说明书等文档来证明期望的结果。如果得到的实际测试结果与预期结果不符合，则该测试不通过，反之则测试通过。

（8）测试用例的关联。描述该测试用例和其他测试用例的依赖关系，在实际测试过程中，很多测试用例不是单独存在的，它们之间可能会有依赖关系。如果该测试用例与其他测试用例有时间上、次序上的关联，应列出前一测试用例及后一测试用例的编号。例如，用例 A 需要基于用例 B 的测试结果正确才能进行，此时需要在 A 测试用例和 B 测试用例中说明它们的依赖关系。

（9）测试用例的优先级。根据测试用例对应的特定的需求和目标的重要程度及分析可能发现的缺陷的严重程度，给相应的测试用例确定优先级别。通常优先级别决定了测试用例的执行顺序，如果软件项目比较大，时间比较紧，可能会只执行优先级别高的测试用例。测试用例的优先级大致可以分为高、中、低 3 个级别。

（10）测试日期。给出计划的测试日期。

（11）设计人员和测试人员。给出该测试用例的设计人员及相应的测试人员。

（12）测试审查人员。给出该测试用例的审查人员。

2. 设计测试用例时需要注意的问题

(1) 测试用例的设计应该从系统的最高级别向最低级别逐一展开。

(2) 不能将多个测试用例混在一个测试用例中。

(3) 每个测试用例都应该依据需求进行设计。

(4) 不能把测试用例设计等同于测试输入数据的设计。

(5) 系统中的所有功能都应该对应到测试用例中。

(6) 设计测试用例的人员必须熟练掌握软件测试的相关技能并且有测试经验。

3. 测试用例的设计过程

1) 测试需求分析

从软件需求规格文档中,找出被测试软件/模块的需求,通过分析和理解整理成为测试需求,清楚被测试对象具有哪些功能。测试需求的特点是对应于软件需求,具有可测试性。测试需求应该在软件需求基础上进行归纳、分类或细分,方便测试用例设计。

2) 软件流程分析

软件测试需要对软件的内部处理逻辑进行测试。为了不遗漏测试点,需要清楚地了解软件产品的业务流程。该步骤的目的在于确定并说明用户与系统交互时的操作和步骤,这些测试过程说明将进一步用于确定与描述测试系统程序所需的测试用例。建议在做复杂的测试用例设计前先画出软件的业务流程。如果设计文档中已经有业务流程设计,可以从测试角度对现有流程进行补充。如果无法从设计中得到业务流程,测试人员应通过阅读设计文档,与开发人员交流,最终画出业务流程图。业务流程图可以帮助理解软件的处理逻辑和数据流向,从而指导测试用例的设计。

3) 确定并制定测试用例

该步骤的目的在于为每项测试需求编写适当的测试用例。测试用例的编写需要满足编写规范要求。在测试用例设计中,除了考虑正常输入条件及正常输出结果,还应尽可能地考虑边界条件、异常情况及性能的需求,以便发现更多的隐藏问题。

如果已测试过以前的版本,则测试用例已经存在。应复审这些测试用例,供回归测试使用。回归测试用例应包括在当前迭代中,并应与处理新行为的新测试用例结合使用。

4) 测试用例评审

测试用例设计完成后,为了确认测试过程和方法是否正确,是否有遗漏的测试点,需要根据测试用例表的内容复审测试用例。

该步骤确定了用于以下 3 种目的的数据:输入的数据值、预期结果的数据值和支持测试用例所需要的数据。测试用例评审完毕后,测试人员根据评审结果,对测试用例进行修改,并记录修改日志。

5) 测试用例的修改与更新

测试用例编写完成之后需要不断进行完善,这是由于在软件交付使用后,反馈的软件缺陷可能是由以下原因导致的:

（1）测试用例存在漏洞。

（2）在设计测试用例过程中可能考虑不全。

（3）软件自身的新增功能。

（4）软件版本的更新。

这些可能产生软件缺陷的问题使得测试用例也必须配套修改更新。一般小的修改完善可在原测试用例文档上修改，但文档要有更改记录。软件的版本升级更新，测试用例一般也应随之编制升级更新版本。测试用例是"活"的，在软件的生存周期中应不断更新与完善。

1.7　软件测试组织和人员要求

为了了解软件测试对测试人员的组织和要求，需要掌握以下内容：

• 如何组织测试人员。

• 对测试人员的要求。

1.7.1　组织测试人员

在软件测试的过程中，必须合理地组织人员。软件测试人员最好具有软件开发经验，熟悉软件工程的知识。

在软件测试过程中，软件测试人员主要的工作内容有 3 个方面：测试策划及数据制作、测试工具开发和测试执行。

（1）测试策划及数据制作。主要是编写测试计划、测试规程及方案和测试用例等测试相关文档。

（2）测试工具开发。编写测试工具代码，并利用测试工具对软件进行测试，或者开发测试工具为测试执行人员服务。

（3）测试执行。理解被测试产品的功能要求，根据测试规程及方案和测试用例等相关文档对其进行测试，检查软件有没有缺陷，分析软件是否具有稳定性，承担最低级的执行角色。

在实际测试中，测试人员可能会同时承担上述两种或三种类型的测试工作。

根据上述测试工作的内容及测试过程管理的需要，一个软件测试组织应包含下列人员：

（1）测试经理。主要负责测试内部管理以及与其他外部人员和客户的交流，测试经理需要具备项目经理的知识和技能。同时，测试工作开始前，项目经理需要编写测试计划，测试结束时需要编写测试总结报告。

（2）测试文档审核师。主要负责前置测试，包括对在需求期间与设计期间产生的文档，如需求规格说明书、概要设计方案、详细设计文档等进行审核。审核时需要编写审核报告。在文档确定后，需要整理文档报告，并介绍给测试工程师。

（3）测试工程师。主要根据需求与设计期间产生的文档，设计测试规程及方案和各个测试阶段的测试用例,并按照测试用例完成测试工作。

(4) 操作人员。主要工作就是执行测试工程师提供的测试用例,查找缺陷。

这 4 类人员必须紧密配合、相互协调,保证软件测试工作的顺利进行。

1.7.2　对软件测试人员的要求

软件测试是软件开发的重要环节,贯穿着整个软件开发周期。软件测试是一项非常严谨、复杂、艰苦和具有挑战性的工作,随着软件技术的发展,进行专业化、高效率软件测试的要求越来越迫切,对软件测试人员所具备的知识结构和基本素质要求也越来越高。

1. 软件测试人员必须具备的知识结构

(1) 熟悉软件工程的知识。由于软件测试贯穿了整个软件开发过程,在软件开发的每个阶段都要做相应的测试准备或测试工作,因此,软件测试人员必须熟知软件开发过程和各阶段的特征。

(2) 具有良好的计算机编程基础,并且了解软件设计的过程及设计内容。在测试软件时,这些专业知识对寻找软件的缺陷有很大的帮助,会使测试工作更加高效。

(3) 精通软件测试理论及测试技术,熟悉软件测试流程。能针对软件需求和特征选择适合的测试模型及制定测试方案,掌握软件测试每个阶段的文档编写技巧,掌握测试用例的设计和编写方法,掌握软件测试的策略和各种测试方法,掌握测试过程每个阶段的测试技术。具有根据测试计划和方案进行软件测试、安排测试计划、搭建测试环境、进行基本测试的能力。

(4) 使用软件测试工具。掌握或能快速掌握主流专业化测试工具的使用。

2. 软件测试人员的基本素质

1) 交流和沟通能力

软件测试人员在测试过程中需要与各种人员进行交流,因此,软件测试人员必须能够同测试涉及的所有人员进行沟通交流。具有与技术(开发人员)人员和非技术(客户、管理人员)人员交流的能力。既要设身处地为客户着想,又要和开发人员很好地沟通合作,同时考虑问题要全面。测试人员能结合客户的需求、业务的流程和系统的构架等多方面考虑问题;在研究故障报告和问题时,要清晰地表达自己的观点;在发现软件的缺陷被认为是不重要的时候,应该耐心地说明软件缺陷为何必须修复。良好的交流和沟通能力可以将测试人员与相关人员之间的冲突和对抗减少到最低程度。

2) 具有创新精神和洞察力

软件测试人员的工作通常是以富有创意的甚至超常的手段寻找软件缺陷。根据测试过程和测试结果,应善于发现问题的症结所在,对错误的类型和错误的性质做出准确的分析和判断。并不是所有错误和缺陷都很容易找出,因此,软件测试人员必须具备敏锐的洞察力、严谨的精神、强烈追求高质量的意识、对细节的关注能力和对高风险区的判断能力,以便将有限的测试聚焦于重点环节。

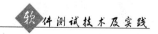

3）良好的技术能力

软件测试人员应该在开发人员的基础上更好地理解新技术，读懂程序，要做到这一点需要有几年以上的编程经验，前期的开发经验可以帮助对软件开发过程有较深入的理解，使得测试工作高效、高质量地完成。

4）追求完美并且不懈努力

软件测试人员应该尽全力接近目标，并且在测试过程中不断尝试。测试时可能会碰到转瞬即逝或难以重建的软件缺陷，这时绝不能心存侥幸，应该尽一切可能去寻找。

5）自信心与幽默感

开发者指责测试者出错是常有的事，测试者必须对自己的观点有足够的自信心，并且好的软件测试人员必须具备幽默感，在遇到争执的情况下，一个幽默的批评将是非常有帮助的。

6）团队合作精神

软件开发离不开团队的合作，软件测试也不例外。团队协作精神能否良好地在工作中体现出来，决定了一个项目开发的成功与否。软件测试人员应该与软件开发人员密切合作，共同努力才能确保软件工程的顺利进行。

1.8　软件测试的发展

为了对软件测试的发展过程有所了解，需要了解软件测试的发展历史。

软件测试是伴随着软件的产生而产生的。在早期的软件开发过程中，软件规模都很小，复杂程度低，软件开发的过程很随意，测试的含义比较狭窄，开发人员将测试等同于"调试"，目的是纠正软件中已经知道的故障，常常由开发人员自己完成这部分工作。对测试的投入极少，测试介入也晚，常常是等到代码形成，产品已经基本完成时才进行测试。

20世纪50年代后期到60年代，高级语言诞生并得到广泛应用，程序的复杂性增强了。但这一时期，计算机软件相对于计算机硬件来说处于次要地位，软件的正确性主要依赖于编程人员的水平。

20世纪70年代，随着计算机硬件的飞速发展，软件规模和复杂性急剧增大，软件在计算机系统中的重要性越来越高。许多软件测试理论和测试方法相继诞生，并逐渐形成一套体系。1979年，Glenford Myers在《软件测试艺术》专著中将软件测试定义为"为发现错误而执行一个程序或系统的过程"。

到了20世纪80年代初期，软件和IT行业开始了大发展，软件趋向大型化、高复杂度，软件的质量越来越重要。这个时候，一些软件测试的基础理论和实用技术开始形成，并且人们开始为软件开发设计了各种流程和管理方法，软件开发的方式也逐渐由混乱无序的开发过程过渡到结构化的开发过程，以结构化分析与设计、结构化评审、结构化程序设计以及结构化测试为特征。人们还将"质量"的概念融入其中，软件测试定义发生了改变，测试不仅是一个发现错误的过程，而且将测试作为软件质量保证的主要职能，包含软件质量评价的内容。1983年，Bill Hetzel在《软件测试完全指南》（*Complete Guide of*

Software Testing）一书中指出："测试是以评价一个程序或者系统属性为目标的任何一种活动,测试是对软件质量的度量。"这个定义至今仍被引用。软件开发人员和测试人员开始坐在一起探讨软件工程和测试问题,软件测试已有了行业标准（IEEE/ANSI）,1983 年 IEEE 提出的软件工程术语中给软件测试下的定义是:"使用人工或自动的手段来运行或测定某个软件系统的过程,其目的在于检验它是否满足规定的需求或弄清预期结果与实际结果之间的差别。"这个定义明确指出:软件测试的目的是为了检验软件系统是否满足需求。它再也不是一个一次性的,而且只是开发后期的活动,而是与整个开发流程融合成一体。软件测试需要运用专门的方法和手段,需要专门人才和专家来承担。

进入 20 世纪 90 年代,软件行业开始迅猛发展,软件的规模变得非常大,逻辑结构也非常复杂。在一些大型软件开发过程中,测试活动需要花费大量的时间和成本,而当时测试的手段几乎完全都是手工测试,测试的效率非常低。随着软件复杂度的提高,出现了很多手工方式无法完成测试的情况。于是,很多测试实践者开始尝试开发商业的测试工具来支持测试,辅助测试人员完成某一类型或某一领域内的测试工作,从而测试工具逐渐盛行起来。人们普遍意识到,要对软件系统进行充分的测试,测试工具是必不可少的。测试工具可以进行部分的测试设计、实现、执行和比较的工作。通过运用测试工具,可以达到提高测试效率的目的。测试工具的发展,大大提高了软件测试的自动化程度,让测试人员从烦琐和重复的测试活动中解脱出来,专心从事有意义的测试设计等活动。到了 2002 年,Rich 和 Stefan 在《系统的软件测试》一书中对软件测试做了进一步的定义:"测试是为了度量和提高被测软件的质量,对测试软件进行工程设计、实施和维护的整个生存周期过程。"

近 20 年来,随着计算机和软件技术的飞速发展,对软件测试技术的研究取得了很大的突破。测试技术和测试理论更加完善,更实用的测试工具大量涌现,测试效率得到很大的提高,测试工程师的地位也得到了提高。

1.9　本章小结

计算机软件是在计算机系统中与硬件相互依存的另一部分,随着计算机技术的发展,软件也从规模、功能、应用范围等方面得到了很大的发展,人们对软件的需求和依赖越来越大,对软件的质量要求也越来越高。与计算机硬件不同,软件是一种逻辑产品,有与硬件不同的特征。软件的开发是一个很复杂、很困难的活动。另外,软件是由人来开发的,肯定会有不完美甚至存在错误的地方,软件存在错误和缺陷已成为软件固有的属性。但是,如果不能很好地尽可能排除软件中的错误和缺陷,就可能会由于软件错误和缺陷带来灾难性的后果和造成巨大的经济损失。

为了提高软件的质量,软件工程从技术和管理两个方面研究了如何更好地开发和维护计算机软件。软件工程为科学指导软件开发提出了软件生存周期的概念并总结了许多行之有效的软件开发模型。

软件测试是软件工程的一个重要部分,是确保软件质量的重要手段。对于软件测试,很多人认为测试只针对编码阶段,只要对代码进行测试就行了,这是一个非常错误的观念。软件测试要贯穿于整个软件的开发过程,软件生存周期的各个阶段中都需要相应的测试。软件测试是与软件开发紧密相关的一系列有计划、系统性的活动。软件测试也需要测试模型去指导实践。常用的测试模型有 V 模型、W 模型、H 模型、X 模型。

软件测试是为了提高软件的质量。为了对影响软件质量的特性进行研究和度量,并方便地对软件的质量进行评价和风险进行识别、管理,需要一个易于理解的质量模型来指导。常用的质量模型有 McCall 模型、Boehm 模型、ISO/IEC 9126 软件质量模型及 ISO/IEC 25010 软件质量评价模型。CMM 为软件能力成熟度模型,可以通过软件过程评估和软件能力评估来评估软件机构的软件过程成熟度。

软件测试的目的是寻找错误,并花最少的代价、在最短时间内尽最大可能找出软件中潜在的各种错误和缺陷,通过修正各种错误和缺陷提高软件的质量。为了达到这个目的,除了要掌握相关的软件测试理论和测试技术,还应掌握软件测试应该遵循的原则。

软件测试是一项十分复杂的系统工程,对于软件测试,可以从不同的角度加以分类,对测试进行分类是为了更好地明确测试的过程,了解测试究竟要完成哪些工作,尽可能做到全面测试。

测试用例是软件测试的核心,是设计和制定测试过程的基础,一个好的测试用例会使得测试工作事半功倍。对于测试人员来说,测试用例的设计编写是一项必须掌握的能力,但有效的设计和熟练的编写测试用例是一项十分复杂的技术。

在软件测试的过程中,必须合理地组织人员。软件测试人员最好具有软件开发经验,熟悉软件工程的知识并具备一定的基本素质。

本章介绍了软件、软件工程、软件缺陷、软件质量、软件测试等基本概念,介绍了常用的软件质量模型和软件测试模型,详细介绍了测试用例的概念、测试用例文档的编写、测试用例的设计过程,还介绍了软件测试对测试人员的要求及软件测试的发展过程。本章内容均为后续学习的必备知识。

习　题　1

1. 什么是软件? 软件有哪些特征?
2. 什么是软件危机? 软件危机的主要表现有哪些? 软件危机的产生原因是什么?
3. 什么是软件工程? 软件工程的目标是什么?
4. 什么是软件的生存周期? 软件的生存周期包括哪些阶段?
5. 什么是软件的过程模型? 软件过程模型在软件开发中有什么作用?
6. 什么是软件缺陷和软件故障?
7. 什么是软件测试? 软件测试的目的是什么?
8. 软件测试需遵循哪些基本原则?
9. 软件测试的主要工作内容是什么?
10. 软件测试有哪些分类?
11. 什么是测试用例? 测试用例文档包含哪些主要内容?

12. 详细叙述常用的软件质量模型。
13. 详细叙述常用软件测试的各种过程模型。
14. 叙述软件测试和软件开发的关系。
15. 叙述测试用例的设计过程。
16. 简述软件测试的发展过程。

第 2 章

chapter 2

白盒测试技术

本章学习目标

- 软件测试技术的基本理论。
- 白盒测试常用的测试方法。

本章首先介绍软件测试技术基本理论,再详细介绍白盒测试技术的静态测试方法——代码检查、静态结构分析,最后介绍白盒测试技术的动态测试方法——程序插桩技术、逻辑覆盖、基本路径测试法、域测试、符号测试、Z 路径覆盖、程序变异。

2.1 软件测试技术概述

对于软件测试技术,需要了解白盒和黑盒技术基本理论。

软件测试技术可分为白盒测试技术和黑盒测试技术两大类,任何软件产品都可以使用这两种技术进行测试。通常软件产品的测试采用白盒测试和黑盒测试相结合的方法。

白盒测试(white box testing)是一种被广泛使用的逻辑测试方法,白盒测试又称结构测试、逻辑驱动测试或基于程序的测试。白盒测试的对象是源程序,通过对程序的内部逻辑进行分析来设计测试用例,对程序细节进行严密检验,对软件的逻辑路径进行测试。在程序的不同点检验"程序的状态"以判定其实际情况是否和预期的状态相一致。

黑盒测试(black box testing)又称功能测试、数据驱动的测试或基于规格说明的测试,是一种从用户观点出发的测试。用这种方法进行测试时,被测程序被当作一个黑盒,在不考虑程序内容结构和内部特征,测试者只知道该程序输入和输出之间的关系或程序的功能的情况下,依靠能够反映这一关系和程序功能的需求规格说明书,考虑确定测试用例和推断测试结果的正确性。软件的黑盒测试被用来证实软件功能的正确性和可操作性。

用白盒测试和黑盒测试来划分测试技术是非常形象的。程序的代码放在白盒或黑盒中,白盒是一个玻璃的、透明的盒子,放在白盒里的程序代码,测试人员是可以看到的,包括能看到它的逻辑结构和各个组成部分,白盒里的代码在运行时也是可以看到的。而黑盒是一个封闭的、不透明的盒子,程序代码放在黑盒里,测试人员是看不到的,放在黑盒里的代码在运行时除了可以看到输入和输出以外其他什么都看不到。

白盒测试是对程序的逻辑结构进行细致的分析,对软件的过程性细节做细致的检查。白盒测试要求对程序的结构特性做到一定程度的覆盖,白盒测试也可以说是"基于覆盖的测试"。

白盒测试是按照程序内部的结构对程序进行测试,通过测试来检查产品内部动作是否按照设计规格说明书的规定正常进行,检查程序中的每条路径是否能按照预定要求正确工作。白盒测试检查的内容如下:

(1) 对程序模块的所有独立的执行路径至少测试一遍。

(2) 对所有的逻辑判定,取"真"与取"假"的两种情况都能至少测试一遍。

(3) 在循环的边界和运行的界限内执行循环体。

(4) 测试内部数据结构的有效性等。

黑盒测试技术只关心输入和输出的结果,测试人员完全不考虑测试对象的内部逻辑结构和具体设计,只依据软件的需求规格说明书和用户手册,检查程序的功能和性能是否满足要求就行了。黑盒测试主要用于发现以下几类错误:

(1) 功能错误或功能遗漏。

(2) 接口错误,输入及输出数据是否能通过接口正确地被传递。

(3) 界面错误。

(4) 数据结构或外部数据库访问错误。

(5) 性能错误,如性能不能满足需求。

(6) 初始化和终止错误。

相对来说,白盒测试对测试人员的技术要求较高,测试时间较长,相应的测试成本较高。而黑盒测试由于不需考虑程序的内部逻辑结构和特征,主要是验证被测软件是否实现了需求规格说明书要求的功能和性能,所以,黑盒测试对测试人员的技术要求较低,方法简单有效。

白盒测试技术和黑盒测试技术各自有其优点,任何一种测试技术都不能覆盖所有的测试需求,在使用时可根据具体需求选择这两种测试技术的不同测试方法。

2.2 白 盒 测 试

为了能够掌握对软件进行白盒测试的方法,需要掌握以下内容:

• 静态测试方法。

• 动态测试方法。

白盒测试又称为结构化测试、逻辑驱动的测试或基于代码的测试,是一种测试用例设计方法。白盒测试的对象主要是源代码,它从程序的控制结构导出测试用例。

白盒测试技术又可分为静态测试方法和动态测试方法。

静态测试检查代码,代码被测试而不执行。动态测试则执行代码,代码被执行而不必检查。

2.2.1　静态测试技术

静态测试是指不需要运行被测程序,而是使用人工和借助软件工具自动地检查程序代码的语法、结构、过程、接口可能存在的错误,并检查软件的界面或文档可能存在的错误。

最常见的静态测试是找出源代码的语法错误,这类测试可由编译器来完成,因为编译器可以逐行分析检验程序的语法,找出错误并报告。而对于非语法类的错误,编译器无法检查。非语法错误的静态测试主要有代码检查、静态结构分析等。它可以由人工检测,也可以借助于软件工具自动进行。

1. 代码检查法

在实际使用中,代码检查通常能快速找到缺陷,是一种很有效率的查找错误方法,可发现 30%~70% 的逻辑设计和编码缺陷。代码检查看到的是问题本身而非征兆,对测试人员的测试相关知识及经验要求较高,非常耗费时间。代码检查应在编译和动态测试之前进行,在检查前,应准备好需求规格文档、程序设计文档、程序的源代码清单、代码编码标准和代码缺陷检查表等。

在代码检查中,需要依据被测软件的特点,选用适当的标准与规则、规范。代码检查可使用测试工具或人工检查。可利用桌面检查、代码走查、代码审查等人工检查的方法仔细检查程序的结构、逻辑等方面的缺陷。在使用测试工具进行自动化代码检查时,测试工具一般会内置许多的编码规则。

代码检查法可以发现如下几个方面的软件缺陷:

* 代码是否遵循设计标准,代码和设计是否一致。
* 代码逻辑表达的正确性。
* 代码结构的合理性。
* 代码编写是否符合代码规约,代码的可读性如何,编程风格是否一致。

代码检查需要检查的内容如下:

* 变量交叉引用表:检查未说明的变量和违反了类型规定的变量,以及变量的引用和使用情况。
* 检查标号的交叉引用表:验证所有标号的正确性以及转向指定位置的标号是否正确。
* 检查子程序、宏、函数:验证每次调用与所调用位置是否正确,调用的子程序、宏、函数是否存在,参数是否一致,以及检查调用方式与参数顺序、个数、类型上的一致性。
* 等价性检查:检查全部等价变量的类型的一致性。
* 常量检查:确认常量的取值、数制、数据类型。
* 标准检查:检查程序是否有违反标准的问题。
* 风格检查:检查程序的设计风格。
* 比较控制流:比较设计控制流图和实际程序生成的控制流图的差异。

- 选择、激活路径：在设计控制流图中选择某条路径，到实际的程序中激活这条路径，如果不能激活，则程序可能有错。
- 补充文档：根据以上检查项目，可以编制代码规则、规范和检查表等文档。
- 对照程序的规格说明，详细阅读源代码：比较实际的代码，从中发现程序的问题和错误。

代码检查包括桌面检查、代码审查、代码走查等。

1）桌面检查

桌面检查是由程序员检查自己编写的程序。程序员对源程序代码进行分析、检验并补充相关文档，目的是发现程序中的错误。由于程序员熟悉自己的程序及程序设计风格，桌面检查由程序员自己进行可以节省很多检查时间，但应避免主观片面性。

2）代码审查

代码审查是由程序员和测试人员组成审查小组，通过阅读、讨论对程序进行静态分析的过程。

代码审查分两个步骤：

（1）小组负责人提前把设计规格说明书、控制流程图、程序文本及有关要求、规范等分发给小组成员，作为审查的依据，小组成员充分阅读这些材料。

（2）召开程序审查会。在会上，首先由程序员逐句讲解程序的逻辑。在此过程中，程序员或其他小组成员可以提出问题，展开讨论，审查错误是否存在。实践表明，程序员在讲解过程中能发现许多原来自己没有发现的错误，而讨论和争议则促进了问题的暴露。

在会前，应当给审查小组每个成员准备一份常见错误的清单，把以往所有可能发生的常见错误罗列出来，供与会者对照检查，以提高审查的效率。这个常见的错误清单也成为检查表，它把程序中可能发生的各种错误进行分类，对每一类错误列出尽可能多的典型错误，然后把它们制成表格，供审查时使用。

3）代码走查

代码走查是由程序员和测试人员组成走查小组，通过逻辑运行程序发现问题的过程。

与代码审查基本相同，代码走查也分为两个步骤：

（1）小组负责人把设计规格说明书、控制流程图、程序文本及有关要求、规范等分发给走查小组的每个成员，小组成员充分阅读这些材料。

（2）召开程序走查会。首先由测试组成员为被测试程序设计有代表性的测试用例，使用这些测试用例逻辑运行程序。在对程序进行逻辑运行时，随时记录程序的踪迹，供分析和讨论用。借助测试用例的媒介作用，对程序的逻辑和功能提出各种疑问，结合问题开展热烈的讨论，能够发现更多的问题。

2. 静态结构分析

静态结构分析主要是以图形的方式表现程序的内部结构，例如函数调用关系图、函数内部控制流程图。

静态结构分析法是测试人员通过使用测试工具分析程序源代码的系统结构、数据结构、数据接口、内部控制逻辑等内部结构,生成函数调用关系图、模块控制流图、内部文件调用关系图等各种图形图表,清晰地标识整个软件的组成结构。通过分析这些图表(包括控制流分析、数据流分析、接口分析、表达式分析等),检查软件是否存在缺陷或错误的方法。

静态结构分析通过应用程序各函数之间的调用关系展示了系统的结构,并可以直观地展示一个函数的内部逻辑结构。这两个功能可用函数调用关系图、模块控制流图完成。

1)函数调用关系图

函数调用关系图以直观的图形方式描述一个应用程序中各个函数的调用和被调用关系。通过查看函数调用关系图,可以检查函数之间的调用关系是否符合要求,是否存在递归调用,函数的调用是否过深,有没有独立存在没有被调用的函数。从而可以发现系统是否存在结构缺陷,发现哪些函数是重要的,哪些是次要的,需要使用什么级别的覆盖要求。

2)模块控制流图

模块控制流图是由许多节点和连接节点的边组成的一种图形,其中一个节点代表一条语句或数条语句,边代表节点间的控制流向,它显示了一个函数的内部逻辑结构。通过检查这些模块控制流图,能够很快发现软件的错误与缺陷。

静态结构分析主要包括以下内容:

(1)函数的调用关系是否正确。

(2)是否存在孤立的函数没有被调用。

(3)明确函数被调用的频繁度,对调用频繁的函数可以重点检查。

2.2.2 动态测试

动态测试(dynamic testing)是指实际运行被测程序,输入相应的测试数据,检查输出结果和预期结果是否相符的过程。

动态测试方法的主要特征是计算机必须真正运行被测试的程序,通过输入测试用例,对其运行情况(输入和输出的对应关系)进行分析。在动态测试中,通常使用白盒测试和黑盒测试从不同的角度设计测试用例,查找软件中的错误。动态测试的黑盒测试方法及测试用例的设计在第3章中讲解,本节介绍动态测试的白盒测试方法及测试用例的设计。

1. 程序插桩技术

软件白盒测试技术中,程序插桩技术是一种应用广泛的基本测试方法。

程序插桩技术最早是由 J.C. Huang 教授提出的,它是在保证被测程序原有逻辑完整性的基础上,在程序的相应位置上插入一些探针(又称为探测器),通过探针的执行而得到程序运行的特征数据,通过对这些特征数据的分析了解程序的内部行为和特征。这些探针实际上就是进行信息采集的代码段,可以是赋值语句、计数语句或采集覆盖信息的函数调用等,通过这些探针可以了解最为关注的信息,以判断程序执行过程中的一些动态特性。

由于程序插桩技术通过探针的执行来获得程序的控制流和数据流信息,以此来实现测试的目的,因此,根据探针插入的时间可以分为目标代码插桩和源代码插桩。

目标代码插桩需要对目标代码进行必要的分析以确定需要插桩的位置和内容。目标代码的格式主要和操作系统相关,与具体的编程语言及版本无关。目标代码插桩有着广泛的应用,例如在需要对内存进行监控的软件中。但是,由于目标代码中语法、语义信息不完整,而插桩技术需要对代码词法的分析有较高的要求,因此在覆盖测试工具中多采用源代码插桩。

源代码插桩是在对源代码进行完整的词法分析和语法分析的基础上进行的,这可以保证对源代码的插桩具有很高的准确度和针对性。源代码插桩需要接触到源代码,工作量较大,而且会因为编码语言及版本的不同而做适当的修改。在下面所提到的程序插桩均指源代码插桩。

在这里通过一个源代码插桩的简单例子来说明插桩技术的要点。

【**例 2-1**】 计算整数 X 和整数 Y 的最大公约数程序,通过插桩技术了解该程序在某次运行中所有可执行语句被覆盖的情况,即每个语句的实际执行次数。图 2-1 为这一程序插桩后的流程图。

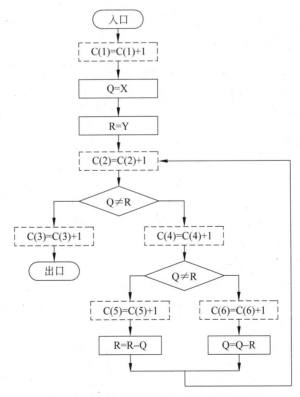

图 2-1 求最大公约数程序插桩后的流程图

图 2-1 中虚线框的内容并不是源程序的内容,而是为记录各可执行语句被覆盖次数而插入的语句(探针),其形式为

$$C(i) = C(i) + 1 \quad (i = 1, 2, \cdots, n)$$

程序从入口开始执行,到出口结束。所经历的计数语句能够记录下程序各语句的执行次数。在程序的特殊位置插入记录动态特征的语句,就是为了在程序执行过程中把需要关注的历史事件记录下来,例如记录程序执行过程中变量的变化情况及变化范围,又如通过程序插桩获得覆盖信息以了解程序的逻辑覆盖情况等。

设计插桩程序时要考虑和确定以下问题:

- 明确要探测哪些信息,可根据需要和具体情况确定。
- 在程序的什么部位插入探测点。
- 需要插入多少个探测点。要考虑如何能插入最少的点来完成实际的探测问题。
- 程序中特定部位插入某些用以判断变量特性的语句。在程序中的特定部位插入某些用以判断变量特性的语句,使得程序执行中这些语句得以证实,从而使程序的运行特性得到证实,把这些插入的语句称为断言语句。断言语句的作用是当程序执行到它的时候必须与之前的假设一致,否则就会产生错误。例如,除法运算之前,加一条分母不为 0 的断言语句,可以有效地防止分母为 0 错误。断言语句对程序中隐藏很深,用其他方法很难发现的问题很有效。

在实际测试中通常在下面一些部位设置探测点:

- 程序块的第一个可执行语句之前。
- for、do、do while、do until 等循环语句处。
- if、else if、else 及 end if 等条件语句各分支处。
- 函数、过程、子程序调用语句之后。
- return 语句之后。
- goto 语句之后。

2. 逻辑覆盖

逻辑覆盖也是白盒测试主要的动态测试方法之一,是以程序内部的逻辑结构为基础的测试技术,是通过对程序逻辑结构的遍历实现程序的覆盖,这一方法要求测试人员对程序的逻辑结构有清楚的了解。

根据覆盖源程序语句的详细程度,逻辑覆盖包括以下不同的覆盖标准:语句覆盖、判定覆盖、条件覆盖、条件判定组合覆盖、多条件覆盖。

为了理解各种逻辑覆盖标准,根据下面的源代码程序(用 C 语言书写),分别讨论不同的覆盖标准设计测试用例。

【例 2-2】 有下列程序,其流程图如图 2-2 所示。

```
void sp(int A, int B, int C)
{
    int x=0, y=0;
    if(A>0&&B<6) x=A+B;
```

```
    if(A==5||C>1)  y=A*C;
    printf(x,y);
}
```

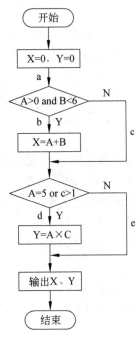

图 2-2　sp 的流程图

1) 语句覆盖

语句覆盖(statement coverage)的标准是设计足够的测试用例,运行被测程序,使被测程序中每条可执行语句至少执行一次。

对于例 2-2,为达到语句覆盖的标准,只需设计一个能通过路径 a-b-d 的数据就可以使程序中每条可执行语句至少执行一次,为此可设计以下测试用例:

```
Test Case 1:A=3,B=-1,C=5
```

优点:语句覆盖可以很直观地从源代码得到测试用例,无须细分每条判定表达式。

缺点:语句覆盖的测试用例虽然覆盖了所有可执行语句,但并不能检查每个判断逻辑是否有问题,例如在第一个判断中把 && 错误地写成了||,则上面的测试用例仍可以覆盖所有的执行语句。因此语句覆盖是很不充分的一种标准,是最弱的逻辑覆盖标准。

2) 判定覆盖

比语句覆盖稍强的覆盖标准是判定覆盖(decision coverage)。判定覆盖的标准是设计足够的测试用例,运行被测程序,使被测程序中每个判断的"真"和"假"分支均至少执行一次,即判断的真假值均曾被满足。判定覆盖又称为分支覆盖。

对于例 2-2,只需设计通过路径 a-c-d 和 a-b-e,或通过路径 a-b-d 和 a-c-e,就可达到判定覆盖标准,为此可设计以下测试用例:

```
Test Case 1:A=5,B=10,C=-1(沿路径 a-c-d 执行)
Test Case 2:A=2,B=-2,C=1(沿路径 a-b-e 执行)
```

判定覆盖比语句覆盖严格,每个分支都执行过了,每个语句一定也执行过。达到了判断覆盖标准一定也会达到语句覆盖标准。

优点:判定覆盖具有比语句覆盖强的测试能力。同样,判定覆盖也具有和语句覆盖一样的简单性,无须细分每个判定就可以得到测试用例。

缺点:大部分判定语句是由多个逻辑条件组合而成的,判定覆盖考虑的是每个判断语句的最终结果,而不能检查判断语句中每个逻辑条件是否有问题,有时某个逻辑条件有错误,设计的测试用例仍然能达到判定覆盖标准。因此判定覆盖仍是弱的逻辑覆盖标准。

3)条件覆盖

很多时候一个判断语句是由多个条件组合而成的复合判断。为了更彻底地实现逻辑覆盖,可以采用条件覆盖(condition coverage)标准。条件覆盖的标准是:设计足够的测试用例,运行被测程序,使被测程序中每个判断语句中每个逻辑条件的"真"和"假"值均至少被满足一次。

对于例 2-2,分析程序中每个判断语句,给所有条件取值加以标记。

对于第 1 个判断语句:

- 条件 A>0,取真值为 T1,取假值为 F1。
- 条件 B<6,取真值为 T2,取假值为 F2。

对于第 2 个判断语句:

- 条件 A=5,取真值为 T3,取假值为 F3。
- 条件 C>1,取真值为 T4,取假值为 F4。

为达到条件覆盖的标准,只需设计足够的测试用例,使得 T1、F1、T2、F2、T3、F3、T4、F4 均至少被满足一次,就可达到条件覆盖标准,为此可设计以下测试用例:

```
Test Case 1:A=5,B=-2,C=-6,满足 T1、T2、T3、F4(沿路径 a-b-d 执行)
Test Case 2:A=-2,B=8,C=3,满足 F1、F2、F3、T4(沿路径 a-c-d 执行)
```

条件覆盖使每个判断语句中的每个条件都取了两个不同的值,判定覆盖不保证这一点,但满足了条件覆盖标准的测试用例并不一定保证每个判断的不同分支被覆盖,所以条件覆盖并不能保证判定覆盖。

4)条件判定组合覆盖

条件判定组合覆盖(decision condition coverage)的标准是设计足够的测试用例,运行被测程序,使被测程序中每个判断语句中每个逻辑条件的"真"和"假"值均至少被满足一次,并且每个判断的"真"和"假"分支也均至少执行一次。

对于例 2-2,与条件覆盖一样,为程序的每个判断语句中所有条件取值加以标记。

条件 A>0、B<6、A=5、C>1 取真值分别为 T1、T2、T3、T4,取假值分别为 F1、F2、F3、F4。

为达到条件判定组合覆盖的标准,只需设计足够的测试用例,使得 T1、F1、T2、F2、T3、F3、T4、F4 均至少被满足一次,并且程序中两个判断的"真"、"假"分支均至少被满足

一次,就可达到条件判定组合覆盖标准,为此可设计以下测试用例:

```
Test Case 1: A=5, B=-2, C=3, 满足 T1、T2、T3、T4(沿路径 a-b-d 执行)
Test Case 2: A=-2, B=8, C=-3,满足 F1、F2、F3、F4(沿路径 a-c-e 执行)
```

满足条件判定组合覆盖标准的测试用例一定会满足语句覆盖、判定覆盖和条件覆盖。

5) 多条件覆盖

多条件覆盖也称为条件组合覆盖,多条件覆盖的标准是设计足够的测试用例,运行被测程序,使得每个判断中各条件的各种可能组合都至少被满足一次。显然满足多条件覆盖标准的测试用例一定满足判定覆盖、条件覆盖和条件判定组合覆盖标准。

对于例 2-2,为程序中每个判断的各条件取值的组合加以标记如下:

(1) A>0,B<6,记为 T1、T2,第 1 个判断的取真分支。
(2) A>0,B≥6,记为 T1、F2,第 1 个判断的取假分支。
(3) A≤0,B<6,记为 F1、T2,第 1 个判断的取假分支。
(4) A≤0,B≥6,记为 F1、F2,第 1 个判断的取假分支。
(5) A=5,C>1,记为 T3、T4,第 2 个判断的取真分支。
(6) A=5,C≤1,记为 T3、F4,第 2 个判断的取真分支。
(7) A≠5,C>1,记为 F3、T4,第 2 个判断的取真分支。
(8) A≠5,C≤1,记为 F3、F4,第 2 个判断的取假分支。

为达到多条件覆盖的标准,只需设计足够的测试用例,使得上面(1)~(8)组合都至少被满足一次,为此可设计以下测试用例:

```
Test Case 1: A=5, B=-5, C=8, 4 个条件取值分别为 T1、T2、T3、T4(沿路径 a-b-d 执行),满
足 (1)、(5)组合
Test Case 2: A=5, B=9, C=1, 4 个条件取值分别为 T1、F2、T3、F4(沿路径 a-c-d 执行),满足
(2)、(6)组合
Test Case 3: A=-3, B=2, C=6, 4 个条件取值分别为 F1、T2、F3、T4(沿路径 a-c-d 执行),满
足 (3)、(7)组合
Test Case 4: A=0, B=10, C=0, 4 个条件取值分别为 F1、F2、F3、F4(沿路径 a-c-e 执行),满
足 (4)、(8)组合
```

虽然多条件覆盖比语句覆盖、判定覆盖、条件覆盖、条件判定组合覆盖有更强的覆盖准则,但仍然有 a-b-e 路径未被覆盖,而且当程序的判定语句较多时,其条件取值的组合数目非常庞大。

3. 测试覆盖准则

1) 错误敏感测试用例分析准则

逻辑覆盖希望通过"覆盖"全面查找错误,做到无遗漏。事实表明,它并不能做到无遗漏。例如,程序中的条件表达式 A>0&&B<6 错写成了 A>0&&B≤6,逻辑覆盖无法发现这类错误。面对这类问题,应该根据经验调整测试工作的重点,针对容易发生问题的地方设计测试用例。

K. A. Foster 从测试工作实践的经验出发，吸收了计算机硬件的测试原理，提出了一种经验型的测试覆盖准则，较好地解决了上述问题。

K. A. Foster 的经验型覆盖准则是从硬件的早期测试方法中得到启发的。在硬件测试中，对每个门电路的输入、输出测试都是有额定标准的。通常，电路中一个门的错误常常是"输出总是 0"，或是"输出总是 1"。与硬件测试中的这一情况类似，程序中谓词的取值也是比较容易出错的地方，而且它可能比硬件测试更加复杂。Foster 通过大量的实验确定了程序中谓词最容易出错的部分，得出了一套错误敏感测试用例分析（Error Sensitive Test Cases Analysis，ESTCA）准则。

规则 1：对于 A rel B（rel 可以是＜、＝和＞）型的分支谓词，在选择 A 与 B 的取值，使得测试执行到该分支语句时，应考虑 A＜B、A＝B 和 A＞B 的情况分别出现一次。

规则 2：对于 A rel c（rel 可以是＜或＞，A 是变量，c 是常量）型的分支谓词。

- 当 rel 为＜时，应适当地选择 A 的值，使得

$$A = c - M$$

其中，M 是距 c 最小的机器容许正数，若 A 和 c 均为整数时，M＝1。

- 当 rel 为＞时，应适当地选择 A，使得

$$A = c + M$$

若 A 和 c 均为整数时，M＝1。

规则 3：对外部输入变量赋值，使其在每一测试用例中均有不同的值与符号，并与同一组测试用例中其他变量的值与符号不一致。

其中，规则 1 是为了检测 rel 的错误，如将 A＜B 错写成了 A＞B；规则 2 是为了检测"差一"之类的错误，如将 A＞1 错写成 A＞0；而规则 3 是为了检测程序语句中的错误（如将引用一个变量错写成引用一个常量）。

上述 3 个规则是经验型覆盖准则，规则本身是针对程序编写人员容易发生的错误，围绕着发生错误的频繁区域设计测试用例，因此可以提高发现错误的命中率。但 ESTCA 准则并不完备，仍有很多缺陷发现不了。

2）LCSAJ 覆盖准则

Woodward 等人曾经提出了结构覆盖的一些准则，如分支覆盖或路径覆盖，但这些覆盖都不足以保证测试数据的有效性。为此，他们提出了一种层次 LCSAJ 覆盖准则。LCSAJ 覆盖（Linear Code Sequence and Jump Coverage）是线性代码顺序和跳转覆盖。

在程序中，一个 LCSAJ 是一组顺序执行的代码，以控制跳转为其结束点。LCSAJ 的起点根据程序本身决定。起点可以是程序第一行或转移语句的入口点，或是控制流可跳达的点。如果有几个 LCSAJ 首尾相接，且第一个 LCSAJ 起点为程序起点，最后一个 LCSAJ 终点为程序终点，这样的 LCSAJ 串就组成了程序的一条路径（LCSAJ 路径）。一条 LCSAJ 路径可能是由 2 个、3 个或多个 LCSAJ 组成的。基于 LCSAJ 与路径的这一关系，Woodward 提出了 LCSAJ 覆盖准则，这是一个分层的覆盖准则。

第 1 层：语句覆盖。

第 2 层：分支覆盖。

第 3 层：LCSAJ 覆盖。即程序中的每一个 LCSAJ 都至少在测试中经历过一次。

第 4 层：两两 LCSAJ 覆盖。即程序中每两个首尾相连的 LCSAJ 组合起来在测试中都要经历一次。

⋮

第 $n+2$ 层：每 n 个首尾相连的 LCSAJ 组合在测试中都要经历过一次。

这说明越是高层的覆盖准则越难满足。在实施测试时，若要实现上述的 Woodward 层次 LCSAJ 覆盖，需要产生被测程序的所有 LCSAJ。

尽管 LCSAJ 覆盖要比判定覆盖复杂得多，但是 LCSAJ 的自动化相对还是容易实现的。另外，对一个模块的微小变动可能对 LCSAJ 产生重大影响，因此维护 LCSAJ 的测试数据是相当困难的。一个大模块包含极其庞大的 LCSAJ，因此要获得 100％ 的覆盖率也是不现实的。然而 Woodward 等人提供的证据表明，把测试 100％ 的 LCSAJ 作为目标比 100％ 的判定覆盖要有效得多。

4. 基本路径测试方法

路径测试就是从一个程序的入口开始，执行所经历的各个语句的完整过程。任何关于路径分析的测试都可以叫做路径测试。完成路径测试的理想情况是做到路径覆盖，但对于逻辑结果复杂的程序要做到所有路径覆盖（测试所有可执行路径）是不可能的。

在不可能实现所有路径覆盖的前提下，如果某一程序的每个独立路径都被测试过，那么可以认为程序中的每个语句都已经检验过了，即达到了语句覆盖。这种测试方法就是通常所说的基本路径测试方法。

基本路径测试方法是在程序控制流图的基础上，通过分析控制构造的环路复杂性，导出基本可执行路径集合，从而设计测试用例的方法。设计出的测试用例要保证被测试程序的每个可执行语句至少执行一次。

基本路径测试方法包括以下步骤：

(1) 画出程序控制流图。

(2) 计算程序的环路复杂度，导出程序基本路径集中的独立路径条数，这是确定程序中每个可执行语句至少执行一次所必需的测试用例数目的上界。

(3) 根据程序的环路复杂度数目，确定程序的独立路径的集合。

(4) 为(3)中独立路径集合中每一条独立路径设计测试用例。

下面详细介绍基本路径测试方法的每个步骤。

1）程序的控制流图

程序的控制流图可以从程序的流程图简化映射得到。控制流图是描述程序控制流的一种图示方式，与几种常用的控制结构相应的控制流图表示见图 2-3。

在图 2-3 所示的图形符号中，圆圈称为控制流图的一个节点，它表示一个或多个语句、一个处理框序列或一个条件判断框（不包含复合条件）。带箭头的直线或弧线为控制流图中控制流的方向，可称为边。

程序的流程图是用来描述程序的控制结构的。可将程序的流程图简化映射为相应的控制流图（假设流程图的菱形判断框不包含复合条件）。

将程序的流程图映射为相应控制流图的映射规则如下：

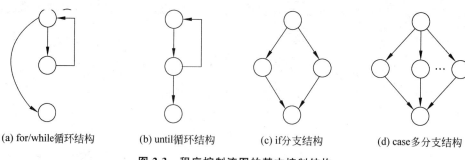

(a) for/while循环结构　　　(b) until循环结构　　　(c) if分支结构　　　(d) case多分支结构

图 2-3　程序控制流图的基本控制结构

- 在程序流程图中,一个或顺序连接在一起的几个处理框可映射为一个节点。
- 一个菱形判断框或一个菱形判断框与其上顺序连接在一起的几个处理框可映射为一个节点。
- 与程序的流程图不同的是,在程序的控制流图中,一条边必须终止于一个节点。在分支或多分支结构中分支的汇聚处即使没有执行语句也要添加一个汇聚节点。边和节点圈定的部分叫做区域。当对区域计数时,图形外的部分也应记为一个区域。

例如,有一个程序的流程图如图 2-4 所示,假设 3、5 为条件判断框(不包含复合条件),按以上规则得到的相应的控制流图如图 2-5 所示。

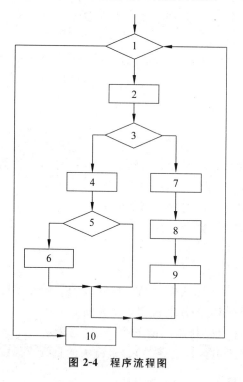

图 2-4　程序流程图

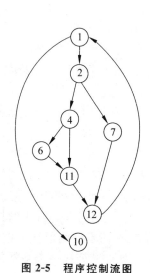

图 2-5　程序控制流图

在以上映射规则中,判断框中的条件表达式必须只有一个条件,如果判定语句中的条件表达式为复合条件,即条件表达式是由一个或多个逻辑运算符(and、or 等)连接的逻辑表达式,则需要将复合条件转换为一系列只有单个条件的嵌套判断。

例如,if a and b then x else y 或 if a or b then x else y,假设 a 和 b 都为单条件判断节点,if a and b then x else y 控制流图如图 2-6 所示,if a or b then x else y 控制流图如图 2-7 所示。

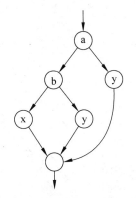 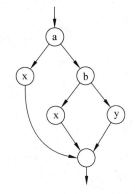

图 2-6 a and b 复合条件控制流图   **图 2-7 a or b 复合条件控制流图**

2) 基本路径测试方法实例分析

【**例 2-3**】 有下面结构的 C 语言函数,用基本路径测试方法设计测试用例。

```
void pd(int x,int y, int z)
{
    while(x>0)
    {
        if(y==0)
        {
            if(z>10)
            {
                语句体 1
            }
            else
            {
                语句体 2
            }
        }
        else
        {
            If(z<0)
            {
                语句体 3
            }
        }
    }
    语句体 4
}
```

解：用基本路径测试方法设计测试用例的步骤如下。

第一步：将被测程序流程图映射为控制流图。

本函数的程序流程图如图 2-8 所示，按映射规则映射为如图 2-9 所示的控制流图。

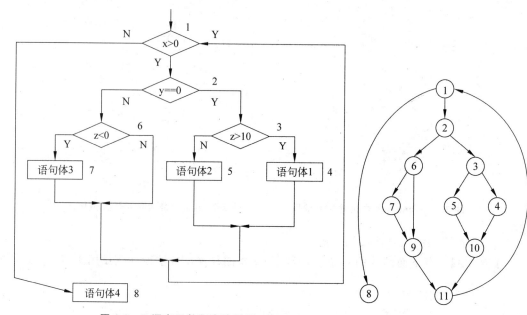

图 2-8   C 语言函数程序流程图   图 2-9   C 语言函数程序控制流图

第二步：计算环路复杂度。

可用以下 3 种方法计算环路复杂度。

（1）将环路复杂度定义为控制流图中的区域数。

（2）设 E 为控制流图的边数，N 为控制流图的节点数，则定义环路的复杂度为 $V(G)=E-N+2$。

（3）若设 P 为控制流图中的判断节点数，则有 $V(G)=P+1$。

本实例控制流图中有 5 个区域，其环路复杂度为 5。

按边数和节点数计算如下：

$$V(G) = E - N + 2 = 14 - 11 + 2 = 5$$
$$V(G) = P + 1 = 4 + 1 = 5$$

5 是构成基本路径集的独立路径数的上界，可据此得到应该设计测试用例的数目。从程序的环路复杂性可导出程序基本路径集合中的独立路径条数，这是确定程序中每个可执行语句至少执行一次所必需的测试用例数目的上界。

第三步：确定独立路径集合。

独立路径的条数为 $V(G)$，即 5 条。

路径 1：1-8。

路径 2：1-2-3-4-10-11-1-8。

路径 3：1-2-3-5-10-11-1-8。

路径 4：1-2-6-7-9-11-1-8。

路径 5：1-2-6-9-11-1-8。

第四步：准备测试用例。

为确保基本路径集中的每一条路径的执行，根据判断节点给出的条件，选择适当的测试数据，保证每一条路径可以被测试到。

Test Case 1：x＝0,y＝12,z＝−1(测试路径 1)。

Test Case 2：x＝3,y＝0,z＝20(测试路径 2)。

Test Case 3：x＝10,y＝0,z＝6(测试路径 3)。

Test Case 4：x＝30,y＝−8,z＝−10(测试路径 4)。

Test Case 5：x＝16,y＝7,z＝2(测试路径 5)。

说明：在执行路径 2、路径 3、路径 4、路径 5 时，如果到达 11 节点时 x＞0，需在图 2-9 中 11 节点中插入使 x≤0 的赋值语句，否则不能执行这些路径。

【例 2-4】　有一个被测程序，该程序可以根据输入的学生成绩统计有效分数的个数、计算总分数及平均成绩。试用基本路径测试法设计测试用例。假设该程序最多可输入 100 个数据(以 −1 作为输入结束标志)。

解：基本路径测试法设计测试用例的步骤如下。

第一步：将程序的流程图映射为控制流图。

根据题意，程序的流程图如图 2-10 所示，转换为控制流图如图 2-11 所示。

第二步：计算环路复杂度 $V(G)$。

(1) 按区域计算：$V(G)＝6$。

(2) 根据边数和节点数计算：$V(G)＝E−N+2＝15−11+2＝6$。

E 为控制流图的边数，N 为控制流图的节点数。

(3) 根据判断节点数计算：$V(G)＝P+1＝5+1＝6$。

P 为控制流图的判断节点数。图 2-10 中，节点 2、3、5、6、9 为判断节点。

第三步：确定基本路径集合。

根据环路复杂度的值，需要确定 6 条独立的路径。

路径 1：1-2-9-11。

路径 2：1-2-3-4-5-8-2-3-9-11。

路径 3：1-2-3-4-5-6-7-8-2-3-9-10-11。

路径 4：1-2-3-4-5-8-2-9-10-11。

路径 5：1-2-3-4-5-6-8-2-9-10-11。

路径 6：1-2-3-4-5-6-7-8-2-9-10-11。

第四步：为每条独立路径设计测试用例。

在测试时使每条独立路径至少被执行一次。

(1) 路径 1(1-2-9-11)的测试用例如下：

Score[1]＝−1;

预期结果：结束该程序。

(2) 路径 2(1-2-3-4-5-8-2-3-9-11)的测试用例如下：

输入多于 100 个数据，Score[i]＜−1(1≤i＜100)。

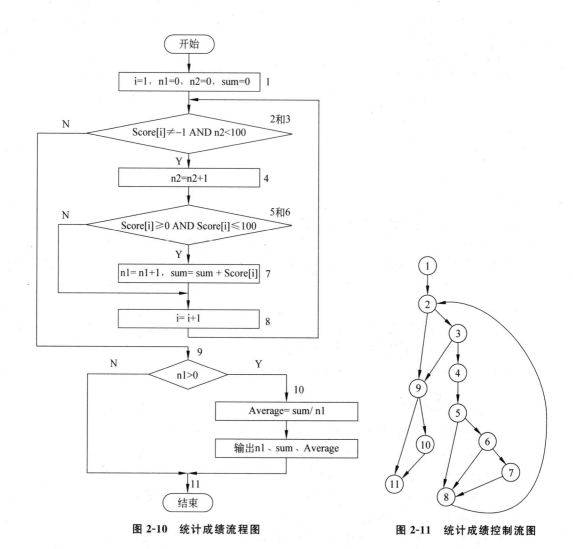

图 2-10　统计成绩流程图　　　　　图 2-11　统计成绩控制流图

预期结果：结束该程序。

（3）路径 3(1-2-3-4-5-6-7-8-2-3-9-10-11)的测试用例如下：

输入多于 100 个数据，$0 \leqslant Score[i] \leqslant 100(i \geqslant 1)$。

预期结果：根据输入的有效分数计算出有效分数的个数 n1、总分数 sum 和平均成绩 Average。

（4）路径 4(1-2-3-4-5-8-2-9-10-11)的测试用例如下：

$Score[i] < -1$，　$Score[i+1] = -1$　$(1 \leqslant i < 100)$

预期结果：根据输入的有效分数计算出有效分数的个数 n1、总分数 sum 和平均成绩 Average。

（5）路径 5(1-2-3-4-5-6-8-2-9-10-11)的测试用例如下：

$Score[i] > 100$，　$Score[i+1] = -1$　$(1 \leqslant i < 100)$

预期结果：根据输入的有效分数计算出有效分数的个数 n1、总分数 sum 和平均成绩 Average。

（6）路径 6(1-2-3-4-5-6-7-8-2-9-10-11)的测试用例如下：

Score[100]＝－1；

0≤Score[i]≤100　（1≤i＜100）

预期结果：根据输入的有效分数计算出有效分数的个数 n1、总分数 sum 和平均成绩 Average。

5. 基本路径测试中的图形矩阵工具

图形矩阵是在基本路径测试中起辅助作用的软件工具，利用它可以实现自动确定一个基本路径集。

为了使导出程序控制流图和决定基本测试路径的过程均自动化实现，产生了辅助基本路径测试的软件工具，称为图形矩阵（graph matrix）。图形矩阵将程序的控制流图用方阵表示，方阵的阶数（即列数和行数）等于控制流图的节点数。每列和每行都对应于标识的节点，方阵元素对应于节点间的连接（边）。控制流图的每一个节点用数字标识，每一条边用字母标识，如图 2-12(a)所示，所对应的图形矩阵如图 2-12(b)所示，矩阵中的字母项对应于节点的连接。

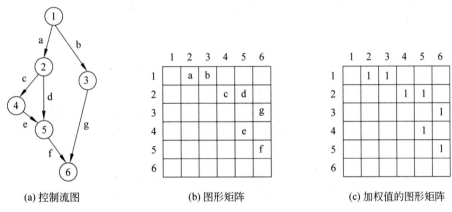

(a) 控制流图　　　　　(b) 图形矩阵　　　　　(c) 加权值的图形矩阵

图 2-12　控制流图及对应的图形矩阵

在图形矩阵中加入连接权值（link weight），在测试中就可以用于评估程序的控制结构，连接权为控制流提供了额外的信息。简单情况下，连接权为 1（存在连接）或 0（不存在连接），加入连接权值后的图形矩阵如图 2-12(c)所示。

在图 2-12(c)中，计算矩阵每一行中 1 的个数，如果值大于或等于 2，则该行所代表的节点一定是一个判断节点，再通过统计矩阵中判断节点的个数得出该图环路复杂性的值。利用此计算方法分析图 2-12(c)，其中第 1 行和第 2 行 1 的个数为 2，因此这两行为判断节点，因此，环路复杂性的值＝判断节点＋1＝2＋1＝3。

实际上，连接权值也可以赋予更有意义的属性，如执行连接（边）的概率或执行连接（边）的时间等。

利用图形矩阵可以使导出程序控制流图和决定基本测试路径的过程均自动化实现。

6. 其他白盒测试方法

1）域测试

域测试是一种基于程序结构的测试方法。域测试的"域"指的是程序的输入域,该测试方法根据对程序输入域的分析,选择适当的测试点进行测试。将输入域分为若干不同的子域,使得每个子域对应于不同的计算,也就是每一个输入域的子域对应于程序的一条执行路径。输入域的子域划分由程序中分支语句的谓词决定。在每个子域中选择有代表性的数据元素对对应的路径进行测试,根据测试结果来寻找被执行路径的错误。

域测试主要测试如下错误:

（1）域错误。程序的控制流存在错误,某个子域里的输入数据可能执行的是一条错误路径,这种错误也称为路径错误。

（2）计算型错误。某个子域里的输入数据执行的路径正确,但该路径中存在语句的错误导致输出结果错误。

（3）丢失路径错误。由于程序中的某处少了一个判定谓词而引起的错误。

域测试的缺点如下:

（1）为进行域测试对程序提出的限制过多。

（2）当程序中存在很多路径时,所需的测试用例很多。

2）符号测试

符号测试的基本思想是:允许程序的输入不仅仅是具体的数值数据,而且包括符号值,符号值可以是基本的符号变量值,也可以是符号变量值的表达式。符号测试时,执行程序过程中是进行符号计算,而普通测试中是进行数值计算,所得结果是符号公式或符号谓词。简单地说,普通测试执行的是算术运算,而符号测试执行的是代数运算。符号测试的优点如下:

（1）符号测试执行的是代数运算,可以作为普通测试的扩充。

（2）符号测试可以看作是程序测试和程序验证的一种折中办法。

（3）符号测试程序中仅有有限的几条执行路径。

符号测试的缺点如下:

（1）分支问题不能控制。在程序执行到分支时,符号测试不能决定分支的走向,需要人工干预或其他方法使程序继续执行。

（2）二义性问题不能控制。数据项的符号值可能会存在二义性。

（3）大程序问题不能控制。

3）Z 路径覆盖

程序中的路径指从程序入口开始,到执行过程中经历的各个语句,再到出口。通过对程序逻辑路径分析而进行的测试称为路径测试,路径测试的理想状态是做到路径覆盖,如果一个程序的逻辑路径非常复杂,包含多个判断及多个循环,可能的路径数目就会很庞大,这种情况要实现路径覆盖是不可能的。为了解决这一问题,必须舍掉一些次要因素,对循环机制进行简化,简化循环的目的是限制循环的次数。

简化循环意义下的路径覆盖称为 Z 路径覆盖。Z 路径覆盖对循环机制进行简化,减少路径的数量,使得覆盖所有路径成为可能。无论循环的形式和循环体实际执行的次数是怎样的,简化后的循环测试都只考虑执行循环体一次和零次(不执行)两种情况,即考虑执行时进入循环体一次和跳过循环体这两种情况。

4) 程序变异

程序变异是一种基于错误的测试技术。错误驱动测试是指该方法是针对某类特定程序错误的。经过多年的测试理论研究和软件测试的实践,人们逐渐发现,要想找出程序中的所有错误几乎是不可能的。比较现实的解决办法是将错误的搜索范围尽可能地缩小,以利于专门测试某类错误是否存在。

在变异测试中,测试人员首先根据被测试程序的特征设计变异算子,变异算子是在符合语法规则的前提下,从原有程序生成差别极小的程序(变异体)的转换规则。变异算子的设计基于经验和一些规则。通过变异算子对被测原有程序做微小的修改,即人为地引入错误,可生成大量的新程序,每个新程序称为原有程序的一个变异体。利用测试用例分别在原有程序及其变异体上执行,比较输出结果,如果输出结果不同,该变异体的变更被检测出来,也就是该变异体里的错误被检测出来,称为将该变异体杀死。如果输出结果相同,表示无法将变异体杀死,其原因有两个,一是测试数据不够充分,二是该变异体为等价变异体。在识别出等价变异体后,若已有测试用例不能杀除所有的非等价变异体,则需额外设计新的测试用例,并添加到测试用例集中,以提高测试充分性。

变异测试还可以通过采用变异缺陷来模拟被测软件的真实缺陷,从而对测试人员提出的测试方法的有效性进行辅助评估。

变异测试的优点是便于集中目标对软件危害最大的可能错误,提高测试效率,降低测试成本。变异测试可使用自动化测试来提高测试效率,由测试工具自动产生变异体,自动发现被杀死的变异体,通过与测试工具的交互可有选择地使用变异算子等。

变异测试的缺点是需要大量的计算机资源。

2.3　本 章 小 结

软件测试技术可分为白盒测试技术和黑盒测试技术两大类,任何软件产品都可以使用这两种技术进行测试。通常软件产品的测试采用白盒测试和黑盒测试相结合的方法。

白盒测试技术又可分为静态测试方法和动态测试方法。静态测试主要有代码检查、静态结构分析等,代码检查又包括代码走查、桌面检查、代码审查。静态测试可以由人工检测,也可以借助于软件测试工具自动进行。动态测试方法主要有程序插桩技术、逻辑覆盖、基本路径测试法、域测试、符号测试、Z 路径覆盖、程序变异等方法。

白盒测试技术常用的动态测试方法为程序插桩技术、逻辑覆盖、基本路径测试法。

程序插桩技术是借助向被测程序中插入操作来实现测试的目的方法。

逻辑覆盖根据覆盖源程序语句的详细程度分为语句覆盖、判定覆盖、条件覆盖、条件判定组合覆盖、多条件覆盖。逻辑覆盖希望通过"覆盖"全面查找错误,做到无遗漏。事实表明,它并不能做到无遗漏。为此 K. A. Foster 提出了错误敏感测试用例分析(ESTCA)准则,能较好地解决逻辑覆盖的一些问题。Woodward 等人提出了 LCSAJ 覆盖准则,尽管 LCSAJ 覆盖要比判定覆盖复杂得多,但是 LCSAJ 的自动化相对容易实现,并且把测试 100% 的 LCSAJ 作为目标比 100% 的判定覆盖要有效得多。

基本路径测试法是在程序控制流图的基础上,通过分析控制构造的环路复杂性,导出基本可执行路径集合,从而设计测试用例的方法。

本章介绍了白盒测试技术和黑盒测试技术的基本概念及这两种测试技术可对软件进行测试、检查的内容,详细介绍了静态测试方法的代码检查、静态结构分析,详细介绍了白盒测试技术常用的动态测试方法,重点介绍了程序插桩技术、逻辑覆盖、基本路径测试法,并通过实例详细讲解了逻辑覆盖、基本路径测试法测试用例的设计过程。

习　题　2

1. 什么是白盒测试?什么是黑盒测试?
2. 白盒测试和黑盒测试分别检查哪些内容?
3. 什么是静态测试?静态测试包含哪些测试方法?
4. 什么是静态结构分析法?
5. 什么是程序插桩技术?
6. 程序插桩技术中,在设计插桩程序时要考虑的问题有哪些?
7. 什么是逻辑覆盖技术?逻辑覆盖包括几类覆盖?
8. 什么是基本路径测试法?简述基本路径测试法测试用例的设计过程。
9. 什么是灰盒测试?灰盒测试与白盒测试、黑盒测试的区别是什么?
10. 什么是域测试?
11. 什么是符号测试?
12. 什么是 Z 路径覆盖?
13. 什么是程序变异?
14. 什么是错误敏感测试用例分析(ESTCA)准则?
15. 什么是 LCSAJ 覆盖准则?
16. 图形矩阵工具的作用是什么?
17. 简述代码检查的 3 种检查方法。
18. 简述逻辑覆盖的 5 种覆盖方法。
19. 有下列程序,分别利用逻辑覆盖的语句覆盖、判定覆盖、条件覆盖、条件判定组合覆盖、多条件覆盖为其设计测试用例。

```
int result(int x,int y,int z)
{
    int k=0,j=0;
    if((x<y)&&(z<5))
        k=x+y;
    if((x==10)||(y>3))
        j=x* y;
```

```
    printf(k,j);
}
```

20. 有下列程序,用基本路径测试法设计测试用例。

```
void sort(int sum,int type)
{
    int x=0;
    int y=0;
    while(sum>0)
    {
        if(type==0)
            x=y+2;
        else
        {
            if(type==1)
                y==y+5;
            else
                y==y+10;
        }
        sum--
    }
}
```

第 3 章

黑盒测试技术

本章学习目标
- 了解黑盒测试基本知识。
- 熟练掌握等价类划分法设计测试用例。
- 熟练掌握边界值分析法设计测试用例。
- 熟练掌握错误猜测法设计测试用例。
- 熟练掌握因果图法设计测试用例。
- 熟练掌握判定表驱动法设计测试用例。
- 熟练掌握场景法设计测试用例。
- 熟练掌握正交试验法设计测试用例。

本章首先介绍黑盒测试的定义和分类,再介绍常用黑盒测试方法——等价类划分、边界值法、错误猜测法、因果图、判定表驱动法、场景法、正交试验法的基本理论及测试用例的设计过程。

3.1 黑盒测试概述

对于黑盒测试技术,需要了解以下内容:
- 黑盒技术的定义和常用的黑盒测试方法。

黑盒测试又称为功能测试,即将软件看成黑盒子,在完全不考虑软件内部结构和特性的情况下,测试软件的外部特性。黑盒测试是一种从用户观点出发,基于规格说明的测试方法,主要验证软件的功能需求和用户最终需求。黑盒测试技术有很多测试方法,常用的有等价类划分、边界值法、错误猜测法、因果图、判定表驱动法、场景法、正交试验法等。

从理论上讲,黑盒测试只有采用穷举输入测试,把输入域里所有可能的输入数据都作为测试情况考虑,才能查出程序中所有的错误。实际上测试情况有无穷多个,不仅要测试所有合法的输入,而且还要对那些不合法但可能的输入进行测试,测试量是非常庞大的,因此完全测试是不可能的,所以要进行有针对性的测试。本章介绍了多种测试方法,其目的是在庞大的输入域中合理地设计有代表性的测试用例,以进行高效的测试。

3.2　等价类划分

为了熟练掌握黑盒测试技术的等价类划分法,需要学习以下内容:

- 认识什么是等价类。
- 等价类概念和等价类的分类。
- 划分等价类的方法。
- 等价类划分法设计测试用例实例分析。

3.2.1　认识等价类

假设 GradeRecord 函数能根据输入的单科成绩,把低于 60 分的成绩登记为"不及格",大于等于 60 分的成绩按实际成绩登记。

单科成绩的输入域:{单科成绩:0≤单科成绩≤100}。根据题意,当 0≤单科成绩＜60 时,程序所做的处理是:将单科成绩登记为"不及格";当 60≤单科成绩≤100 时,程序所做的处理是:按实际输入的单科成绩登记。在测试时,只要在 0≤单科成绩＜60、60≤单科成绩≤100 中各选择一个任意的输入数据就可以了,而没有必要将 0≤单科成绩≤100 所有的数据都测试一遍。

0≤单科成绩＜60、60≤单科成绩≤100 为 0≤单科成绩≤100 的子集,这两个子集互不相交,每个子集里的所有数据都执行相同的处理,相同的处理映射到程序相同的执行路径。因此每个子集中的所有数据都有相同的执行路径,所以只要在每个子集选择一个有代表性的数据就可以把其处理功能测试了。

0≤单科成绩＜60、60≤单科成绩≤100 就是 GradeRecord 函数测试的两个等价类。

3.2.2　等价类划分概述

等价类划分法是一种典型的、常用的黑盒测试方法。

在做黑盒测试时,需要通过接口把输入域中的数据输入,然后观察输出结果,如果输出结果和预期结果不一致,表示被测试的功能有错误。通常输入域是一个庞大的数据集合,试图用穷举法把输入域中的所有输入数据做上述测试是不可能的,也没有必要。

等价类划分就是解决如何选择适当的数据子集来代表整个数据集的问题,通过降低测试的数目去实现合理的覆盖,覆盖更多的可能数据,以发现更多的软件缺陷。

所谓等价类划分,就是把输入数据(有效的和无效的)的所有可能值划分为若干等价类,使每个等价类中任何一个测试用例都能代表同一等价类中的其他测试用例。划分了等价类,就可以从每个等价类中选取任意的或具有代表性的数据当作测试用例进行测试。

使用等价类划分法进行测试时完全不需要考虑程序的内部结构,只根据需求规格说明书来分析程序的输入域,按照一定的规则把程序的输入域划分为若干合理的互不相交

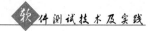

的子域,然后从这些子域中选择任意的或有代表性的数据作为测试用例。

为了保证测试用例的完整性和代表性。测试用例由有效等价类和无效等价类的代表组成。

1. 有效等价类

有效等价类是指对于程序规格说明来说合理的、有意义的输入数据构成的集合。利用有效等价类可以检验程序是否实现了规格说明预先规定的功能和性能。有效等价类可以是一个,也可以是多个。把软件系统的输入域按一定的规则划分为若干子域(有效等价类),然后从每个子域(有效等价类)中选取少数任意或有代表性的数据作为测试用例的输入数据。

2. 无效等价类

无效等价类和有效等价类相反,无效等价类是指对程序的规格说明来说所有的不合理的或无意义的输入数据所构成的集合。对于具体的问题,无效等价类至少应有一个,也可能有多个。利用无效等价类,可以检查程序对各种异常输入的处理。

设计测试用例时,要同时考虑这两种等价类。因为软件不仅要能接收合理的、有意义的数据,也要能对意外不合理、无意义数据的处理能力,这样才能确保软件具有更高的可靠性。

3.2.3 划分等价类的方法

1. 划分等价类

如何确定等价类是使用等价类划分法的重要问题。等价类的划分方法如下。

1) 按区间划分

如果可能的输入数据属于一个取值范围,则可以确定一个有效等价类和两个无效等价类。

例如,输入数据是学生的单科成绩,单科成绩的范围是 0～100,可划分为"0≤单科成绩≤100"一个有效等价类(有效成绩)和"单科成绩<0"、"单科成绩>100"两个无效等价类(无效成绩)。

2) 按数值划分

如果规定了输入数据的一组值,并且程序要对每个输入值分别进行不同的处理,则可为每个值确定一个有效等价类,此外针对这组值确立一个无效等价类,它是这组值之外的所有数据的集合。

例如,程序输入 x 取值于一个固定的枚举类型{1,3,7,15},且程序中对这 4 个数值分别进行了处理,则有效等价类为 x=1、x=3、x=7、x=15,无效等价类为{x∶x≠1,3,7,15}。

3) 按数值集合划分

如果可能的输入数据属于一个值的集合(假定 n 个),并且程序对该集合的每个输入值进行不同的处理,这时可确定 n 个有效等价类和一个无效等价类。

4) 按限制条件或规则划分

在规定了输入数据必须遵守的规则或限定条件的情况下,可确定一个有效等价类(符合规则)和若干个无效等价类(从不同角度违反规则)。

例如,程序输入条件为以字符 a 开头、长度为 8 的字符串,并且字符串不包含 a~z 之外的其他字符,则有效等价类为满足了上述所有条件的字符串,无效等价类为不以 a 开头的字符串、长度不为 8 的字符串和包含了 a~z 之外其他字符的字符串。

5) 按布尔值划分

如果输入条件是一个布尔量,可确定一个有效等价类和一个无效等价类。

6) 按处理方式划分

在确定已划分的等价类中各元素在程序处理中方式不同的情况下,则应再将该等价类进一步划分为更小的等价类。

在划分了等价类之后,需要建立等价类表,列出所有划分出的等价类,如表 3-1 所示。

表 3-1 等价类表

输入数据(或输入条件)	有效等价类	无效等价类

2. 等价类划分法设计测试用例的原则

为等价类表中所有的有效等价类和无效等价类设计测试用例的原则如下:

- 为每个等价类规定一个唯一的编号。
- 设计一个新的测试用例,使其尽可能多地覆盖尚未覆盖的有效等价类;重复这一步骤,直到所有的有效等价类都被覆盖为止。
- 设计一个新的测试用例,使其覆盖且仅覆盖一个无效等价类,重复这一步骤,直到所有的无效等价类都被覆盖为止。

3.2.4 等价类划分法实例

【例 3-1】 假设 GradeRecord 函数能根据输入的单科成绩,把低于 60 分的成绩登记为"不及格",大于等于 60 分的成绩按实际成绩登记。试用等价类划分法为其设计测试用例。

解:第一步:划分等价类。

GradeRecord 函数的输入变量是 Grade(单科成绩),可将其输入域划分成 $0 \leqslant$ Grade < 60、$60 \leqslant$ Grade $\leqslant 100$ 两个有效等价类,另外还需考虑各种情况的无效等价类,GradeRecord 函数划分的等价类,如表 3-2 所示。

表 3-2　GradeRecord 函数的等价类表

输入数据（或输入条件）	有效等价类		无效等价类	
	为数字	(1)	有非数字字符	(4)
单科成绩	0≤Grade＜60	(2)	Grade＜0	(5)
	60≤Grade≤100	(3)	Grade＞100	(6)

第二步：为有效等价类设计测试用例。

为 GradeRecord 函数有效等价类设计的测试用例如表 3-3 所示。

表 3-3　GradeRecord 函数覆盖有效等价类的测试用例

测试用例	输入数据	预期输出	测试范围
Test Case 1	47	不及格	(1)、(2)
Test Case 2	80	登记成绩 80 分	(1)、(3)

第三步：为无效等价类设计测试用例。

为 GradeRecord 函数无效等价类设计的测试用例如表 3-4 所示。

表 3-4　GradeRecord 函数覆盖无效等价类的测试用例

测试用例	输入数据	预期输出	测试范围
Test Case 1	R6	非法成绩	(4)
Test Case 2	−20	非法成绩	(5)
Test Case 3	124	非法成绩	(6)

【例 3-2】　某公司招聘销售人员，规定报名者为 1975 年 1 月 1 日到 1995 年 1 月 1 日期间出生，若出生日期为 1995 年 1 月 1 日之后，将显示"对不起，您的年龄太小了！！"并拒绝接受；若出生日期在 1975 年 1 月 1 日之前，将显示"对不起，您的年龄超出了！！"并拒绝接受。用等价类划分法为此功能设计测试用例。

解：第一步：划分等价类。

假设出生年月日由 8 位数字字符表示，前 4 位为年，5、6 位为月，7、8 位为日。可划分 4 个有效等价类和 9 个无效等价类，如表 3-5 所示。

表 3-5　报名功能的等价类表

输入数据（或输入条件）	有效等价类		无效等价类	
出生年月日	8 位有效数字字符	(1)	有非数字字符 位数小于 8 位数大于 8	(5) (6) (7)
数值范围	在 19750101～19950101 之间	(2)	＞19950101 ＜ 19750101	(8) (9)
月的范围	在 1～12 之间	(3)	＜1 ＞12	(10) (11)
日的范围	在 1～31 之间	(4)	＜1 ＞31	(12) (13)

第二步：为有效等价类设计测试用例。

为报名功能的有效等价类设计测试用例,如表 3-6 所示。Test Case 1 测试用例就可以覆盖编号为(1)、(2)、(3)、(4)的有效等价类。

表 3-6 报名功能覆盖有效等价类的测试用例

测试用例	输入数据	预期输出	测试范围
Test Case 1	19860815	接受报名	(1)、(2)、(3)、(4)

第三步：为无效等价类设计测试用例。

为报名功能无效等价类设计测试用例,如表 3-7 所示。

表 3-7 报名功能覆盖无效等价类的测试用例

测试用例	输入数据	预 期 输 出	测试范围
Test Case 1	19r41215	输入错误提示	(5)
Test Case 2	199414	输入错误提示	(6)
Test Case 3	1992100556	输入错误提示	(7)
Test Case 4	19981029	对不起,您的年龄太小了!!	(8)
Test Case 5	19700528	对不起,您的年龄超出了!!	(9)
Test Case 6	19800013	输入错误提示	(10)
Test Case 7	19981416	输入错误提示	(11)
Test Case 8	19770200	输入错误提示	(12)
Test Case 9	19920533	输入错误提示	(13)

【例 3-3】 输入 3 个整数 a、b、c 作为三角形的 3 条边。判断所构成的三角形是什么类型的三角形。如果是一般三角形,输出其周长;如果是等边三角形,输出其面积;如果是等腰三角形,输出其 3 个内角。试用等价类划分法为该程序的三角形判断及计算部分进行测试用例设计。

解:第一步:划分等价类。

根据题意,本题可能进行 3 种不同的处理:

(1) 如果 a、b、c 三边构成一般三角形,输出其周长。

(2) 如果 a、b、c 三边构成等边三角形,输出其面积。

(3) 如果 a、b、c 三边构成等腰三角形,输出其 3 个内角。

以上 3 种不同的处理所对应的输入条件如下:

一般三角形的输入条件:a+b>c;a+c>b;b+c>a。

等边三角形的输入条件:a=b=c。

等腰三角形的输入条件:a=b;a=c;b=c;

另外,在等价类划分时还要考虑输入各种可能发生的情况。根据以上的分析和考虑该三角形三边 a、b、c 的等价类划分如表 3-8 所示。

表 3-8 三角形的等价类表

输入数据（或输入条件）	有效等价类	无效等价类
构成三角形的条件	a、b、c 为数字(1)	一条边为非数字(12)、(13)、(14)
		两条边为非数字(15)、(16)、(17)
		三条边为非数字(18)
	a、b、c 三条边(2)	只输入一条边 (19)、(20)、(21)
		只输入两条边 (22)、(23)、(24)
		输入三个以上的边(25)
	a、b、c 为非零数(3)	一条边为 0 (26)、(27)、(28)
		两条边为 0 (29)、(30)、(31)
		三条边为 0 (32)
	a、b、c 为正数(4)	一条边小于 0 (33)、(34)、(35)
		两条边小于 0 (36)、(37)、(38)
		三条边小于 0 (39)
	a＋b＞c(5)	a＋b＜c (40)
		a＋b＝c (41)
	a＋c＞b(6)	a＋c＜b (42)
		a＋c＝b (43)
	b＋c＞a(7)	b＋c＜a (44)
		b＋c＝a (45)
是否为等腰三角形	a＝b (8)	
	b＝c (9)	
	c＝a (10)	
是否为等边三角形	a＝b＝c(11)	

第二步：为有效等价类设计测试用例。

为三角形问题的有效等价类设计测试用例，如表 3-9 所示。Test Case 1 测试用例可以覆盖编号为(1)、(2)、(3)、(4)、(6)、(7)的有效等价类。

表 3-9 三角形问题覆盖有效等价类的测试用例

测试用例	输入数据			预 期 输 出	测 试 范 围
	a	b	c		
Test Case 1	3	4	5	输出其周长	(1)(2)(3)(4)(5)(6)(7)
Test Case 2	10	10	18	输出其三个内角	(1)(2)(3)(4)(5)(6)(7)(8)
Test Case 3	6	4	4	输出其三个内角	(1)(2)(3)(4)(5)(6)(7)(9)
Test Case 4	52	36	52	输出其三个内角	(1)(2)(3)(4)(5)(6)(7)(10)
Test Case 5	50	50	50	输出其面积	(1)(2)(3)(4)(5)(6)(7)(11)

第三步：为无效等价类设计测试用例。

为三角形问题的无效等价类设计测试用例，如表 3-10 所示。

表 3-10　三角形问题覆盖无效等价类的测试用例

测试用例	输入数据				测试范围	测试用例	输入数据			测试范围
	a	b	c	d			a	b	c	
Test Case 1	L	4	5		(12)	Test Case 18	0	0	20	(29)
Test Case 2	10	h	18		(13)	Test Case 19	20	0	0	(30)
Test Case 3	6	4	u		(14)	Test Case 20	0	20	0	(31)
Test Case 4	e	r	52		(15)	Test Case 21	0	0	0	(32)
Test Case 5	50	r	e		(16)	Test Case 22	−5	3	4	(33)
Test Case 6	r	50	e		(17)	Test Case 23	3	−5	4	(34)
Test Case 7	t	r	e		(18)	Test Case 24	3	4	−5	(35)
Test Case 8	50				(19)	Test Case 25	−3	−4	5	(36)
Test Case 9		50			(20)	Test Case 26	3	−4	−5	(37)
Test Case 10			50		(21)	Test Case 27	−3	4	−5	(38)
Test Case 11	48	36			(22)	Test Case 28	−2	−3	−4	(39)
Test Case 12		48	36		(23)	Test Case 29	2	3	6	(40)
Test Case 13	48		36		(24)	Test Case 30	2	4	6	(41)
Test Case 14*	5	3	4	6	(25)	Test Case 31	3	6	2	(42)
Test Case 15	0	8	12		(26)	Test Case 32	3	5	2	(43)
Test Case 16	8	0	12		(27)	Test Case 33	6	2	3	(44)
Test Case 17	8	12	0		(28)	Test Case 34	5	3	2	(45)

* Test Case 14 是一个无效等价类的测试用例，用来测试在错误地输入 4 个数据时程序的输出。

3.3　边界值分析

为了熟练掌握黑盒测试技术的边界值分析方法，需要学习以下内容：

- 边界值的确定及设计测试用例的原则。
- 边界值分析法设计测试用例实例分析。

3.3.1　边界值分析概述

使用等价类划分法时，在每个等价类中选择一个有代表性的数据作为测试用例，由于该数据可以代表同一等价类的其他数据，等价类划分法做到了用最少的数据覆盖更多的可能数据。但是对于容易出错的边界，等价类划分法却显得不那么有效。

根据长期的测试工作经验发现，大量的错误是发生在输入或输出范围的边界上，而不是发生在输入输出范围的内部，因此针对各种边界情况设计测试用例，可以发现更多的错误。

边界值分析法就是对输入或输出的边界值进行测试的一种黑盒测试方法。通常边界值分析法是作为等价类划分法的补充，这种情况下，其测试用例来自等价类的边界。

使用边界值分析法设计测试用例,首先应确定边界情况。边界值和等价类密切相关,通常是输入等价类与输出等价类的边界。边界值分析法应着重测试的边界情况,应当选取正好等于、刚刚大于或刚刚小于边界的值作为测试数据,而不是选取等价类中有代表性的值或任意值作为测试数据。

1. 边界值分析法与等价类划分法的区别

边界值分析法与等价类划分法的区别如下:

(1) 边界值分析法不是从某等价类中选择一个任意的或有代表性的数据,而是利用这个等价类的每个边界作为测试条件(或测试数据)。

(2) 边界值分析法不仅要考虑输入条件的边界,还要考虑输出域的边界。

通常情况下,软件测试所包含的边界检验有数字、字符、位置、质量、大小、速度、尺寸、空间等几种类型。

以上类型的边界值应该是最大数/最小数、首位/末位、最上/最下、最优/最劣、最大/最小、最快/最慢、最长/最短、满/空等情况。例如:

(1) 对 16 位的整数而言 32 767 和 -32 768 是边界。

(2) 屏幕上光标在最左上、最右下位置是边界。

(3) 报表的第一行和最后一行是边界。

(4) 数组的第一个下标和最后一个下标是边界。

(5) 循环的第一次和最后一次是边界。

(6) 利用边界值作为测试数据。

边界值分析的基本思想是使用输入数据的最小值(min)、略大于最小值(min+)、略小于最小值(min−)、正常值、略小于最大值(max−)、最大值(max)、略大于最大值(max+)处设计测试用例。

2. 边界值分析法设计测试用例的原则

(1) 如果输入数据(或输入条件)规定了取值范围,则应取等于边界及刚刚超出边界的值作为测试用例。

(2) 如果输入数据(或输入条件)规定了输入数据的个数,则应取最大个数、最小个数、比最小个数少一、比最大个数多一的输入数据为测试用例。

例如,一个输入文件里有 255 个记录,则测试用例可取第 1 个、第 255 个记录,还应取 0 及 256。

(3) 将规则(1)和(2)应用于输出数据,针对输出数据设计测试用例。

例如,某程序的规格说明要求计算出"每月扣除保险金为 0～1165.25 元",其测试用例可取 -0.01、0.00、0.01、1165.24、1165.25、1165.26。

再如,某情报检索系统要求每次"最少显示 1 条、最多显示 4 条情报摘要",这时应考虑的测试用例包括 0 条、1 条、4 条、5 条。

(4) 如果程序的规格说明给出的输入域或输出域是有序集合,则应选取集合的第一个元素和最后一个元素作为测试用例。

（5）如果程序中使用了一个内部数据结构，则应当考虑内部数据结构的边界来设计测试用例。

（6）分析规格说明，找出其他可能的边界条件。

3.3.2 边界值分析法实例

针对容易出错的边界，使用边界值分析法为 3.2.4 节例 3-1、例 3-2 补充测试用例。

【例 3-4】 假设 GradeRecord 函数能根据输入的单科成绩，把低于 60 分的成绩登记为"不及格"，大于等于 60 分的成绩按实际成绩登记。用边界值分析法为例 3-1 补充测试用例。

解：在等价类划分法中将 Grade 变量的输入域划分为 $0 \leqslant Grade < 60$ 和 $60 \leqslant Grade \leqslant 100$ 两个有效等价类，如果其中的 $\leqslant$ 错写成 $<$，这类错误在等价类划分法中非常容易被忽略。对于这类错误使用边界值分析法最为有效。

通过对 $0 \leqslant Grade < 60$ 和 $60 \leqslant Grade \leqslant 100$ 这两个有效等价类的边界进行分析，补充设计如表 3-11 所示的测试用例。

表 3-11 边界值分析法为 GradeRecord 函数补充的测试用例

测试用例	输入数据	预期输出
Test Case 1	−1	非法成绩
Test Case 2	0	不及格
Test Case 3	1	不及格
Test Case 4	59	不及格
Test Case 5	60	登记成绩 60 分
Test Case 6	61	登记成绩 61 分
Test Case 7	99	登记成绩 99 分
Test Case 8	100	登记成绩 100 分
Test Case 9	101	非法成绩

【例 3-5】 某公司招聘销售人员，规定报名者为 1975 年 1 月 1 日到 1995 年 1 月 1 日期间出生，若出生日期为 1995 年 1 月 1 日之后，将显示"对不起，您的年龄太小了!!"并拒绝接受；若出生日期在 1975 年 1 月 1 日之前，将显示"对不起，您的年龄超出了!!"并拒绝接受。用边界值分析法为例 3-2 补充测试用例。

解：对于例 3-2 的表 3-5 中编号为（2）、（3）、（4）的有效等价类补充测试用例，如表 3-12 所示。

表 3-12 边界值分析法为报名功能补充测试用例

测试用例	输入数据	预期输出
Test Case 1	19741231	对不起，您的年龄超出了!!
Test Case 2	19750101	接受报名
Test Case 3	19750102	接受报名
Test Case 4	19941231	接受报名

续表

测试用例	输入数据	预 期 输 出
Test Case 5	19950101	接受报名
Test Case 6	19950102	对不起,您的年龄太小了!!
Test Case 7	19760021	输入错误提示
Test Case 8	19770113	接受报名
Test Case 9	19780228	接受报名
Test Case 10	19911129	接受报名
Test Case 11	19921230	接受报名
Test Case 12	19941308	输入错误提示
Test Case 13	19850500	输入错误提示
Test Case 14	19850501	接受报名
Test Case 15	19850502	接受报名
Test Case 16	19900530	接受报名
Test Case 17	19900731	接受报名
Test Case 18	19900732	输入错误提示

3.4 错误猜测法

为了熟练掌握黑盒测试技术的错误猜测方法,需要学习以下内容:
- 错误猜测法概念。
- 错误猜测法设计测试用例实例分析。

3.4.1 错误猜测法概述

错误猜测法是指在测试程序时根据经验、知识或直觉推测程序中可能存在的各种错误,从而有针对性地编写检查这些错误的测试用例的方法。

错误猜测方法的基本思想是列举出程序中所有可能有的错误和容易发生错误的特殊情况,根据它们选择测试用例。

例如,测试一个对线性表(比如数组)进行排序的程序,根据测试经验列出以下几项容易出错的地方:

(1) 输入的线性表为空表。

(2) 表中只含有一个元素。

(3) 输入表中所有元素已排好序。

(4) 输入表已按逆序排好。

(5) 输入表中部分或全部元素相同。

针对以上容易发生错误的情况来设计测试用例。

3.4.2 错误猜测法实例

【例 3-6】 对于例 3-2、例 3-5,用错误猜测法为其补充设计测试用例。

解:对于报名功能,虽然在例 3-2、例 3-5 中使用了等价类划分法及边界值分析法为其设计了测试用例,但每个月最后一日的输入,仍然是容易发生错误的地方。

(1) 对于 4、6、9、11 月,如果输入了 31 日,会发生错误。

(2) 对于闰年的 2 月,如果输入了 30、31 日,会发生错误。

(3) 对于非闰年的 2 月,如果输入了 29、30、31 日,会发生错误。

(4) 在例 3-5 中,2、4、6、9、11 月的边界问题没考虑到,而这些地方是容易出错的地方,也需考虑设计补充用例。

(5) 出生日期为 0。

(6) 年月日次序颠倒。

用错误猜测法针对上面容易出错的地方补充设计测试用例,如表 3-13 所示。

表 3-13 错误猜测法为报名功能设计测试用例

测试用例	输入数据	预 期 输 出
Test Case 1	19880430	接受报名
Test Case 2	19880431	输入错误提示
Test Case 3	19920229	接受报名
Test Case 4	19920230	输入错误提示
Test Case 5	19920231	输入错误提示
Test Case 6	19930228	接受报名
Test Case 7	19930229	输入错误提示
Test Case 8	19930230	输入错误提示
Test Case 9	19930231	输入错误提示
Test Case 10	0	输入错误提示
Test Case 11	01199502	输入错误提示
Test Case 12	11301991	输入错误提示

3.5 因 果 图

为了熟练掌握黑盒测试技术的因果图法,需要学习以下内容:

- 因果图基本知识和测试用例生成步骤。
- 因果图法设计测试用例实例分析。

3.5.1 因果图概述

等价类划分法和边界值分析法都着重考虑输入条件,而没有考虑输入条件之间的相互联系及各种组合情况,也没有考虑输入条件及输出之间的相互制约关系。对于输入条件之间没有什么联系的程序,采用等价类划分法和边界值分析法是一种比较有效的测试方法。

在很多时候,测试时必须考虑输入条件的各种组合,因为输入条件之间的相互组合可能会产生一些新的情况。但要检查输入条件的组合不是一件容易的事情,即使把所有输入条件划分成等价类,它们之间的组合情况也相当多。因此必须考虑采用一种适合描述多种条件的组合,相应产生多个动作的形式来考虑设计测试用例。这就需要利用因果图(逻辑模型)。

因果图(cause effect graphics)是一种形式化语言,是一种组合逻辑网络图。它是把输入条件视为"因",把对输入数据经过执行了一系列计算后得到的输出或程序状态的改变视为"果",将黑盒看成是从因到果的网络图,采用逻辑图的形式来表达功能说明书中输入条件的各种组合与输出的关系。

1. 因果图的图形符号

因果图有两种类型的图形符号,即关系符号和约束符号。

1) 关系符号

因果图中使用了简单的图形符号,以直线连接左右节点。左节点表示输入状态(原因),右节点表示输出状态(结果)。

在因果图中用 4 种图形符号表示 4 种常用的因果关系。其中 c_i 表示原因,通常位于因果图的左部;e_i 表示结果,位于因果图的右部。c_i 和 e_i 取值可为 0 或 1,0 表示某状态不出现,1 表示某状态出现。

(1) 恒等。若 c_1 是 1,则 e_1 也是 1;若 c_1 是 0,则 e_1 也是 0。其图形表示如图 3-1 所示。

(2) 非($\sim$)。若 c_1 是 1,则 e_1 是 0;若 c_1 是 0,则 e_1 是 1。其图形表示如图 3-2 所示。

图 3-1　恒等关系图形符号　　　　图 3-2　非关系图形符号

(3) 或($\vee$)。若 c_1、c_2、c_3 有一个或一个以上是 1,则 e_1 是 1;若 c_1、c_2、c_3 都是 0,则 e_1 是 0。其图形表示如图 3-3 所示。"或"可有两个以上的输入。

(4) 与($\wedge$)。若 c_1、c_2、c_3 都是 1,则 e_1 是 1;否则 e_1 为 0。其图形表示如图 3-4 所示。"与"也可有两个以上的输入。

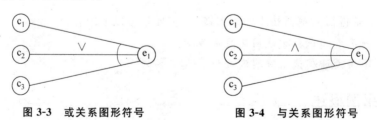

图 3-3　或关系图形符号　　　　图 3-4　与关系图形符号

2）约束符号

在输入条件（或状态）之间还可能存在某些依赖关系。例如，某些输入条件不可能同时出现。在多个输出结果（或状态）之间也可能存在强制的约束关系。这些关系对测试是非常重要的。在因果图中，用特定的符号标明这些约束或强制关系。

（1）E（互斥）约束。a 和 b 两个原因最多只能有一个为 1，即 a 和 b 不能同时为 1。其图形表示如图 3-5 所示。

（2）I（包含）约束。a、b 和 c 三个原因中至少有一个必须是 1，即 a、b 和 c 不能同时为 0。其图形表示如图 3-6 所示。

图 3-5 E 约束图形符号   图 3-6 I 约束图形符号

（3）O（唯一）约束。a 和 b 两个原因必须有一个且仅有一个为 1。其图形表示如图 3-7 所示。

（4）R（要求）约束。a 和 b 两个原因，a 是 1 时，b 必须是 1，即不可能 a 是 1 时 b 是 0。其图形符号如图 3-8 所示。

（5）M（强制）约束。若输出结果 a 是 1，则输出结果 b 强制为 0；而输出结果 a 是 0时，输出结果 b 的值不定。其图形表示如图 3-9 所示。

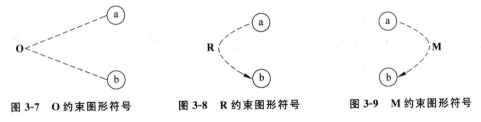

图 3-7 O 约束图形符号   图 3-8 R 约束图形符号   图 3-9 M 约束图形符号

以上（1）～（4）为对输入状态（或输入条件）的约束，只有（5）为对输出结果的约束。

2. 因果图生成测试用例步骤

利用因果图生成测试用例的基本步骤如下：

（1）分析被测试部分的规格说明，找出原因与结果。

根据软件被测试部分的规格说明描述，分析哪些是原因（即输入条件或其等价类），哪些是结果（即输出结果或输出状态），并给每个原因和结果赋予一个标识符。

（2）创建因果图。

根据软件被测试部分的规格说明描述中的语义，找出原因与结果之间的因果关系以及原因与原因之间、结果与结果之间的约束或强制关系。根据这些关系画出因果图。

（3）把因果图转换为判定表。

（4）根据判定表中的每一列设计测试用例。

3.5.2 因果图法实例

【例 3-7】 某企业工资管理软件一个模块的需求规格说明书中描述如下：

（1）行政管理员工：严重过失，扣年终奖的 6%；过失，扣年终奖的 4%。

（2）一线生产员工：严重过失，扣年终奖的 10%；过失，扣年终奖的 6%。

用因果图法为其设计测试用例。

解：第一步：对需求规格说明书进行分析，得到原因和结果。

原因：

1——行政管理员工。

2——一线生产员工。

3——严重过失。

4——过失。

结果：

21——扣年终奖的 4%。

22——扣年终奖的 6%。

23——扣年终奖的 10%。

第二步：画出因果图

根据第一步分析出的原因和结果及需求规格说明书中的描述，将原因和结果之间的关系及原因和原因之间的约束关系用因果图相应的图形符号表示出来，得出的因果图如图 3-10 所示。

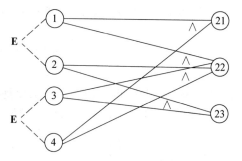

图 3-10 企业工资管理扣年终奖因果图

第三步：将图 3-10 所示的因果图转换为对应的判定表，如表 3-14 所示。

表 3-14 企业工资管理扣年终奖判定表

选项		规则	1	2	3	4	5	6
原因（输入）	行政管理员工	1	1	1	1	0	0	0
	一线生产员工	2	0	0	0	1	1	1
	严重过失	3	1	0	0	1	0	0
	过失	4	0	1	0	0	1	0
结果（输出）	扣年终奖的 4%	21	0	1	0	0	0	0
	扣年终奖的 6%	22	1	0	0	0	1	0
	扣年终奖的 10%	23	0	0	0	1	0	0

第四步：针对表 3-14 的每一列设计测试用例，如表 3-15 所示。

表 3-15　企业工资管理扣年终奖测试用例

测试用例	输入数据		预期输出
	员工类型	过失	
Test Case 1	行政管理员工	严重过失	扣年终奖的 6%
Test Case 2	行政管理员工	过失	扣年终奖的 4%
Test Case 3	行政管理员工	无	不扣年终奖
Test Case 4	一线生产员工	严重过失	扣年终奖的 10%
Test Case 5	一线生产员工	过失	扣年终奖的 6%
Test Case 6	一线生产员工	无	不扣年终奖

【例 3-8】　有一个处理单价为 3 元 5 角瓶装饮料的自动售货机软件。若投入 3 元 5 角硬币,按下"红茶"或"绿茶"按钮,相应的饮料就送出来。若投入 4 元硬币,在送出饮料的同时退还 5 角硬币。试用因果图法为其设计测试用例。

解:第一步:对题目进行分析,得到原因和结果。

原因:

1——投 4 元硬币。

2——投 3 元 5 角硬币。

3——按"红茶"按钮。

4——按"绿茶"按钮。

中间节点:

11——已投币。

12——已按按钮。

结果:

21——退 5 角硬币。

22——送出"红茶"饮料。

23——送出"绿茶"饮料。

第二步:画出因果图。

将原因和结果之间的关系及原因和原因之间的约束关系用因果图相应的图形符号表示出来,得出的因果图如图 3-11 所示。

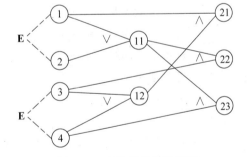

图 3-11　自动售货机因果图

第三步:将图 3-11 所示的因果图转换为相应的判定表,如表 3-16 所示。

表 3-16　自动售货机判定表

选项		规则	1	2	3	4	5	6	7	8
原因(输入)	投 4 元硬币	1	1	1	1	0	0	0	0	0
	投 3 元 5 角硬币	2	0	0	0	1	1	1	0	0
	按"红茶"按钮	3	1	0	0	1	0	0	1	0
	按"绿茶"按钮	4	0	1	0	0	1	0	0	1

选项		规则	1	2	3	4	5	6	7	8
中间节点	已投币	11	1	1	1	1	1	1	0	0
	已按钮	12	1	1	0	1	1	0	1	1
结果(输出)	退5角硬币	21	1	1	0	0	0	0	0	0
	送出"红茶"饮料	22	1	0	0	1	0	0	0	0
	送出"绿茶"饮料	23	0	1	0	0	1	0	0	0

针对表 3-16 的每一列设计测试用例(略)。

【例 3-9】 某软件规格说明书中对"订餐处理"的描述为:如果订单未过期,则向顾客发出菜单和用餐日期提醒;如果订餐金额不足 300 元,已过期的订单不发通知单;如果订餐金额超过 300 元但不足 800 元,对已经过期的订单发过期通知单;如果订餐金额超过 800 元,对已经过期的订单发出菜单和修改用餐日期提醒。

解:第一步:对规格说明书进行分析,得到原因和结果。

原因:

1——订餐金额不足 300 元。

2——订餐金额超过 300 元但不足 800 元。

3——订餐金额超过 800 元。

4——已过期。

5——未过期。

中间节点:

11——11 为节点 1 或节点 2 或节点 3。

结果:

21——发菜单。

22——发用餐日期提醒。

23——发过期通知单。

24——发修改用餐日期提醒。

第二步:画出因果图。

将原因和结果之间的关系及原因和原因之间的约束关系用因果图相应的图形符号表示出来,得出的因果图如图 3-12 所示。

第三步:将因果图转换为判定表。

将图 3-12 转换为判定表,如表 3-17 所示。

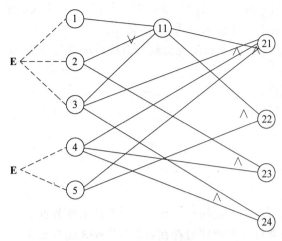

图 3-12　订餐处理因果图

表 3-17　订餐处理判定表

选项		规则	1	2	3	4	5	6
原因(输入)	订餐金额不足 300 元	1	1	1	0	0	0	0
	订餐金额超过 300 元但不足 800 元	2	0	0	1	1	0	0
	订餐金额超过 800 元	3	0	0	0	0	1	1
	已过期	4	1	0	1	0	1	0
	未过期	5	0	1	0	1	0	1
中间节点	为节点 1 或节点 2 或节点 3	11	1	1	1	1	1	1
结果(输出)	发菜单	21	0	1	0	1	1	1
	发用餐日期提醒	22	0	1	0	1	0	1
	发过期通知单	23	0	0	1	0	0	0
	发修改用餐日期提醒	24	0	0	0	0	1	0

为判定表的每一列设计测试用例(略)。

【例 3-10】　公交一卡通自动充值软件系统需求如下:

(1) 系统只接收 50 元或 100 元纸币,一次充卡只能使用一张纸币,一次充值金额只能为 50 元或 100 元。

(2) 若输入 50 元纸币,并选择充值 50 元,完成充值后退卡,提示充值成功。

(3) 若输入 50 元纸币,并选择充值 100 元,提示输入金额不足,并退还 50 元。

(4) 若输入 100 元纸币,并选择充值 50 元,完成充值后退卡,提示充值成功,找零 50 元。

(5) 若输入 100 元纸币,并选择充值 100 元,完成充值后退卡,提示充值成功。

（6）若输入纸币后在规定时间内不选择充值按钮，退回输入的纸币，并提示错误。

（7）若选择充值按钮后不输入纸币，提示错误。

解：第一步：对公交一卡通自动充值软件系统需求进行分析，得到原因和结果。

原因：

1——投 50 元纸币。

2——投 100 元纸币。

3——充值 50 元。

4——充值 100 元。

5——超时。

中间节点：

11——节点 1 和节点 2 不能同时存在，11 为节点 1 或节点 2。

12——节点 3 和节点 4 不能同时存在，12 为节点 3 或节点 4。

结果：

21——完成充值后退卡，提示充值成功。

22——提示输入金额不足。

23——找零 50 元。

24——退回 50 元。

25——退回 100 元。

26——提示错误。

第二步：分析公交一卡通自动充值软件系统需求，将原因和结果之间的关系及原因和原因之间的约束关系用因果图相应的图形符号表示出来，得出的因果图如图 3-13 所示。

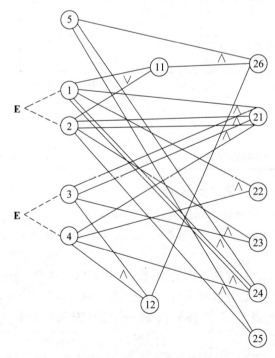

图 3-13　公交一卡通自动充值软件因果图

第三步：将因果图转换为判定表。

将图 3-13 转换为判定表，如表 3-18 所示。

表 3-18 公交一卡通自动充值软件判定表

选项		规则	1	2	3	4	5	6	7	8
原因（输入）	输入 50 元	1	1	1	1	0	0	0	0	0
	输入 100 元	2	0	0	0	1	1	1	0	0
	充值 50 元	3	1	0	0	0	0	0	1	0
	充值 100 元	4	0	1	0	0	0	1	0	1
	超时	5	0	0	1	0	0	1	0	0
中间节点	输入 50 元或 100 元	11	1	1	1	1	1	1	0	0
	充值 50 元或 100 元	12	1	1	0	1	1	0	1	1
结果（输出）	充值后退卡并提示	21	1	0	0	1	1	0	0	0
	提示输入金额不足	22	0	1	0	0	0	0	0	0
	找零 50 元	23	0	0	0	1	0	0	0	0
	退回 50 元	24	0	1	1	0	0	0	0	0
	退回 100 元	25	0	0	0	0	0	1	0	0
	提示错误	26	0	0	1	0	0	1	1	1

为判定表的每一列设计测试用例（略）。

3.6 判定表驱动法

为了熟练掌握黑盒测试技术的判定表驱动法，需要学习以下内容：

- 认识什么是判定表。
- 判定表的组成和创建判定表的步骤。
- 判定表驱动法设计测试用例实例分析。

3.6.1 认识判定表

假设规格说明书中的输入条件有条件 1、条件 2。当条件 1 和条件 2 均为真时，执行的动作是操作 1；当条件 1 和条件 2 均为假时，执行的动作是操作 2；当条件 1 和条件 2 中有一个为真时，执行的动作是操作 3；条件为真时用 1 表示，条件为假时用 0 表示，可用表 3-19 表示规格说明书中输入和输出的关系，该表即为判定表。

表 3-19　判定表

选项	规则	1	2	3	4
条件	条件 1	1	1	0	0
	条件 2	1	0	1	0
动作	操作 1	√			
	操作 2				√
	操作 3		√	√	

3.6.2　判定表驱动法概述

判定表(decision table)是分析和表达在多逻辑条件下执行不同操作情况的工具。在程序设计发展的初期,判定表就已被当作编写程序的辅助工具了,在一些数据处理问题中,某些操作的实施依赖于多个逻辑条件的组合,即针对不同逻辑条件的组合值,分别执行不同的操作。判定表很适合处理这类问题。现在判定表已用在软件开发的分析、设计、测试阶段。

由于它可以把复杂的逻辑关系和多种条件组合的情况表达得既具体又明确,能够将复杂的问题按照各种可能的情况全部列举出来,简明并避免遗漏,因此,利用判定表能够设计出完整的测试用例集合。

1. 判定表的组成

判定表通常由条件桩、动作桩、条件项和动作项 4 个部分组成,如图 3-14 所示。

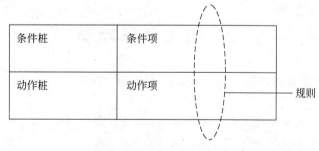

图 3-14　判定表的组成

- 条件桩:列出问题的所有条件,通常认为列出条件的先后次序无关紧要。
- 动作桩:列出问题规定可能采取的操作,对这些操作的排列顺序一般没有限制。
- 条件项:针对条件桩给出的条件,列出所有可能情况下的真假值。
- 动作项:列出在条件项的各种取值情况下应该采取的动作。

任何一个条件组合的特定取值及相应要执行的操作称为一条规则,在判定表中贯穿条件项和动作项的一列就是一条规则。显然,判定表中列出多少组条件取值,也就有多少条规则,既条件项和动作项会有多少列。

2. 创建判定表的步骤

创建判定表的步骤如下：

（1）列出条件桩及动作桩内容。列出条件桩中所有的条件及动作桩中所有的操作。

（2）确定规则的个数。如果有 n 个条件，判定表就有 2^n 个规则（每个条件取真、假值）。

（3）填入条件项。根据条件桩中条件值的所有可能的组合，填入条件项。条件项可以是各条件值的不同组合，也可以是各条件的有效等价类的不同组合。

（4）填入动作项。根据每一列（规则）各条件值的组合，填入需执行的动作项，即执行的操作。

（5）合并。把两条或多条执行相同操作，且其条件项之间存在着极为相似的关系的规则合并。

3.6.3　判定表驱动法设计测试用例

【例 3-11】　学生共考 3 门课程：语文、数学、英语，如果有一门或一门以上课程不及格，就将这 3 门课程打印出来，否则输出信息 W。试用判定表驱动法设计测试用例。

解：第一步：分析题目。

输入变量：语文（Chinese）、数学（Math）、英语（English），输入变量的取值范围为：$0 \leqslant$ Chinese $\leqslant 100, 0 \leqslant$ Math $\leqslant 100, 0 \leqslant$ English $\leqslant 100$。

本题目的可能执行的操作如下：

（1）打印 3 门课程的成绩。

（2）输出信息 W。

第二步：分析有效等价类。

（1）变量 Chinese：

C1：$0 \leqslant$ Chinese < 60

C2：$60 \leqslant$ Chinese $\leqslant 100$

（2）变量 Math：

M1：$0 \leqslant$ Math < 60

M2：$60 \leqslant$ Math $\leqslant 100$

（3）变量 English：

E1：$0 \leqslant$ English < 60

E2：$60 \leqslant$ English $\leqslant 100$

第三步：创建判定表。

根据题意创建如表 3-20 所示的判定表。

第四步：简化判定表。

经过合并简化的判定表如表 3-21 所示。

表 3-20　学生成绩处理判定表

选项	规则	1	2	3	4	5	6	7	8
条件	C1：Chinese	C1	C1	C1	C1	C2	C2	C2	C2
	C2：Math	M1	M1	M2	M2	M1	M1	M2	M2
	C3：English	E1	E2	E1	E2	E1	E2	E1	E2
动作	A1：输出成绩	√	√	√	√	√	√	√	
	A2：输出 W								√

表 3-21　学生成绩处理简化的判定表

选项	规则	1～2	3～4	5～6	7	8
条件	C1：Chinese	C1	C1	C2	C2	C2
	C2：Math	M1	M2	M1	M2	M2
	C3：English	E1～E2	E1～E2	E1～E2	E1	E2
动作	O1：输出成绩	√	√	√	√	
	O2：输出 W					√

第五步：设计测试用例。

设计的测试用例如表 3-22 所示。

表 3-22　学生成绩处理测试用例

测试用例编号	输入			预期输出
	Chinese	**Math**	**English**	
Test1	50	45	53	50　45　53
Test2	45	67	87	45　67　87
Test3	76	56	90	76　56　90
Test4	80	64	30	80　64　30
Test5	89	79	93	W

【例 3-12】　某公司为推销人员制订了工资发放办法,将每月的工资分为底薪和奖金两部分。底薪与在本公司工作的时间有关,在本公司工作 1～3 年(包含 3 年)底薪为 500 元,工作 3～5 年(包含 5 年)底薪为 800 元,工作 5 年以上底薪为 1000 元。把奖金与推销金额及预收货款的数额挂钩。凡每月推销金额 4000 元(包含 4000 元)以下,按预收货款是否超过 50%,分别奖励推销额的 6% 或 4%;若推销金额在 4000～30 000 元(包含 30 000 元),则按预收货款是否超过 50%,分别奖励推销额的 8% 或 5%;若推销金额在 30 000 元以上,则按预收货款是否超过 50%,分别奖励推销额的 10% 或 7%。对于推销人员底薪和奖金的计算模块,用判定表驱动法设计测试用例。

解：第一步：分析题目。

销售人员的 DX（底薪）与在本公司工作的时间有关，奖金与 TXJE（推销金额）及 YSHK（预收货款）的数额挂钩。推销人员底薪和 JJE（奖金）的计算模块可能执行的操作如下：

(1) JJE＝6％×TXJE

(2) JJE＝4％×TXJE

(3) JJE＝8％×TXJE

(4) JJE＝5％×TXJE

(5) JJE＝10％×TXJE

(6) JJE＝7％×TXJE

(7) DX＝500

(8) DX＝800

(9) DX＝1000

第二步：分析等价类。

条件桩使用 TXJE、YSHK、GL（工龄）变量的等价类，在以下等价类集合上建立判定表。

(1) TXJE 变量的有效等价类。

T1：{TXJE：0≤TXJE≤4000}

T2：{ TXJE：4000＜TXJE≤30000}

T3：{ TXJE：30000＜TXJE}

(2) YSHK 变量的有效等价类。

Y1：{ YSHK：YSHK＞50％}

Y2：{ YSHK：YSHK≤50％}

(3) GL 变量的有效等价类。

G1：{ GL：1≤GL≤3}

G2：{ GL：3＜GL≤5}

G3：{ GL：5＜GL }

第三步：创建判定表。

根据条件桩 3 个变量的有效等价类的各种可能组合生成判定表，如表 3-23 所示。

表 3-23 计算销售人员底薪和奖金功能判定表

选项	规则	1	2	3	4	5	6	7	8	9	10	11	12	13	14	15	16	17	18
条件桩	C1：TXJE	T1	T1	T1	T1	T1	T1	T2	T2	T2	T2	T2	T2	T3	T3	T3	T3	T3	T3
	C2：YSHK	Y1	Y1	Y1	Y2	Y2	Y2	Y1	Y1	Y1	Y2	Y2	Y2	Y1	Y1	Y1	Y2	Y2	Y2
	C3：GL	G1	G2	G3	G1	G2	G3	G1	G2	G3	G1	G2	G3	G1	G2	G3	G1	G2	G3

选项	规则	1	2	3	4	5	6	7	8	9	10	11	12	13	14	15	16	17	18
动作桩	O1：JJE=6%×TXJE	√	√	√															
	O2：JJE=4%×TXJE				√	√	√												
	O3：JJE=8%×TXJE							√	√	√									
	O4：JJE=5%×TXJE										√	√	√						
	O5：JJE=10%×TXJE													√	√	√			
	O6：JJE=7%×TXJE																√	√	√
	O7：DX=500	√		√		√		√		√		√		√		√			
	O8：DX=800		√		√		√		√		√		√		√		√		
	O9：DX=1000			√		√		√		√		√		√		√			√

第四步：合并判定表。

在表 3-23 中规则 1～规则 18 所执行的操作都不完全相同，因此不可以合并。

第五步：针对表 3-23 的每一列设计测试用例，如表 3-24 所示。

表 3-24　计算销售人员底薪和奖金功能测试用例

测试用例编号	TXJE	YUHK	GL	预 期 输 出
Test1	1000	55%	2	JJE=6%×TXJE,DX=500
Test2	1800	60%	4	JJE=6%×TXJE,DX=800
Test3	2000	60%	7	JJE=6%×TXJE,DX=1000
Test4	3500	28%	1	JJE=4%×TXJE,DX=500
Test5	3500	10%	5	JJE=4%×TXJE,DX=800
Test6	4000	49%	10	JJE=4%×TXJE,DX=1000
Test7	4500	60%	3	JJE=8%×TXJE,DX=500
Test8	5200	65%	4	JJE=8%×TXJE,DX=800
Test9	10000	58%	9	JJE=8%×TXJE,DX=1000
Test10	20900	30%	2	JJE=5%×TXJE,DX=500
Test11	28000	46%	4	JJE=5%×TXJE,DX=800
Test12	30000	23%	8	JJE=5%×TXJE,DX=1000
Test13	32000	80%	1	JJE=10%×TXJE,DX=500
Test14	35000	70%	5	JJE=10%×TXJE,DX=800
Test15	40000	60%	6	JJE=10%×TXJE,DX=1000
Test16	41000	21%	2	JJE=7%×TXJE,DX=500
Test17	50000	38%	5	JJE=7%×TXJE,DX=800
Test18	61000	45%	8	JJE=7%×TXJE,DX=1000

【例 3-13】　有函数 PreviousDate，其输出为输入的前一天日期。用判定表驱动法为该函数设计测试用例。

解：第一步：分析题目。

该程序有 3 个输入变量 month、day、year（month、day 和 year 均为整数值，并且满足：$1 \leqslant month \leqslant 12$ 和 $1 \leqslant day \leqslant 31$），要完成题目要求的输出，可能执行下列操作：

（1）无效输入。

（2）day 变量值减 1。

（3）day 变量值置为 28。

（4）day 变量值置为 29。

（5）day 变量值置为 30。

（6）day 变量值置为 31。

（7）month 变量值减 1。

（8）month 变量值置为 12。

（9）year 变量值减 1。

第二步：分析等价类。

（1）month 变量的有效等价类。

M1：{month：month＝4,6,9,11}

M2：{month：month＝5,7,10,12}

M3：{month：month＝8}

M4：{month：month＝3}

M5：{month：month＝2}

M6：{month：month＝1}

（2）day 变量的有效等价类：

D1：{day：day ＝1}

D2：{day：$2 \leqslant day \leqslant 28$}

D3：{day：day ＝29}

D4：{day：day ＝30}

D5：{day：day ＝31}

（3）year 变量的有效等价类：

Y1：{year：year 是闰年}

Y2：{year：year 不是闰年}

第三步：创建判定表。

根据条件桩 3 个变量的有效等价类的各种可能组合生成判定表，如表 3-25 所示。

表 3-25　**PreviousDate 函数判定表**

选项	规则	1	2	3	4	5	6	7	8	9	10	11	12	13	14	15	16
条件桩	C1：month	M1	M1	M1	M1	M1	M2	M2	M2	M2	M2	M3	M3	M3	M3	M3	M4
	C2：day	D1	D2	D3	D4	D5	D1	D2	D3	D4	D5	D1	D2	D3	D4	D5	D1
	C3：year																Y1

续表

选项	规则	1	2	3	4	5	6	7	8	9	10	11	12	13	14	15	16
	A1：无效输入					√											
	A2：day 减1		√	√	√			√	√	√	√		√	√	√	√	
	A3：day＝28																
	A4：day＝29																√
动作桩	A5：day＝30						√										
	A6：day＝31	√										√					
	A7：month 减1	√					√					√					√
	A8：month＝12																
	A9：year 减1																

选项	规则	17	18	19	20	21	22	23	24	25	26	27	28	29	30	31	32
	C1：month	M4	M4	M4	M4	M4	M5	M5	M5	M5	M5	M5	M6	M6	M6	M6	M6
条件桩	C2：day	D1	D2	D3	D4	D5	D1	D2	D3	D3	D4	D5	D1	D2	D3	D4	D5
	C3：year	Y2							Y1	Y2							
	A1：无效输入								√	√	√						
	A2：day 减1		√	√	√	√		√	√					√	√	√	√
	A3：day＝28	√															
	A4：day＝29																
动作桩	A5：day＝30																
	A6：day＝31						√						√				
	A7：month 减1	√					√										
	A8：month＝12												√				
	A9：year 减1												√				

第四步：简化合并判定表。

将执行动作相同并条件组合相近的规则合并，得到简化的判定表，如表 3-26 所示。

表 3-26　PreviousDate 函数简化后的判定表

选项	规则	1	2～4	5	6	7～10	11	12～15	16
	C1：month	M1	M1	M1	M2	M2	M3	M3	M4
条件桩	C2：day	D1	D2～D4	D5	D1	D2～D5	D1	D2～D5	D1
	C3：year								Y1

续表

选项 / 规则		1	2~4	5	6	7~10	11	12~15	16
动作桩	A1：无效输入			√					
	A2：day 减 1		√			√		√	
	A3：day＝28								
	A4：day＝29								√
	A5：day＝30				√				
	A6：day＝31	√					√		
	A7：month 减 1	√			√		√		√
	A8：month＝12								
	A9：year 减 1								

选项 / 规则		17	18~21	22	23	24	25	26~27	28	29~32
条件桩	C1：month	M4	M4	M5	M5	M5	M5	M5	M6	M6
	C2：day	D1	D2~D5	D1	D2	D3	D3	D4~D5	D1	D2~D5
	C3：year	Y2				Y1	Y2			
动作桩	A1：无效输入						√	√		
	A2：day 减 1		√		√	√				√
	A3：day＝28	√								
	A4：day＝29									
	A5：day＝30									
	A6：day＝31			√					√	
	A7：month 减 1	√		√						
	A8：month＝12								√	
	A9：year 减 1								√	

第五步：设计测试用例。

为 PreviousDate 函数设计测试用例，如表 3-27 所示。

表 3-27　PreviousDate 函数测试用例

测试用例编号	year	month	day	预期输出
Test1	1999	6	1	1999-05-31
Test2~4	2001	9	30	2001-09-29
Test5	2001	9	31	输入无效
Test6	2003	10	1	2003-09-30

续表

测试用例编号	year	month	day	预期输出
Test7～10	2004	7	31	2004-07-30
Test11	2001	8	1	2001-07-31
Test12～15	1992	8	26	1992-08-25
Test16	1988	3	1	1988-02-29
Test17	2005	3	1	2005-02-28
Test18～21	2003	3	29	2003-03-28
Test22	1985	2	1	1985-01-31
Test23	1911	2	25	1911-02-24
Test24	2004	2	29	2004-02-28
Test25	1990	2	29	输入无效
Test26～27	1963	2	31	输入无效
Test28	1968	1	1	1967-12-31
Test29～32	1963	1	30	1963-01-29

3.7　场　景　法

为了熟练掌握黑盒测试技术的场景法,需要学习以下内容:

• 场景及场景法基本概念。

• 场景法设计测试用例实例分析。

3.7.1　场景法概述

1. 场景和场景法的概念

场景法是通过场景来对系统的功能点或业务流程进行描述,从而提高测试效果的一种方法。从用户的角度出发,分析软件应用的场景,再从场景的角度来设计测试用例,因此场景法是一种非常直观的面向用户的测试用例设计方法。

那么什么是场景呢?由于现在的软件系统几乎都是用事件来触发控制流程的,每个事件触发时的情景便形成了场景,而同一事件不同的触发顺序和处理结果就形成了事件流。利用场景法可以清晰地描述整个事件过程。这种在软件设计方面的思想也可以引入到软件测试中,可以比较生动地描绘出事件触发时的情景,有利于测试设计者设计测试用例,同时使测试用例更容易理解和执行。

用例场景是指通过描述流经用例的路径来确定的过程,这个流经过程要从用例开始到结束遍历所有的基本流和备用流。

用例场景测试是指模拟特定场景发生的事情,通过事件来触发某个动作的发生,观察事件的最终结果,从而用来发现需求中存在的问题。场景主要包括 4 种主要的类型:正常的用例场景,备选的用例场景,异常的用例场景,假定推测的用例场景。通常从正常的用例场景分析开始,然后再着手其他的场景分析。

2. 基本流和备选流

流经用例的每条路径都可以用基本流和备选流来表示,如图 3-15 所示。

1) 基本流

在用例执行过程中无任何异常和错误时,从用例开始执行到结束的路径,它是经过用例的最简单的路径。一个用例只存在一个基本流,基本流用黑色的直线表示。

2) 备选流

在用例执行过程中发生的各种错误和异常情况用备选流表示。一个备选流可以始于基本流,也可以始于另一个备选流,该备选流在某个特定条件下执行后,可以重新加入到基本流中,也可以直接终止用例,不再加入到基本流中。备选流可采用不同颜色表示。

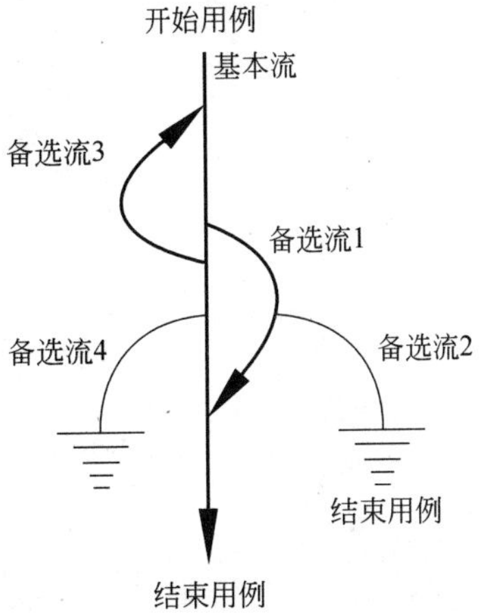

图 3-15 中,备选流 1 和备选流 3 始于基本流,执行后又加入到基本流中;备选流 2 始于备选流 1,备选流 4 始于基本流,备选流 2 和备选流 4 执行完后直接终止用例,而不再加入到基本流中。

图 3-15　用例的基本流和备选流

3. 确定用例场景

每个流经用例的可能路径可以确定不同的用例场景。从基本流开始,再将基本流和备选流结合起来,可以根据图 3-15 确定以下用例场景:

场景 1:基本流

场景 2:基本流 备选流 1

场景 3:基本流 备选流 1 备选流 2

场景 4:基本流 备选流 3

场景 5:基本流 备选流 3 备选流 1

场景 6:基本流 备选流 3 备选流 1 备选流 2

场景 7:基本流 备选流 4

场景 8:基本流 备选流 3 备选流 4

4. 场景法设计测试用例步骤

(1) 根据规格说明,描述出程序的基本流及各项备选流。

(2) 利用基本流和各项备选流生成不同的场景。

(3) 对每一个场景生成相应的测试用例。

(4) 对生成的所有测试用例进行复审,去掉多余的测试用例,测试用例确定后,对每一个测试用例确定测试数据值。

3.7.2　场景法实例

【例 3-14】　ATM 的用例图如图 3-16 所示,用场景法对 ATM 中取款用例进行测试。

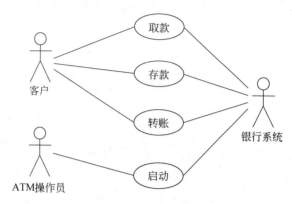

图 3-16　ATM 用例图

解：第一步：分析取款用例的基本流和备选流。

ATM 取款用例的基本流和备选流如下。

基本流：成功提款

插卡→验证银行卡→输入密码→选择"取款"业务→选择预设金额或输入金额→出钞→返回银行卡→打印收据

备选流 1：密码输入错误两次以内

备选流 2：密码输入 3 次错误吞卡

备选流 3：输入金额错误

备选流 4：ATM 内现金不足

备选流 5：ATM 内没有现金

备选流 6：账户余额不足

备选流 7：超过单次最大取款限额 3000 元

备选流 8：超过每天最大取款限额 50 000 元

第二步：为取款用例设计场景。

场景 1：基本流

场景 2：基本流 备选流 1

场景 3：基本流 备选流 2

场景 4：基本流 备选流 3

场景 5：基本流 备选流 4

场景 6：基本流 备选流 5

场景 7：基本流 备选流 6

场景 8：基本流 备选流 7

场景 9：基本流 备选流 8

第三步：设计构建取款测试用例矩阵。

取款测试用例矩阵如表 3-28 所示，其中，v 表示有效，i 表示无效，n 表示无关。

表 3-28　取款测试用例矩阵

测试用例	场　景	密码	账户	取款金额	账户金额	ATM 现金	预　期　结　果
Test Case 1	场景 1	v	v	v	v	v	成功取款
Test Case 2	场景 2	i	v	n	v	v	提示重新输入密码
Test Case 3	场景 3	i	v	n	v	v	吞卡
Test Case 4	场景 4	v	v	i	v	v	提示重新输入金额
Test Case 5	场景 5	v	v	v	v	i	提示重新输入金额
Test Case 6	场景 6	v	v	v	v	i	取款功能不能用
Test Case 7	场景 7	v	v	v	i	v	提示重新输入金额
Test Case 8	场景 8	v	v	i	v	v	提示重新输入金额
Test Case 9	场景 9	v	v	i	v	v	提示不能再取款

第四步：为取款测试用例矩阵设计测试数据。

为表 3-28 取款测试用例矩阵设计具体的测试数据，如表 3-29 所示。

表 3-29　取款测试数据

测试用例	场　景	密　码	账　　户	取款金额	账户金额	ATM 现金	预　期　结　果
Test Case 1	场景 1	123456	6000-6200	1000	12000	20000	成功取款
Test Case 2	场景 2	345678	6000-6200		10000	18000	提示重新输入密码
Test Case 3	场景 3	234567	6000-6200		10000	18000	吞卡
Test Case 4	场景 4	123456	6000-6200	231	1000	12000	提示重新输入金额
Test Case 5	场景 5	123456	6000-6200	3000	4800	2000	提示重新输入金额
Test Case 6	场景 6	123456	6000-6200	500	3400	0	取款功能不能用
Test Case 7	场景 7	123456	6000-6200	2000	1098	15000	提示重新输入金额
Test Case 8	场景 8	123456	6000-6200	4000	5089	26000	提示重新输入金额
Test Case 9	场景 9	123456	6000-6200	1000（24 小时内已经取款 50 000 元）	5800	8600	提示不能再取款

　　除对取款用例进行上述正常的用例场景及经常发生的异常的用例场景进行测试外，还需考虑对不常发生的异常的用例场景、备选的用例场景、假定推测的用例场景进行设计和测试。对取款用例可考虑以下备选流补充进行场景设计测试。

　　（1）卡无效。

　　（2）卡被冻结。

　　（3）无法读卡。

（4）金额选择错误。

（5）系统错误。

3.8 正交试验法

为了熟练掌握黑盒测试技术的正交实验法，需要学习以下内容：

- 正交表概念及正交试验法设计测试用例步骤。
- 正交试验法设计测试用例实例分析。

3.8.1 正交试验法概述

利用因果图法设计测试用例时，可以将输入条件的各种可能组合、输入条件和输出条件的因果关系及输入条件之间的约束都考虑进去。而判定表驱动法可以很好地表达不同逻辑条件的组合值，分别执行不同的操作。用它们设计测试用例，对于特定的输入及输出条件是既详细又能避免遗漏。但是在使用因果图法时，输入条件和输出结果之间的因果关系有时很难从软件需求规格说明书中得到，而且通常软件对应的因果图中的因果关系数据都非常庞大。同样，判定表表达的不同逻辑条件的组合值也通常会非常庞大，会造成测试用例数目非常多，给软件测试带来沉重的负担，为了有效地、合理地减少测试的工时与费用，可利用正交试验设计方法进行测试用例的设计。

正交试验法是依据近代代数中的伽罗瓦（Galois）理论，从大量的（实验）数据中挑选适量的、有代表性的点（测试用例），合理地安排试验（测试）的一种科学试验设计方法。类似的方法有聚类分析方法、因子方法等。

正交试验法是使用正交表来安排多因素、多水平的一种试验法，它是利用正交表来对试验进行设计，通过少数的试验替代全面试验，根据正交表的正交性从全面试验中挑选适量的、有代表性的点进行试验，这些有代表性的点具备了"均匀分散，整齐可比"的特点，是一种高效率、快速、经济的试验设计方法。

利用正交试验设计方法设计测试用例，相比使用等价类划分、边界值分析、因果图、判定表等方法，既可控制生成测试用例的数量，又使测试用例具有一定的覆盖率。

1. 正交表

正交表是一种特制的表格，一般用 $L_n(m^k)$ 表示。其中，L 代表正交表；n 代表正交表的行数，也就是试验的次数；k 为正交表的列数，也代表最多可安排影响指标因素的个数；m 表示每个因素的水平数，如图 3-17 所示。

（1）因素：影响试验指标的条件称为因素。在软件测试中，因素可以理解为影响测试结果的输入条件。

（2）水平：在软件测试中，水平可以理解为输入条件的值。

在使用正交试验法时，分析被测系统中准备测试的功能点，每个功能点中影响测试结果的输入条件（输入数据）即为因素，输入数据按等价类划分，即为每个因素的水平值。

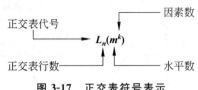

图 3-17 正交表符号表示

正交试验设计的首要问题是如何选择合适的正交表。在确定了因素及水平后,根据因素、水平及需要考察的交互作用的多少来选择合适的正交表。正交表的选择原则是:在能够安排试验因素和交互作用的前提下,尽可能选用较小的正交表,以减少试验次数。

2. 正交试验法设计测试用例步骤

(1) 确定因素和水平。

首先要根据被测软件的规格说明书确定影响其功能实现的因素(输入条件)和每个因素的水平(因素的取值)。

(2) 选用合适的正交表。

选用正交表主要根据因素的水平来确定选用几个水平的正交表,其次根据因素的多少来确定正交表的大小,一般要求列数大于或等于因素的个数。

例如,有 3 个水平,因而可选 $L_9(3^4)$, $L_{18}(3^7)$, $L_{27}(3^{13})$,在不考察因素的交互作用时,为了减少试验的次数,选择行数最少的 $L_9(3^4)$ 较为合适。例如,做一个三因素三水平的实验,按全面实验要求,需进行 $3^3 = 27$ 种组合的试验,且尚未考虑每一组合的重复数。若按 $L_9(3^3)$ 正交表安排实验,只需做 9 次,按 $L_{18}(3^7)$ 正交表进行 18 次实验,显然大大减少了工作量。因而正交试验设计在很多领域的研究中已经得到广泛应用。

(3) 映射因素及实际水平到正交表中。

选好正交表后,将因素安排在正交表的适当列号上。在不考察因素的交互作用时,各因素可随机安排在各列上,若考察交互作用,就应按所选正交表的交互作用列表安排各因素与交互作用,以防止设计"混杂"。安排好表头以后,把排有因素的各列中的数码换成相应的实际水平,即把变量的值映射到表中。

(4) 把每一行的各因素水平的组合作为一个测试用例。

(5) 加上认为可疑且没有在表中出现的组合。

3.8.2 正交试验法实例

【例 3-15】 个人信息查询系统中查询功能有 3 个条件,可以根据姓名、身份证号码、手机号码进行查询。试应用正交试验法设计测试用例。

解: 第一步:确定因素和水平。

有姓名、身份证号码、手机号码 3 个因素;而每个因素的值有两个:填与不填,也就是每个因素有两个水平。

第二步:选择正交表。

可选择 $L_4(2^3)$ 正交表对测试进行设计,$L_4(2^3)$ 正交表如表 3-30 所示。

表 3-30　个人信息查询功能选用正交表

行号＼列号	1	2	3
1	0	0	0
2	0	1	1
3	1	0	1
4	1	1	0

第三步：把因素和水平映射到正交表中。

把表 3-30 中的每个水平数字换成该因素的实际水平值。水平数字 0 换成填，水平数字 1 换成不填，如表 3-31 所示。

表 3-31　映射因素及实际水平后的正交表

行＼列	姓名	身份证号码	手机号码
1	填	填	填
2	填	不填	不填
3	不填	填	不填
4	不填	不填	填

第四步：设计测试用例。

根据表 3-31 设计测试用例，如表 3-32 所示。

表 3-32　个人信息查询功能测试用例

测试用例	输入条件（因素）		
	姓名	身份证号码	手机号码
Test Case 1	填	填	填
Test Case 2	填	不填	不填
Test Case 3	不填	填	不填
Test Case 4	不填	不填	填
Test Case 5	不填	不填	不填

对于可能出错的补充测试用例 5。可以看出，如果按每个因素两个水平数来考虑，需要 8 个测试用例，而通过正交试验法进行的测试用例只有 5 个，大大减少了测试用例数，实现了用最少的测试用例集合去获取最大的测试覆盖率。

例 3-15 的因素之间不存在交互作用或交互作用很小，3 个因素的水平是相同的。实际因素之间的交互作用总是存在的，只不过交互作用的程度不同而已。一般地，当交互作用很小时，就认为因素间不存在交互作用。在实际应用中选择正交表时还需考虑因素之间的交互作用以选取合适的正交表。

如果因素数不同，可以采用包含的方法，在正交表公式中找到包含该情况的公式，如果有多个符合条件的公式，那么选取行数最少的公式。

如果水平数不相同，采用包含和组合的方法选取合适的正交表公式。

3.9　本章小结

黑盒测试是一种从用户观点出发，基于规格说明的测试方法，主要验证软件的功能需求和用户最终需求。在黑盒测试中，把输入域里所有可能的输入数据都作为测试情况考虑，以达到穷举输入测试是不可能的，即使达到穷举测试，测试效果并不见得会达到最好。

本章介绍了多种黑盒测试方法，其目的是在庞大的输入域中合理地设计有代表性的测试用例，以进行高效的测试。黑盒测试技术有很多测试方法，常用的有等价类划分、边界值法、错误猜测法、因果图法、判定表驱动法、场景法、正交试验法等。

等价类划分就是把输入数据（有效的和无效的）的所有可能值划分为若干等价类，使每个等价类中任何一个测试用例都能代表同一等价类中的其他测试用例。划分了等价类，就可以从每个等价类中选取任意的或具有代表性的数据当作测试用例进行测试。

边界值分析法就是对输入或输出的边界值进行测试的一种黑盒测试方法。通常边界值分析法是作为等价类划分法的补充，这种情况下，其测试用例来自等价类的边界。

错误猜测法的基本思想是列举出程序中所有可能有的错误和容易发生错误的特殊情况，根据它们选择测试用例。

因果图法是利用逻辑模型来描述多种条件的组合，相应产生多个动作的形式来考虑设计测试用例的方法。

判定表是分析和表达多逻辑条件下执行不同操作情况的工具。它可以把复杂的逻辑关系和多种条件组合的情况表达得既具体又明确。能够将复杂的问题按照各种可能的情况全部列举出来，简明并避免遗漏。因此，利用判定表能够设计出完整的测试用例集合。

场景法是从用户的角度出发分析软件应用的场景，从场景的角度来设计测试用例的方法。

正交试验法是使用正交表来安排多因素、多水平的一种试验法，根据正交表的正交性从全面试验中挑选适量的、有代表性的点进行试验。

本章详细介绍了上述测试方法的基本理论，对于每种测试方法精心安排了多个实例介绍其测试用例的设计过程。

习　题　3

1. 什么是黑盒测试？黑盒测试常用的测试方法有哪些？
2. 什么是等价类？有几种类型的等价类？等价类划分的原则是什么？
3. 什么是边界值分析法？边界值分析法与等价类划分法的区别是什么？
4. 边界值分析法设计测试用例的原则是什么？
5. 什么是错误猜测法？

6. 什么是因果图法？因果图有几种图形符号？分别是什么？

7. 判定表由哪些部分构成？每一部分包含的具体内容是什么？

8. 什么是场景法？在场景法中经过用例的每条路径都可以用什么来表示？

9. 什么是场景法中的基本流和备选流？

10. 什么是正交表？什么是正交试验法？

11. 叙述等价类划分法设计测试用例的步骤。

12. 叙述因果图法设计测试用例的步骤。

13. 叙述判定表法设计测试用例的步骤。

14. 叙述场景法设计测试用例的步骤。

15. 叙述正交试验法设计测试用例的步骤。

16. 有两个函数 PreviousDate 和 NextDate。PreviousDate 函数的输出为输入的前一天日期，NextDate 函数的输出为输入的后一天日期。对于这两个函数的 year、month、day 变量的有效等价类划分如表 3-33 所示，为什么 month、day 变量的有效等价类在这两个函数中有不同的划分？

表 3-33　PreviousDate 和 NextDate 有效等价类划分

PreviousDate 函数的有效等价类	month 变量	M1：{month：month=4,6,9,11} M2：{month：month=5,7,10,12} M3：{month：month=8} M4：{month：month=3} M5：{month：month=2} M6：{month：month=1}
	day 变量	D1：{day：day=1} D2：{day：$2 \leqslant day \leqslant 28$} D3：{day：day=29} D4：{day：day=30} D5：{day：day=31}
	year 变量	Y1：{year：year 是闰年} Y2：{year：year 不是闰年}
NextDate 函数的有效等价类	month 变量	M1：{month：month=4,6,9,11} M2：{month：month=1,3,5,7,8,10} M3：{month：month=12} M4：{month：month=2}
	day 变量	D1：{day：$1 \leqslant day \leqslant 27$} D2：{day：day=28} D3：{day：day=29} D4：{day：day=30} D5：{day：day=31}
	year 变量	Y1：{year：year 是闰年} Y2：{year：year 不是闰年}

第 4 章

软件生存周期中的测试

本章学习目标
- 了解软件生存周期中软件测试的角色和作用。
- 掌握单元测试的详细内容和流程。
- 掌握集成测试的详细内容和流程。
- 掌握系统测试的详细内容和流程。
- 掌握验收测试的详细内容和流程。
- 掌握性能测试的详细内容和流程。
- 掌握回归测试的详细内容和流程。

本章通过回顾软件测试 V 模型和 W 模型介绍软件生存周期中开发过程与测试过程的关系，明确了软件生存周期中各个测试阶段：单元测试、集成测试、系统测试和验收测试，并从定义、内容、环境、目标和策略等多个方面详细地阐述各个测试阶段的具体内容。最后针对软件运行的性能测试和验证各测试阶段的回归测试进行介绍。

4.1 软件生存周期中的测试概述

了解软件生存周期中的测试，需要掌握以下基础知识：
- 软件测试 V 模型。
- 软件测试 W 模型。
- 软件生存周期中的各个测试阶段。

每个软件项目都具有周期性，在其生存周期的各个阶段都对应着不同的测试过程。1.5 节中描述的软件测试 V 模型就反映了软件生存周期中的测试活动与开发过程中的分析设计活动之间的关系，如图 4-1 所示。

V 模型左侧是软件开发过程，右侧的虚线框中则定义了对应的测试过程。V 模型明确地表示了软件测试存在不同级别，认为单元测试和集成测试验证的是程序执行是否满足软件设计需求，系统测试验证的是系统功能是否达到系统要求，验收测试验证的是软件是否实现了用户或合同的要求。不难看出，V 模型认为测试是查找软件运行时出现的

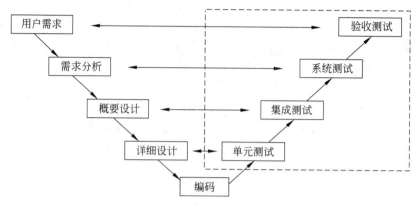

图 4-1 软件测试 V 模型

错误,在编码之后才开始,忽视了测试活动对软件生存周期中其他阶段(需求分析、系统设计、概要设计等)的验证功能。为了突破 V 模型的这种局限,提出了更为合理的软件测试 W 模型,如图 4-2 所示。

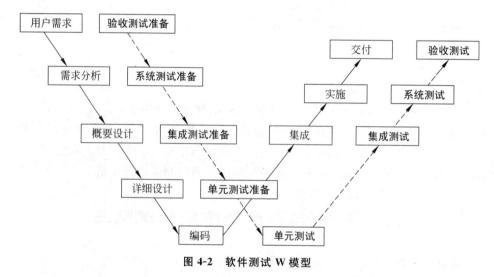

图 4-2 软件测试 W 模型

可以认为 W 模型是由两个 V 模型构成的,分别代表了软件开发过程与测试过程。相对于 V 模型,W 模型增加了对软件开发各阶段同步进行的验证和确认活动,明确表示出了测试与开发的并行关系,如单元测试是与编码阶段同步进行的验证和确认活动,与详细设计阶段同步进行的是单元测试的准备确认活动,集成测试是与概要设计阶段同步进行的验证和确认活动,系统测试是与需求分析阶段同步进行的验证和确认活动,而验收测试是与用户需求阶段同步进行的验证和确认活动。W 模型强调测试贯穿整个软件生存周期,测试的对象不仅仅是程序代码,需求分析、系统设计等同样需要测试,测试与开发是同步进行的。W 模型有利于尽早地全面地发现软件开发过程中的问题。

无论是 V 模型还是 W 模型,都对软件生存周期中的各个开发阶段定义了不同的测试阶段(测试级别),如图 4-3 所示。

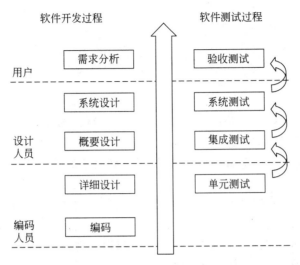

图 4-3　软件生存周期中的测试过程

（1）在软件开发的编码阶段为单元测试做准备工作,在开发过程的详细设计阶段对应的测试活动是制定单元测试方案、设计单元测试用例等。单元测试主要是对软件中的最小可测试单元(模块)进行检查和验证。

（2）开发过程的概要设计阶段对应的是集成测试。集成测试主要测试模块间的接口定义是否清楚、正确,模块是否能一起正常工作,集成为一个完整的系统。

（3）开发过程的系统设计阶段对应的是系统测试。系统测试主要测试集成后的系统是否达到系统需求定义的要求,是否存在与系统定义不符或有矛盾的地方,验证软件系统的功能和性能等是否满足项目需求。

（4）需求分析阶段对应的是验收测试。验收测试主要根据需求规格说明书测试软件产品交付给用户使用前是否符合产品分析和设计预期的各项要求,用户是否能确认并接受产品。

此外,在软件运行维护阶段,通常需要验证软件的性能在正常环境和系统条件下重复使用是否还能满足性能指标,即进行性能测试。软件经过测试后,如需修改或进行升级,则应全部或部分重复以前相同的测试,以确认修改没有引入新的错误或导致其他代码产生错误,即回归测试。

下面将对软件生存周期中的各个测试阶段从定义、内容、环境、目标和策略等方面进行详细的阐述。

4.2　单　元　测　试

为了掌握单元测试的相关内容,需要学习以下知识:

- 单元测试的定义。
- 单元测试的内容。
- 单元测试的目标。

- 单元测试的环境。
- 单元测试所采用的测试策略和方法。
- 单元测试人员。

4.2.1　单元测试的定义

单元测试又称组件测试,是针对软件设计的基本组成部分——单元进行检查和验证的测试工作,主要检查被测单元在语法和逻辑上的错误。单元测试是软件测试的第一个阶段,是软件测试的基础,其测试效果将直接影响到后续的其他测试阶段,并最终对整个软件产品的质量产生影响。

在单元测试活动中,软件的一个基本组成单元通常需要与软件的其他部分隔离开来进行测试,因此如何界定、划分软件的"单元"是进行单元测试的首要任务。一般说来,单元是软件设计中最小的但可独立运行的单位,具有以下特征:

(1) 单元应该是可测试的,可重复执行的。

(2) 有明确的功能定义。

(3) 有明确的性能定义。

(4) 有明确的接口定义,不会轻易地扩展到其他单元。

单元要根据实际情况去判定其具体含义。在结构化程序设计(如 C 语言)中,单元是一个过程或一个函数;在面向对象的程序设计(如 C++)中,单元指一个类;在第四代程序语言(4GL)中,单元是一个窗口或一个菜单等。

单元测试是软件测试的基础,其测试效果直接影响软件的其他测试,并最终对软件产品的质量造成影响。进行单元测试的重要意义如下:

(1) 单元测试紧接在软件编码实现之后展开,将可能最早发现软件 Bug,并且付出很低的成本进行修改,而在软件开发的后期阶段,Bug 的发现和修改将会变得十分困难,并要消耗大量的时间和成本。

(2) 经过测试的单元会使得系统集成过程大为简化,开发人员可以将精力集中在单元之间的交互作用和全局的功能实现上,节约了软件开发时间,提高了开发效率。在生存周期中尽早地对软件产品进行测试将尽可能地保证软件设计效率和质量。

(3) 单元测试是其他测试的基础,能发现后期测试很难发现的代码中的深层次问题,好的单元测试是后期测试顺利进行的保障。

(4) 单元测试大多由程序员来完成的,因此程序员会有意识地将软件单元代码写得便于测试和调用,有助于提高代码质量。

综上所述,单元测试是一种验证行为,测试和验证软件设计中基本组成单元的正确性。单元测试也是一种设计行为,程序员在进行程序设计时会先考虑测试,就会有意识地将程序设计成易于调用和可测试的。单元测试是一种保障行为,保证了软件单元的代码质量、可维护性和可扩展性。

4.2.2　单元测试的内容

执行单元测试是为保证被测软件单元代码的正确性,即测试单元范围内的重要控制路径,以尽可能早地发现错误。单元测试一般包括以下 5 个方面的内容。

1. 单元接口测试

软件单元接口测试主要检查软件单元通过外部设备进行输入输出操作时数据流是否正确,只有在数据能正确流入和流出单元的前提下,其他测试才有意义。软件单元接口测试主要考虑以下内容:

(1) 调用软件单元时输入的实际参数与软件单元的形式参数在个数、属性、使用单位及顺序上是否匹配。

(2) 调用其他软件单元时所给实际参数在个数、属性、使用单位及顺序上是否与被调软件单元的形式参数匹配。

(3) 调用内部函数时所用参数的个数、属性和顺序是否正确。

(4) 是否存在与当前入口点无关的参数引用。

(5) 是否修改了只读型参数。

(6) 对全程变量的定义各软件单元是否一致。

(7) 是否把某些约束作为参数传递。

如果被测的软件单元功能还包括外部输入输出,那么软件单元接口测试还应该考虑以下内容:

(1) 文件属性是否正确。

(2) 文件打开和关闭语句是否正确。

(3) 格式说明与输入输出语句是否匹配。

(4) 缓冲区大小与记录长度是否匹配。

(5) 文件使用前是否已经打开。

(6) 是否处理了文件尾。

(7) 是否处理了输入输出错误。

(8) 输出信息中是否有文字性错误。

(9) 结束处理时是否关闭了文件。

2. 单元局部数据结构测试

局部功能是整体功能运行的基础,局部数据结构通常是错误产生的根源。测试软件单元内部局部数据结构在程序执行过程中是否完整、正确,内部函数是否运行正确,通过测试尽可能地发现以下几类错误:

(1) 不合适或不一致的类型说明。

(2) 变量初始化或默认值有错。

(3) 不正确的变量名,包括拼写或缩写错误等。

(4) 出现上溢、下溢和地址异常。

3. 软件单元中执行路径测试

单元测试的基本任务是保证软件单元中每条语句至少执行一次,因此,执行路径测试是单元测试的最主要内容,目的是为了发现因错误计算、不正确的比较和不适当的控制流造成的错误。执行路径测试时常见的错误如下:

(1) 运算符优先级使用不正确。

(2) 混合类型运算。

(3) 算法错。

(4) 变量初始化错误。

(5) 运算精度不够。

(6) 表达式中变量或符号错误。

由于判断与控制流联系紧密,执行路径测试时还要特别注意下列错误:

(1) 不同数据类型的对象之间进行比较。

(2) 逻辑运算符或优先级使用不正确。

(3) 理论上应该相等而实际上由于计算机的局限(如精度限制)不能相等的两个量。

(4) 比较运算或变量出错。

(5) 循环终止条件不正确或不存在。

(6) 不能退出分支循环。

(7) 错误地修改了循环变量。

4. 边界条件测试

软件经常在边界上发生错误,所以边界条件测试是单元测试中最重要的一项内容。如果边界测试执行得好,将极大地提高程序的健壮性。边界条件测试主要考虑以下内容:

(1) 软件单元内的一个 n 次循环,应是 $1\sim n$,而不是 $0\sim n$。

(2) 由各种比较运算确定的比较值出错。

(3) 上溢、下溢和地址异常问题。

5. 软件单元错误处理测试

程序运行中不可避免地会遇到异常情况,如果由于用户操作不当等,程序就退出或者停止工作,实际上也是一种产品缺陷。设计良好的程序应该能预见程序运行中各种可能出现的错误,并预先设置相应的处理,以便在程序运行出错时,能及时地重新安排,不至于手足无措。错误处理测试主要检查以下内容:

(1) 输出的出错信息是否难以理解。

(2) 显示的错误与实际发生的错误是否不一致。

(3) 出错时,在程序的出错处理运行之前,系统是否就开始介入。

(4) 异常处理不当。

(5) 错误描述不充分,无法定位错误或找出出错的原因。

4.2.3 单元测试环境

单元测试的对象是程序的一个单元,而不是一个可独立运行的程序,测试要尽可能地在与软件的其他部分相隔离的情况下进行,但又必须考虑到被测单元和其他软件单元的联系,因此,需要引入辅助模块去模拟与被测软件单元关联的其他软件单元。辅助模块通常分为两种:

(1) 驱动模块。模拟所测软件单元的上级软件单元,接收测试数据,并把测试数据传送给被测软件单元,最后再输出测试结果。

(2) 桩模块。模拟由被测软件单元调用的下级子软件单元,它代替由被测单元所调用的软件单元的功能,使被测软件单元能继续运行,同时桩软件单元还要进行少量的数据处理,如打印入口和返回等,以检验被测软件单元与其下级子软件单元的接口。

被测软件单元、驱动模块和桩模块共同构成了单元测试环境,如图 4-4 所示。

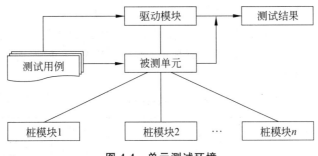

图 4-4　单元测试环境

驱动模块用来模拟被测单元的上层软件单元,测试执行时由驱动模块调用被测单元使其运行,桩模块则用来模拟被测单元执行过程中所调用的下级子软件单元,测试执行时桩模块使被测软件单元能完整闭合地运行。

驱动模块和桩模块是为了单元测试而开发的,在软件开发结束后不再使用,不需要与最终产品一起交付给用户,因此驱动模块和桩模块的设计要尽量简单,避免增加新的错误而干扰被测软件单元的运行及测试结果判断。实际上设计简单的驱动模块和桩模块并不能进行充分的单元测试,完全的测试可以放到集成测试时再进行。

4.2.4　单元测试的目标

由单元测试的定义可知,单元测试的主要目标是确保被测软件单元被正确地编码,不存在任何差错,结构上可靠且健全,并且能够在所有条件下正确响应。单元测试的目标可具体描述为以下几点:

(1) 信息正确地流入和流出被测软件单元。

(2) 被测软件单元运行时,其内部数据能保持完整性,即数据的形式、内容及相互关系不发生错误。

(3) 被测软件单元运行时,全局变量在软件单元中的处理和影响不发生错误。

(4) 在边界地区,软件单元运行能得到正确的结果。

(5) 被测软件单元的运行能覆盖所有执行路径。

(6) 被测软件单元运行出错时,错误处理措施有效。

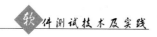

4.2.5 单元测试的策略、方案和人员

根据单元测试的内容和目标不难看出,单元测试属于白盒测试的范畴。但单元测试还需要跟踪、分析被测软件单元在各种输入情况下的输出,才能发现代码中隐藏的逻辑错误,所以单元测试也包含了一部分黑盒测试的内容。因此,单元测试应采取白盒测试技术为主,黑盒测试技术为辅的方法。首先对被测软件单元进行静态分析和代码审查,然后动态跟踪,即先进行被测软件单元代码的语法检查,再进行逻辑检查。

1. 单元测试中的静态测试

静态测试是在不运行被测软件单元的情况下,通过人工分析其静态特性,即检查和评审软件单元代码,并对外部接口和关键代码进行桌面检查和代码审查来发现错误。单元测试中静态测试的具体内容包括代码检查、静态结构分析、数据流分析和控制流分析等,测试检查项目通常如表 4-1 所示。

表 4-1 单元测试中的静态测试项目

静态测试项目	备 注
检查软件单元的逻辑正确性	所编写的代码算法、数据结构定义(如队列、堆栈等)是否实现了所要求的功能
软件单元接口的正确性检查	形式参数个数、数据类型、顺序是否正确。返回值类型及返回值是否正确
输入参数正确性检查	如果没有做正确性检查,确定该参数是否的确无须做参数正确性检查,否则应添加参数的正确性检查
调用其他方法接口的正确性检查	检查实参类型、传入的参数值、个数是否正确。返回值是否正确,有没有误解返回值
检查出错处理	软件单元代码是否能预见出错的条件,并设置适当的出错处理
检查表达式、SQL 语句的正确性	检查所编写的 SQL 语句的语法、逻辑的正确性。表达式不含二义性
检查常量或全局变量使用的正确性	确定常量或全局变量的取值和数值、数据类型。保证常量引用时的取值、数值和类型的一致性
检查标识符定义的规范一致性	保证标识符能够见名知意、简洁规范、容易记忆。保证用相同的标识符代表相同的功能
检查程序风格是否一致、规范	程序风格的一致性、规范性是否符合《软件编码规范》
检查代码是否可以优化、算法效率能否提高	语句是否可以优化,循环是否必要,循环中的语句是否可以抽到循环之外等
函数内部注释检查	函数内部注释是否完整,是否清晰简洁,是否正确地反映了代码的功能,是否做了多余的注释

2. 单元测试中的动态测试

动态测试通常采用白盒测试技术,确认被测软件单元内部工作过程是否符合软件详细设计的要求,所有内部成分是否经过检查等。

通常白盒跟踪测试主要完成 3 项工作:

(1) 设计测试用例:一般采用逻辑覆盖法和基本路径法设计测试用例。

(2) 设计测试类模块。被测软件单元并不是一个独立的程序,测试时要考虑测试它与外界的联系,设计辅助模块去模拟与被测软件单元相联系的其他软件单元,如前述驱动模块和桩模块。

(3) 跟踪调试:测试类设计完成后,借助代码排错工具来跟踪调试待测代码段以深入地检查代码的逻辑错误。

对被测软件单元进行白盒测试,主要进行如下检查:

(1) 对软件单元内所有独立的执行路径至少测试一次。

(2) 对所有的逻辑判定,取"真"与"假"的两种情况都至少执行一次。

(3) 在循环的边界和运行界限内执行循环体。

(4) 测试内部数据的有效性等。

此外,如果被测单元具有完整的功能,那么动态跟踪也需要使用黑盒测试对被测软件单元的功能需求和性能进行检验,测试过程如下:

(1) 分析规格说明。

(2) 选择正常输入检查软件单元是否正确实现功能设计,选择非正常输入检查软件单元能否正确处理。

(3) 根据输入数据确定被测软件单元的预期输出。

(4) 设计并执行测试用例,比较实际结果和预期结果。

(5) 确定被测软件单元是否符合规格说明。

3. 单元测试的工具

单元测试涉及内容众多,工作量大,有必要借助工具来减少重复劳动,降低人工工作强度,提高测试效率。根据单元测试的内容,单元测试工具可分为以下几类:

(1) 静态分析工具。

(2) 代码规范审核工具。

(3) 内存和资源检查工具。

(4) 测试数据生成工具。

(5) 测试框架工具。

(6) 测试结果比较工具。

(7) 测试度量工具。

(8) 测试文档生成和管理工具。

不同的测试工具侧重于单元测试中的不同方面。根据编程语言的不同,目前比较常用的自动化单元测试工具有两类。

1) 自动化 C/C++ 单元测试工具——C++ Test

C++ Test 是一个功能强大的自动化 C/C++ 单元级测试工具,可以自动测试任何 C/C++ 函数和类,自动生成测试用例、测试驱动函数或桩函数,在自动化的环境下能快速地使单元级的测试覆盖率达到 100％。其主要特性如下：

（1）在不需要执行程序的情况下识别运行时缺陷。

（2）自动化代码分析以增强兼容性。

（3）支持嵌入式和跨平台开发。

（4）高度的可定制化。

（5）提高团队代码走查的效率和全面性。

（6）为即时验证和回归测试提供自动化单元及组件测试。

2）XUnit 测试框架

XUnit 一个基于测试驱动开发的测试框架，提供了一个方便在开发过程中使用测试驱动的工具，使单元测试得以快速进行。XUnit 拥有很多成员，如 JUnit、NUnit 等。

JUnit 是一个 Java 语言的单元测试框架，几乎所有的 Java 开发环境都集成了 JUnit 作为单元测试的工具，它具有以下优势：

（1）可以使测试代码与产品代码分开。

（2）针对某一个类的测试代码通过较少的改动便可以应用于另一个类的测试。

（3）易于集成到测试人员的构建过程中。

（4）JUnit 是公开源代码的，用户可以进行二次开发。

（5）可以方便地对 JUnit 进行扩展。

NUnit 是一个专门针对.NET 的单元测试框架，适合所有.NET 语言。利用 NUnit，可以方便地对.NET 组件进行单元测试，可以不修改原代码而直接编写专门的测试代码对被测软件单元进行测试。使用 NUnit 框架，需要如下工作：

（1）使用 using 声明引用必要的 NUnit 类。

（2）定义一个 public 的测试类及一个 public 的没有参数的构造函数，在类定义时添加［TestFixture］attribute 标记。

（3）在测试类中包含使用［Test］attribute 标记的方法。

4. 单元测试人员

单元测试应该由开发人员，特别是编程人员或设计人员来完成。因为根据单元测试策略，单元测试采用白盒测试技术为主，要深入被测软件单元代码，同时还要构造驱动模块、桩模块，具有较强的开发能力和对代码最为熟悉的编程人员或设计人员具有很大的优势。

考虑到单元测试的效果，单元测试还需要专门测试组成员参与，原因如下：

（1）从目前软件开发现状来看，测试人员质量意识要高于开发人员，测试人员参与单元测试能够提高测试质量。

（2）测试人员参与单元测试，将使得测试人员能够从代码开始熟悉被测系统，有利于对后期的集成测试和系统测试活动。

此外，根据实际情况，单元测试还可以邀请用户代表参与，这样在单元测试阶段就能获得软件产品用户的一些应用意见，有助于保证产品运行与用户预期一致。

4.3　集 成 测 试

为了掌握集成测试的相关内容,需要学习以下知识:

- 集成测试的定义。
- 集成测试的目标。
- 集成测试的内容。
- 集成测试的环境。
- 集成测试策略和方案。
- 集成测试人员。

4.3.1　集成测试的定义

所谓集成,是指将已经通过单元测试的多个软件单元聚合组成更大的模块,进而将这些模块又聚合成程序的更大部分,如子系统或系统等。所有的软件项目都必须经历系统集成阶段,因为无论采用何种开发模式或技术,具体的开发工作都是从一个个软件单元开始,软件单元只有经过集成才能形成一个有机的整体。经过单元测试可能已经解决了软件单元内部的许多缺陷,但单元组合过程必定会引起新的问题,如资源申请冲突、接口调用、时钟延迟等,这些问题在单元测试阶段是无法发现的。

集成测试,也称为组装测试或联合测试,指检查软件组成的各个单元聚合后其接口是否存在问题,它可以看作是单元测试的逻辑扩展,其最简单的形式是:把两个通过单元测试的单元组合成一个模块,测试它们之间的接口。但实际的集成测试过程通常不可能如此简单,需要根据具体情况,研究将多个单元组成更大部分的集成策略,测试组合接口,验证其是否符合软件概要设计的要求。

集成测试的前提是对软件的各个构成单元已经开展了单元测试,并根据单元测试的结果完成了对软件单元的相应修改,即在集成测试之前,单元测试应该已经完成,集成测试中所使用的对象应该是经过单元测试的软件单元。满足集成测试的前提条件是非常重要的,因为如果不经过单元测试,那么集成测试的效果和作用将很难得到保证,将不可避免地大幅增加软件单元代码纠错的代价。

集成测试是软件测试中不可或缺的阶段,具有重要的意义:

(1) 对于软件单元间接口信息的正确性、相互调用关系是否符合设计等问题,单元测试无法完成,只能依靠集成测试来进行。

(2) 集成测试用例是从程序结构出发的,目的性、针对性更强,定位问题的效率更高。

(3) 集成测试是可重复的且对测试人员而言是透明的,因此发现问题后较容易定位,有利于加快测试的进度。

4.3.2　集成测试的目标

集成测试是将所有软件单元按照设计要求组装成系统的测试活动,主要检查将经过单元测试的各个软件单元进行组装时发生的接口错误以及组装后形成的模块、子系统或系统是否符合实际的软件结构。集成测试的目标是发现以下问题：

（1）把各个模块连接起来，验证模块相互调用时，数据经过接口时是否会丢失。

（2）一个模块的功能是否会对另一个模块的功能产生影响。

（3）把各个子模块的功能组合起来，验证是否能达到预期的总体功能。

（4）全局的数据结构是否有问题。

（5）共享资源访问是否存在问题。

（6）每个模块的误差累加起来后是否会放大到无法接受的程度。

4.3.3　集成测试的内容

根据集成测试的目标，集成测试的具体内容如下。

1．集成功能测试

集成功能测试主要关注测试对象的各项功能是否实现，是否有针对异常情况的相关错误处理措施，以及模块间的协作是否高效合理。特别地，在检查测试对象的各项功能是否实现时，不仅要检查集成单元功能是否实现和集成后的模块、子系统或系统的总体功能是否实现，还要考察在实现集成后的复杂功能时是否衍生或增加了不需要的、错误的功能。

2．接口测试

模块间的接口问题是集成测试的最主要内容：

（1）针对函数接口，集成测试主要关注函数接口参数的类型和个数、输入输出属性和范围的一致性。

（2）针对消息接口，集成测试主要关注消息的发送和接收双方对消息参数的定义是否一致，消息和消息队列长度是否满足设计要求，消息的完整性如何，消息的内存是否在发送过程中被非法释放，有无对消息队列阻塞进行处理等。

3．全局数据结构测试

全局数据结构通常存在着被非法修改的风险，因此集成测试应针对全局数据结构开展如下检查：

（1）全局数据结构的值在任意两次被访问的间隔是否可预知。

（2）全局数据结构的各个数据段的内存是否被错误释放。

（3）多个全局数据结构间是否存在缓存越界。

（4）多个软件单元对全局数据结构的访问是否采用相关保护机制。

4．资源测试

对资源的测试分为两个方面：共享资源测试和资源极限使用测试。

共享资源测试应用于集成模块、子系统或系统共享资源，如数据库等的测试和其他

支撑的测试,主要关注以下问题:

(1) 共享资源是否存在被死锁的现象。

(2) 共享资源是否存在被过度利用的情况。

(3) 是否存在对共享资源的破坏性操作。

(4) 公共资源访问机制是否完善。

资源极限使用测试关注系统资源的极限使用情况以及资源极限使用时的处理,目的是避免软件系统在资源耗尽的情况下出现系统崩溃。

5. 性能测试

集成测试中的性能测试根据测试对象的需求和软件设计中的要求,对测试对象的性能指标,包括时间特性、资源特性等进行测试,以便及时发现性能瓶颈。

6. 稳定性测试

集成测试中的稳定性测试主要检查测试对象长期运行后的情况:

(1) 测试对象长期运行是否导致资源耗竭。

(2) 测试对象长期运行后是否出现性能的明显下降。

(3) 测试对象长期运行是否出现任务挂起。

4.3.4　集成测试环境

与单元测试一样,集成测试也需要向集成后的测试模块、子系统或系统发送测试数据,再接收并记录测试结果。此外,集成测试主要检查的是集成时的模块、子系统或系统之间的接口问题,因此需要读取和记录它们之间的数据流情况。

集成测试需要引入辅助模块去模拟与测试集成模块、子系统或系统关联的具有驱动能力的模块,还需要设置负责监控穿越测试模块间接口数据流的程序模块,即以下 3 种模块:

(1) 驱动模块。模拟被测试集成模块、子系统或系统的上级模块,接收测试数据,并把测试数据传送给被测软件单元,最后再输出测试结果。由于测试模块、子系统或系统是由软件单元集成而得的,除了组成的各个单元外,没有其他测试对象之外的接口,因此可以重用单元测试中的驱动模块。

(2) 桩模块。模拟由被测试集成模块、子系统或系统调用的下级子模块,同样可以重用单元测试中的驱动模块。

(3) 监控程序模块。用于读取和记录测试模块、子系统或系统之间的数据流情况。

测试集成模块、子系统或系统(即测试对象)、驱动模块、桩模块和监控程序模块共同构成了集成测试环境,如图 4-5 所示。

集成测试中的驱动模块可以重用单元测试中的驱动模块,但如果单元测试环境没有组织好,如只有部分单元有驱动模块,那么就会导致集成测试中使用的驱动模块接口出现问题,需要修正甚至重新创建集成测试环境,这将极大地增加集成测试的工作量和复杂度。因此,可以认为构成良好集成测试环境的前提是组织好单元测试环境,这就要求确保集成测试的对象一定是经过单元测试的软件单元的集成。

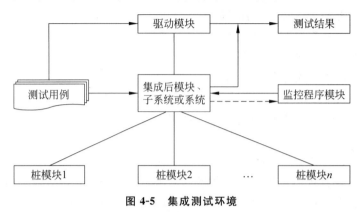

图 4-5　集成测试环境

4.3.5　集成测试的策略、方案和人员

1．集成测试策略

制定集成测试的策略应先思考 3 个问题：

（1）软件单元以什么顺序进行集成？哪些集成模块是集成测试的重点？

（2）应该以什么样的顺序进行模块接口检查？

（3）检查接口应该使用什么测试设计技术？

集成测试首先需要完成的是模块分析，即如何合理地划分测试模块，这将直接影响到集成测试工作量、进度和质量。通常，测试模块的划分应遵循以下原则：

（1）根据本次测试的目的确定测试模块。

（2）集成与该模块最紧密的模块。

（3）该模块的外围模块与集成模块之间的通信应该是易于模拟和控制的。

根据划分后模块的业务复杂程度和功能的重要性，可以将测试模块分为高危模块、一般模块和低危模块，其中高危模块应该被优先测试。

根据集成测试的目标和内容，其测试重点是单元之间、集成后形成的模块、子系统或系统之间的各种接口，确保集成后的对象能够按既定意图协作运行，并确保增量的行为正确，因此集成测试应采用黑盒测试技术为主，白盒测试技术为辅的方法进行。

2．集成测试方案

集成测试目前已经有很多成熟、有效的实施方案，如非增量式集成测试、增量式集成测试、三明治集成测试、核心系统先行集成测试、高频集成测试、分层集成测试、基于使用的集成测试等，其中使用较多的是非增量式集成测试和增量式集成测试两种方案。

1）非增量式集成测试

非增量式集成测试方案的思路是：先对所有要集成的模块进行个别的单元测试，再按程序结构图将各模块连接起来，把连接后的程序当作一个整体进行测试，即先分散测试,再集中起来一次完成集成测试。典型的测试方法是大爆炸集成测试。

下面通过一个案例来展示非增量式集成测试的流程。设有 6 个单元参与集成,其程序结构如图 4-6(a)所示。根据各构成单元在结构中的位置,分别为其配置单元测试所需的驱动模块和桩模块,如图 4-6(b)所示。对各个单元完成单元测试后,将所有单元一次性集合到被测系统中,再对形成的整体进行集成测试,如图 4-6(c)所示。

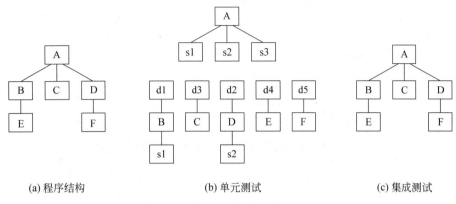

(a) 程序结构   (b) 单元测试   (c) 集成测试

图 4-6 非增量集成测试案例示意图

2) 增量式集成测试

与非增量式集成测试一次性集成不同,增量式集成测试方案的思路是逐步把下一个要被组装的软件单元同已测试好的模块结合起来测试,即逐步集成,逐步测试。根据集成模式的不同,增量式集成测试有两种方法:自顶向下集成测试和自底向上集成测试。

(1) 自顶向下集成测试。

自顶向下集成测试根据自顶向下的集成模式进行,即从最顶层模块(主控模块)开始,按软件结构图自上而下地逐渐加入下层模块。具体步骤如下:

① 以主控模块作为测试驱动模块,把对主控模块进行单元测试时引入的所有桩模块用实际模块代替。

② 依据所选择的集成策略(深度优先或广度优先),每次只替代一个桩模块。

③ 每集成一个模块就测试一遍。

④ 在每组测试完成后,再开始集成下一个桩模块。

⑤ 不断地进行回归测试,直到整个系统结构被集成完成。

具体实施过程中,集成策略选择深度优先还是广度优先是决定测试序列的关键。深度优先是根据软件结构图纵向考虑,层次多的分支优先测试,以图 4-6 中的例子为例,采用深度优先集成策略时,具体的集成测试过程如图 4-7 所示。

广度优先是根据软件结构图从横向考虑,总是先测试下一级的模块。图 4-6 中的案例采用广度优先集成策略时,具体的集成测试过程如图 4-8 所示。

自顶向下增量集成测试能较早地检查主要控制和判断点,功能获得较早的验证,且只需一个驱动模块,能有效控制工作量和开发成本。但该方案桩模块的开发量大,底层验证被推迟会导致底层组件测试不充分。

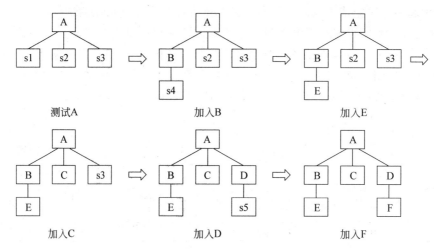

图 4-7　自顶向下增量集成测试（深度优先）案例示意图

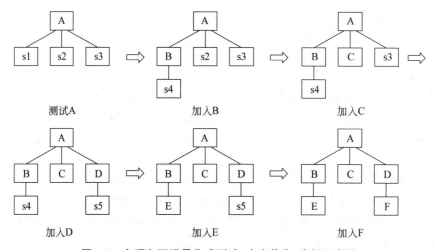

图 4-8　自顶向下增量集成测试（广度优先）案例示意图

（2）自底向上集成测试。

自底向上集成测试根据自底向上的集成模式进行，即从最底层模块开始，按软件结构图自下而上地逐渐加入上层模块。因为测试到较高层模块时，所需的下层模块功能均已具备，所以不再需要桩模块。具体步骤如下：

① 把低层模块组织成实现某个子功能的模块群。

② 开发一个测试驱动模块，控制测试数据的输入和测试结果的输出。

③ 对每个模块群进行测试。

④ 删除驱动模块，用较高层模块把模块群组织成为完成更大功能的新模块群。

⑤ 重复上述各步骤，直至整个系统集成完成。

仍以图 4-6 中的例子为例，采用自底向上集成测试的具体过程如图 4-9 所示。

自底向上增量集成测试对底层组件行为较早进行检查，减少了桩模块的工作量并能支持故障隔离。但该方案中驱动的开发工作量大，由于高层的验证被推迟，可能导致设

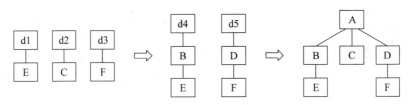

图 4-9　自底向上增量集成测试案例示意图

计上的错误不能被及时发现。

3）其他集成测试方案

（1）三明治集成测试。

三明治集成测试是结合自顶向下集成测试和自底向上集成测试的一种混合式集成测试，它把系统划分成 3 层，中间一层为目标层，目标层之上采用自顶向下集成，之下采用自底向上集成。三明治集成测试能将已经完成的模块尽可能早地进行集成，有助于尽早发现缺陷，避免缺陷爆炸式产生。此外，自底向上集成时，不需要开发桩模块，节省了测试的工作量，提高了测试效率。仍以图 4-6 中的案例为例，采用三明治集成测试的具体过程如图 4-10 所示。

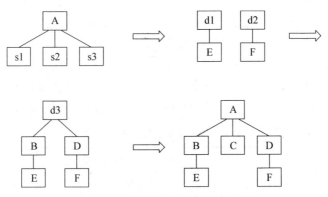

图 4-10　三明治集成测试案例示意图

（2）核心系统先行集成测试。

顾名思义，核心系统先行集成测试即先对核心软件部件进行集成测试，在测试通过的基础上再根据重要程度将各外围软件部件逐一集成到核心系统中。每次加入一个外围软件部件都产生一个产品基线，直至最后形成稳定的软件产品。核心系统先行集成测试的具体步骤如下。

① 区分核心软件部件和外围软件部件。

② 核心系统中的每个模块先进行单独的、充分的测试。

③ 将核心系统中的所有模块一次性集成到被测系统中并着手解决集成时出现的各种问题。特别地，当核心系统规模较大时，可以根据自底向上集成的步骤进行。

④ 外围软件部件完成内部的模块级集成测试。

⑤ 根据各外围软件部件的重要程度以及模块间的相互制约关系，拟定外围软件部件集成到核心系统中的顺序方案并进行方案审核。

⑥ 按顺序方案逐一加入外围软件部件，形成最终的用户系统。

（3）高频集成测试。

高频集成测试同步于软件开发过程，指频繁地将新代码和一个已经稳定化的基线集成在一起，目的是避免集成故障难以发现，以及防止运行的、稳定化的基线的偏差。使用高频集成测试需要具备以下条件：

① 能够持续获得一个稳定的增量，并且该增量内部已经过验证无误。

② 大部分有意义的功能增加可以在一个相对稳定的时间间隔内获得。

③ 测试包和代码的开发工作必须是并行进行的，并且需要版本控制工具来保证始终维护的是测试脚本和代码的最新版本。

④ 必须借助于自动化工具来完成。由于集成次数频繁，人工的方法显然不能胜任。

高频集成测试的具体步骤如下：

① 选择集成测试自动化工具。如 Java 项目采用的 Unit＋Ant 方案等。

② 设置版本控制工具，以确保集成测试自动化工具所获得的版本是最新版本。

③ 编写对应程序代码的测试脚本。

④ 设置自动化集成测试工具，定时对新添加到配置管理库的代码进行自动化的集成测试，并提交测试报告。

⑤ 测试人员监督代码开发人员及时关闭不合格项。

⑥ 重复步骤③～⑤，直至形成最终软件产品。

4）几种集成测试方案比较

通过对上述几种集成测试实施方案的介绍可知，每个方案都有各自的优缺点，适用于不同的软件项目集成测试，各个方案的分析、对比结果如表 4-2 所示。

表 4-2　几种集成测试方案比较

实 施 方 案	比 较 结 果
非增量式集成测试	• 先分散测试，再一次性完成集成测试。 • 需要设计驱动模块和桩模块，工作量大。 • 直到整个程序组装之后，模块之间接口相关的错误才会浮现，因此错误定位、纠正困难。 • 可以同时并行测试很多模块
增量式集成测试	• 逐步集成，逐步测试。 • 可以较早发现模块中不匹配接口、不正确假设等编程错误。 • 测试更彻底，每个模块都经过更多的检验。 • 使用前面测试过的模块来代替所需的驱动模块或桩模块，工作量小。 • 并行性差
三明治集成测试	• 集合了自顶向下集成测试和自底向上集成测试两种策略的优点。 • 可持续集成。 • 能较早发现错误，测试效率较高。 • 中间层测试不充分
核心系统先行集成测试	• 需要区分核心软件部件和外围软件部件。 • 能确保核心功能的实现。 • 适用于快速软件开发

续表

实 施 方 案	比 较 结 果
高频集成测试	• 能在开发过程中及时发现代码错误。 • 集成次数频繁。 • 必须借助自动化工具

3. 集成测试人员

集成测试不是在真实环境下进行的,而是在开发环境或一个独立的环境下进行的,集成测试人员通常由以下人员构成:

(1) 系统分析设计人员。对需求和设计进行跟踪、分析,以确定集成测试的对象、范围和方法。

(2) 开发人员。参与集成测试计划制订、集成测试方案评审及集成测试报告审核,即主要配合测试代码设计和实现,完成白盒测试的内容。

(3) 测试人员。制订集成测试计划、集成测试方案并组织评审,执行集成测试并完成集成测试报告及组织评审。

(4) 质量保证(QA)人员。负责集成测试过程质量保证,参与相关评审工作。

4.4　系 统 测 试

为了掌握系统测试的相关内容,需要学习以下知识:
- 系统测试的定义。
- 系统测试的目标。
- 系统测试的内容。
- 系统测试的环境。
- 系统测试策略和实施方案。
- 系统测试人员。

4.4.1　系统测试的定义

通过集成测试的软件是一个具有独立功能的软件包,成为整个计算机系统的一个组成部分。系统测试就是将已经集成好并通过集成测试的软件系统作为整个计算机系统的一个元素,与计算机硬件、外设、某些支持软件、数据和人员等其他系统元素结合在一起,在实际运行环境下对计算机系统进行一系列的整体测试和确认测试。

系统测试是在一个完整的环境下对整个软件系统进行的测试,是保证软件系统质量和可靠性的关键步骤,是对系统开发过程中的系统分析、系统设计和实施的最后复查,测试对象不仅包括需测试的软件,还要包含软件所依赖的硬件、外设甚至包括某些数据、某些支持软件及其接口等。因此,系统测试是软件测试中资源消耗最多、持续时间较长的一个环节,其中大部分测试工作量主要分配在测试被测软件系统与计算机系统中其他组成部分的协同工作方面,如软件系统是否能通过计算机系统平台合理使用相关硬件设备,如键盘、打印机等,被测软件系统与计算机系统中的其他软件系统是否能协调操作,被测软件系统与计算机系统中的其他软件系统是否能协调解决系统配置和系统操作环境的矛盾等。

4.4.2　系统测试的目标

系统测试的目的在于通过与软件项目的系统分析、定义相比较,检查软件是否存在与系统定义不符合或有矛盾的地方,以验证软件系统的功能和性能等是否满足其项目需求所指定的要求。系统测试的目标如下:

(1) 根据系统的功能和性能需求进行测试,发现系统的缺陷并度量产品质量。

(2) 检验所开发的软件系统是否按软件需求规格说明书中确定的软件功能、性能、约束及限制等技术要求进行工作。

(3) 将系统中的软件与各种依赖的相关资源结合起来,在系统实际运行环境下验证其是否能协调工作。

(4) 从用户的角度出发,验证被测软件系统是否能满足用户使用需求。

4.4.3　系统测试的内容

根据系统测试的目标,其测试重点不再是软件系统内部的实现细节,而是验证其是否能满足需求分析所确定的功能、性能及与其他计算机组成部分的协调工作能力等,因此,系统测试通常包括以下测试内容:

(1) 功能测试。属于黑盒测试技术范畴,是系统测试中要进行的最基本的测试。主要是根据产品的需求分析说明书和测试需求列表,验证产品是否符合产品的需求规格。

(2) 性能测试。性能是衡量软件质量的重要标准,系统测试通常从 3 个方面进行性能测试:应用在客户端性能的测试、应用在网络上性能的测试和应用在服务器端性能的测试。应用在客户端性能的测试目的是考察客户端应用的性能,包括并发性能测试、疲劳强度测试、大数据量测试和速度测试等。应用在网络上性能的测试包括进行网络应用性能监控、网络应用性能分析和网络预测。应用在服务器上性能的测试目的是发现系统的瓶颈,即实现服务器设备、服务器操作系统、数据库系统、应用在服务器上性能的全面监控。

(3) 强度测试。又称压力测试,是在各种资源超负荷情况下观察系统的运行情况。在强度测试过程中,测试人员主要关注的是非正常资源占用的情况下系统的处理时间。

(4) 安全性测试。主要验证系统内的保护机制能否抵御入侵者的攻击,即被测的系统是否能让非法入侵者花费更多的时间、付出更大的代价来交换其所获得的系统信息。通常可以从有效性、生存性、精确性、出错反应时间及吞吐量等方面来评价系统的安全。

(5) 恢复性测试。验证系统从软件或者硬件失败中恢复的能力。在测试过程中采取各种人工干预方式使软件出错而不能正常工作,进而检验系统的恢复能力。在进行恢复时,还要考虑系统在恢复期间的安全性过程、恢复处理日志方面的能力及恢复操作后系统性能是否下降等问题。

（6）健壮性测试。又称容错性测试，主要是测试系统在出现故障时是否能够自动恢复或者忽略故障继续运行。

（7）兼容性测试。检验被测软件系统对其他应用或者系统的兼容性，如与操作系统环境的兼容性、与数据库系统的兼容性、与硬件设备的兼容性、与其他软件系统协同工作及是否需要综合测试等。

（8）面向用户应用的测试。主要是从用户的角度检查被测软件系统对用户支持的情况，如系统中是否存在烦琐的功能以及指令、安装过程是否复杂、GUI 接口是否标准及能否正确响应事件等。

（9）其他系统测试。如分布式系统中协议一致性测试、容量测试、备份测试、可安装性测试、文档测试、在线帮助测试等。

4.4.4　系统测试环境

系统测试需要在一个完整的环境下对整个系统进行测试，因此相较单元测试和集成测试，其测试环境涵盖了硬件环境、软件环境和网络环境 3 个部分，如图 4-11 所示。

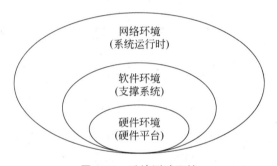

图 4-11　系统测试环境

系统测试的硬件环境由系统测试机或平台构成，至少需要满足被测软件系统运行的最低硬件配置要求。软件环境由操作系统或被测软件系统所需要的支撑软件系统、其他软件系统及数据构成。网络环境则包括被测系统运行时的网络系统、网络结构及其网络设备构成的环境。

4.4.5　系统测试的方案和人员

系统测试关注的是被测软件系统是否满足项目系统分析、设计的功能和性能需求，一般使用黑盒测试技术。

1．系统测试实施方案

通常系统测试过程包括以下几个阶段：

（1）系统测试计划阶段。进行系统测试分析，制定测试计划。在系统测试分析时，可以从用户层、应用层、功能层、子系统层、协议层等多个层次。

（2）系统测试设计阶段。对系统进行详细的测试分析，这一阶段需要设计一些满足测试需求的典型的测试用例并同时给出系统测试的大致过程。

（3）系统测试实施阶段。使用当前的软件版本进行测试脚本的录制工作，确定软件的基线。

（4）系统测试执行阶段。根据系统测试计划和事先设计好的系统测试用例，按一定测试规程实施测试。

（5）系统测试评估阶段。对测试结果进行评估，以确定系统是否通过测试。

2. 系统测试人员

根据系统测试的内容和测试过程，系统测试是在一个完整的环境下进行的，系统测试人员通常由以下人员构成：

（1）系统分析设计人员。确定系统测试的对象、范围和方法。

（2）软件测试人员。制定系统测试计划、系统测试方案、实现测试用例的设计等并组织评审，执行系统测试并完成系统测试报告及组织评审。

（3）质量保证（QA）人员。负责系统测试过程质量保证，参与相关评审工作。

4.5　验　收　测　试

为了掌握验收测试的相关内容，需要学习以下知识：

- 验收测试的定义。
- 验收测试的内容。
- 验收测试的组织过程。
- 验收测试策略。
- 验收测试人员。

4.5.1　验收测试概述

软件产品经过了单元测试、集成测试和系统测试之后，已经尽可能地发现了软件错误并加以整改和完善。但在产品交付给用户，投入实际应用之前，软件产品是否符合产品分析和设计预期的各项要求，用户是否能接受则还需要进行最后的检查和确认，即完成验收测试。验收测试是部署软件之前的最后一项测试，是软件产品完成系统测试之后，产品发布之前所进行的软件测试活动，它主要检验软件产品和产品需求规格说明书是否一致，因此也称为交付测试。此外，验收测试通常需要用户参与测试过程，在用户实际使用的运行环境下进行测试，有时又被称为现场测试。

为了确保验收测试的顺利进行，测试应满足以下条件：

（1）软件产品已经通过单元测试、集成测试和系统测试各项内部测试，发现了软件错误并完成修正，将软件缺陷排除在产品交付用户之前。

（2）软件产品已经试运行了预定的时间。

（3）验收测试需要用户参与，其组织应当面向用户，测试应站在用户使用和业务场景的角度,而不是开发者的角度。

(4) 验收测试应尽可能在用户实际使用的真实环境下进行。

(5) 完成验收测试相关准备工作,如事先拟订测试计划、确定测试种类并制定相应的测试步骤和设计具体的测试用例等。

验收测试是软件生存周期的测试中最关键的测试环节,直接决定了软件产品的开发是否成功,是否满足用户的需求,验收测试的主要目的如下:

(1) 确保软件产品准备就绪,最终用户可以应用执行产品的既定功能和任务。

(2) 确保软件产品满足合同规定的所有功能和性能。

(3) 确保相关文档资料完整。

(4) 确保产品用户使用界面符合标准和规范,具有直观性、一致性、舒适性、灵活性和实用性等。

(5) 确保软件产品的可移植性、兼容性、可维护性及错误恢复能力等让用户满意。

4.5.2　验收测试的内容

验收测试的主要内容包括制定验收测试标准、配置项复审及实施验收测试 3 个部分。

1. 制定验收测试标准

验收测试需要事先拟订测试计划,确定测试种类,设计具体的测试用例等,其中重点关注以下方面的内容。

1) 软件功能测试

软件功能测试涉及的主要内容如下:

(1) 软件安装、卸载测试,即软件产品是否能够成功地安装和卸载。

(2) 需求规格说明书中的所有功能测试及边界值测试,即需求规格说明书中描述的所有功能是否可以顺利执行,并符合用户文档给定的边界值。

(3) 软件的运行是否与需求规格说明书中描述相互一致。

(4) 软件系统是否存在实际运行中不可或缺但需求规格说明书中却没有规定的功能。

2) 软件性能测试

根据软件系统设计的性能指标,软件性能测试包括计算精度、响应时间、恢复时间及传输连接时限等软件性能。

3) 界面测试

界面测试主要检查软件产品的界面是否能做到符合标准和规范,具有直观性、一致性、灵活性、舒适性及实用性等,具体包括软件界面的组织和布局、文字等元素的格式、色彩的搭配等是否协调,是否便于操作等。

4) 安全性测试

安全性测试包括用户权限限制测试、留痕功能测试、屏蔽用户操作错误应答测试、系统备份与恢复手段测试、多用户操作输入数据有效性测试、异常情况及网络故障对系统的影响测试。

5）易用性测试

易用性测试站在用户的角度，着重测试软件产品的使用性能，如软件是否易学易用，联机帮助和功能操作的难易程度等。易用性测试的目的是衡量软件系统的普及推广的难易度。

6）扩充性测试

软件系统都有一定的使用周期，根据软件的运行情况及市场需求，每隔一段时间就要进行功能扩充。扩充性测试包括检查软件系统升级是否方便，是否留有非本系统的数据接口以方便数据的传输，用户是否可以通过修改配置文件或其他非编程方式修改或增减系统功能等。

7）稳定性测试

稳定性测试主要检查软件产品在超负荷情况下其功能的实现情况。如大量的数据或大数据值数据输入、大量重复同一行为、执行大量复杂的操作及边界情况下软件产品运行是否处于稳定状态。

8）兼容性测试

兼容性测试是验收测试中的重要内容，主要检查软件产品在不同的操作系统、数据库系统、硬件环境中运行是否正常。

9）效率测试

软件运行效率是衡量软件产品质量的重要指标之一。效率测试主要检查在网络环境下，软件运行过程中数据的网络传输时间和存取时间是否能达到用户的要求。进行效率测试需要了解软件系统采用的传输协议及传输方式，还需要相应的测试环境及使用专用网络测试工具。

10）软件文档资料检查

验收测试涉及的文档主要如下：

（1）项目实施计划。

（2）详细技术方案。

（3）软件需求规格说明书（STP）。

（4）概要设计说明书（PDD）。

（5）详细设计说明书（DDD）。

（6）测试任务说明书。

（7）测试计划说明书。

（8）测试用例说明书。

（9）测试报告说明书。

（10）用户手册（SUM）。

（11）测试总结说明书。

（12）测试验收说明书。

（13）问题跟踪报告说明书。

（14）阶段评审报表。

对文档的测试主要注意以下原则：

(1) 完整性。在软件开发结束时所有的文档是齐全的。

(2) 一致性。文档与程序是否有不相符之处，文档中截图是否与程序一致等。

(3) 规范性。文档的封面、大纲、各种术语、符号及语法等是否符合规范。

(4) 准确性。文档说明要准确并通俗易懂，无歧义，文字表达无错误。

由于软件文档资料建立和整理工作在软件开发过程中常常被弱化，加之耗时长，内容烦琐，且不同的项目有不同的文档资料特征，难以寻求统一标准，因此，文档检查通常是验收测试中最困难的一项内容。

2. 配置项复审

进行验收测试的一个重要前提是所有的软件配置项都已经准备充分，这样才能确保交付给用户的最终软件产品是完整的和有效的。配置项复审就是为了保证软件配置齐全、分类有序及包括进行软件维护时所必需的细节。

3. 实施验收测试

实施验收测试是整个验收测试的核心部分，在验收测试前期准备工作完成的基础上，采取某种测试策略实施验收测试，测试结束后需要完成以下工作：

(1) 测试结果分析。根据验收通过准则分析测试结果，做出验收是否通过及测试评价。

(2) 测试报告。根据测试结果编制缺陷报告和验收测试报告，并提交给客户。

4.5.3 验收测试的策略、方案和人员

验收测试需要由用户参与完成，主要站在用户的角度检验软件产品是否满足用户所需的功能、行为和性能等，所以验收测试应该采用黑盒测试技术进行。

1. 验收测试的实施过程

验收测试的实施过程包括以下环节：

(1) 软件需求分析。根据软件需求分析说明书了解软件功能和性能要求、软硬件环境要求、质量要求和验收要求等，进行对照测试以判断软件产品是否满足需求。

(2) 根据软件需求和验收要求编制测试计划，确定测试种类，制定测试策略及验收通过准则，编制《验收测试计划》和《项目验收准则》，并经过用户评审。

(3) 根据《验收测试计划》和《项目验收准则》完成测试设计和测试用例设计并经过评审。

(4) 测试环境建立。建立验收测试的硬件环境、软件环境等，通常在用户提供的软件产品实际运行环境中进行测试较为理想。

(5) 验收测试实施。根据测试计划和测试策略进行测试并记录测试过程和结果。

(6) 测试结果分析。根据验收通过准则分析测试结果，审核验收是否通过并做出测试评价。

（7）测试报告。根据测试结果编制缺陷报告和验收测试报告，并提交给客户。

验收测试的具体实施流程图如图 4-12 所示。

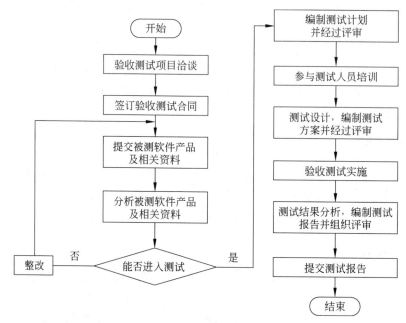

图 4-12　验收测试实施流程图

2. 验收测试策略

验收测试计划制定后，应根据验收测试合同、验收测试组织及软件产品应用领域等选择合适的验收测试策略。目前常用的验收测试策略有 3 种：正式验收测试、非正式验收测试、α 测试和 β 测试。

1）正式验收测试

正式验收测试可以看作是系统测试的延伸，其测试计划和设计制定周密而详细，不能偏离所选择的测试用例方向，是一项管理严格的过程。正式验收测试有两种组织方式：

（1）开发成员或独立的测试成员与最终用户代表一起执行验收测试。

（2）验收测试完全由最终用户代表或最终用户选择的人员组织实施。

2）非正式验收测试

非正式验收测试对测试实施的限制没有正式验收测试严格。验收测试过程中，主要需要确定的是功能和业务任务，测试内容由测试人员，也就是最终用户代表决定，而没有设计必须遵循的特定测试用例，因而非正式验收测试不像正式验收测试那样组织有序，而是更为主观。

3）α 测试和 β 测试

由于软件开发人员不可能完全预见用户实际使用软件产品的情况，如用户可能错误地理解操作命令、输入一些奇怪的数据组合、对输出信息迷惑不解等。此外，一个软件产品很可能拥有众多用户，不可能组织所有用户都参与验收测试，可以采用 α、β 测试策略，来发现只有最终用户才能发现的问题。

α 测试是指软件开发公司组织内部人员模拟各类用户对即将面市的软件产品(称为 α 版本)进行测试,试图发现错误并修正。α 测试的关键在于尽可能逼真地模拟实际运行环境和用户对软件产品的操作并尽最大努力涵盖所有可能的用户操作方式。经过 α 测试调整的软件产品称为 β 版本。

β 测试是指软件开发公司组织各方面的用户代表在日常工作中实际使用 β 版本,并报告异常情况,提出批评意见,一般包括软件功能、安全性、易用性、可扩充性、兼容性、效率、资源占用率、用户文档等方面,然后软件开发公司再对 β 版本进行改错和完善。

4) 几种验收测试策略比较

上述验收测试策略的测试过程各有侧重,各种测试策略的优缺点比较如表 4-3 所示。

表 4-3　3 种验收测试策略优缺点比较

验收测试策略	优　　点	缺　　点
正式验收测试	• 需要测试的功能、特性、测试的细节及用户可接受的标准都是已知的。 • 可以自动执行,支持回归测试。 • 可以对测试过程进行评测和监测	• 需要大量的资源和详细、周密的计划。 • 验收测试可能演变为系统测试的再次实施。 • 较难发现软件中由于主观原因造成的缺陷
非正式验收测试	• 需要测试的功能、特性、测试的细节及用户可接受的标准都是已知的。 • 需要对测试过程进行评测和监测。 • 与正式验收测试相比,可以发现更多由于主观原因造成的缺陷	• 无法控制所使用的测试用例。 • 最终用户可能沿用系统工作的方式,导致无法发现缺陷。 • 最终用户可能专注于比较系统,而不是查找缺陷。 • 用于验收测试的资源可能受到压缩
α 测试和 β 测试	• 测试由最终用户实施。 • 经过 α 测试,拥有大量的潜在测试资源。 • 提高用户对参与人员的满意程度。 • 能发现更多由于主观原因造成的缺陷	• 不能对被测软件产品的所有功能和性能进行测试。 • 测试过程难以评测。 • 最终用户可能沿用系统工作的方式,会导致没有发现或没有报告缺陷。 • 最终用户可能专注于比较系统,而不是查找缺陷。 • 用于验收测试的资源可能受到压缩。 • 用户可接受的标准未知。 • 需要更多辅助资源来支持 β 测试过程

3. 验收测试人员

根据验收测试的内容和实施过程,验收测试应该主要由最终用户或最终用户代表来执行,但测试仍需要测试组协助。验收测试人员通常包括以下几类:

(1) 用户或用户代表。确定软件产品是否满足用户的需求、行为和性能。

(2) 软件测试人员。适时配合用户或用户代表做好验收测试的各项准备工作,根据测试计划按步骤执行验收测试,形成规范的测试文档,客观地分析和评估测试结果,包括

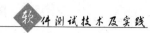

向用户解释测试执行过程、测试用例的结果等。

（3）质量保证（QA）人员。充当测试观察员，负责验收测试过程质量保证，参与相关评审工作。

4.6 性 能 测 试

为了掌握性能测试的相关内容，需要学习以下知识：

- 什么是软件性能。
- 性能测试的定义。
- 性能测试的指标。
- 性能测试的方法。
- 性能测试人员。

4.6.1 性能测试概述

顾名思义，软件性能测试的测试对象是软件性能，那么，什么是软件性能呢？软件性能是一个很大的概念，涉及面广，涵盖了执行效率、资源占用、安全性、稳定性、兼容性、可扩充性、可靠性等多个方面的内容，软件性能不仅是一种指标，还是软件产品的一种特性。通常从 3 个层面关注软件性能：用户视角的软件性能、管理员视角的软件性能和产品开发人员视角的软件性能。

1. 用户视角的软件性能

从用户的角度来看，软件性能就是软件对用户操作的响应时间。例如，当用户单击一个按钮、发出一条指令或是在 Web 页面上单击一个链接，从用户单击开始到系统把此次操作的结果反馈给用户所消耗的时间是用户对软件性能最直观的印象。

2. 管理员视角的软件性能

从管理员的角度来看，软件系统的性能首先表现在系统的响应时间上。但管理员除了关注一般用户的体验之外，还要关注和系统状态相关的信息，如系统运行时服务器的状态（CPU 使用情况、内存使用情况等），系统能否实现扩展，系统能支持多少用户同时访问，系统能支持多长时间的业务访问，以及系统性能可能的瓶颈在哪里等。

3. 产品开发人员视角的软件性能

从开发人员的角度来看，首先应该关注的是响应时间，因为这是用户的直接体验，其次关注系统的扩展性等管理员关心的内容。但开发人员最关注的是软件系统的"性能瓶颈"和系统存在大量用户访问时表现出来的缺陷，如系统架构设计是否合理、数据库设计是否合理、代码性能是否存在问题、系统是否有不合理的内容使用方式等。

综上，站在不同的角度上所关注的软件性能测试内容有着显著的差异。因此，从技术上可以将软件性能测试概述为通过自动化的测试工具模拟多种正常、峰值以及异常负载条件来对系统的各项性能指标进行测试。

4.6.2　性能测试指标

衡量一个软件系统性能的指标有响应时间、并发用户数、吞吐量、资源使用率、点击数、性能计数器、思考时间及系统恢复时间等。性能测试主要关注的指标有以下几个。

1. 响应时间

响应时间是对用户请求做出响应所需要的时间，是作为用户视角的软件性能的主要体现。实际上，用户所感受到的响应时间应该包括"呈现时间"和"系统响应时间"两个部分。"呈现时间"是指客户端接收到结果数据后把它呈现出来的时间。"系统响应时间"指应用系统从请求发出开始到客户端接收到结果数据所消耗的时间。由于呈现时间比较依赖于客户端的表现，所以在进行性能测试时主要关注的是"系统响应时间"，即将"系统响应时间"等同于"响应时间"。

特别要注意的是，响应时间对客户来说带有一定的主观色彩，即没有绝对的响应时间长和短的区别。因此在进行性能测试时，响应时间是否合理取决于实际的用户需求，而不是由测试人员自己设定。

2. 并发用户数

明确同一个时间段内访问系统的用户数是验证当前系统能否支持现有用户访问的重要前提。并发用户数是指在同一个时间段内访问系统的用户数量，通常从用户角度和服务器端两个方面来考查：

(1) 用户角度的并发用户数。在一个时间段内，都会有数量相对固定的用户访问系统，虽然每个用户的行为可能不同，但从业务角度来说，如果所有用户都能顺利开展操作，则可以认为系统能够承受该数量的并发用户访问，即将业务并发用户数等同于并发用户数。

(2) 服务器端的并发用户数。从服务器端承受的压力来考虑，系统的性能表现则主要由服务器端决定。同时访问系统的用户越多，系统承受的压力越大，系统的性能表现也就越差，还很可能出现资源争用等问题。这时，并发用户数不从业务角度出发，而是从服务端承受的压力出发，指同时向服务器端发出请求的客户，体现的是服务端能承受的最大并发访问数。

在实际的性能测试中，测试人员大多关注的是用户角度的并发用户数，即从业务角度考查设置多少个并发用户数比较合理，为了方便，直接将业务并发用户数称为并发用户数。

3. 吞吐量

吞吐量是指单位时间内系统处理的用户请求的数量，直接体现了软件系统的性能承载能力。一般可以从 3 个方面来衡量系统的吞吐量：

（1）每秒的用户请求数或页面数。

（2）从业务的角度，可以用每天的访问人数/天或每小时处理的业务数来衡量。

（3）从网络的角度，可以用每天的字节数来衡量。

4．性能计数器

性能计数器是描述服务器或操作系统性能的一些数据指标，如某操作系统使用内存数、进程时间等，它常与系统各种资源的使用状况，即资源利用率相关，是性能测试分析的主要参考值。

性能计数器在性能测试中的主要作用是分析系统的可扩展性及进行性能瓶颈的定位。需要注意的是单一的性能计数器只能体现系统性能的某一个方面，因此，分析性能测试结果必须基于多个不同的计数器。

5．思考时间

思考时间，有时也称为系统的休眠时间。通常情况下，用户在使用系统时，不会持续不断地发出请求，而是在发出一个请求后，等待一段时间，再发出下一个请求，思考时间即是用户在进行操作时，每个请求之间的间隔时间。思考时间与迭代次数、并发用户数和吞吐量等都有关系。

在实际的性能测试中，测试人员关注的是如何合理地设置思考时间，特别地，有一种"0思考时间"的设置，以给系统更大的压力，检验系统在巨大压力下的性能，但这样的设置较适用于非交互式应用系统中，对于交互式的应用系统，思考时间的设置应更真实地模拟用户操作，设置思考时间为0，很难具有实际的业务含义。

4.6.3　性能测试的目标

软件性能测试最终的目的是验证软件系统是否能够达到用户提出的性能指标，发现软件系统中存在的性能瓶颈，优化软件，进而优化系统。具体来说，性能测试的目标包括以下几个方面：

（1）评估系统的性能。在系统试运行阶段，确定当前系统是否满足验收要求。系统实际运行一段时间后，如何保证能够一直具有良好的运行性能。

（2）寻找系统性能瓶颈，优化性能。当用户业务操作响应时间长，如何发现问题并调整性能。当系统运行一段时间后，出现速度变慢等问题时，如何寻找瓶颈，进而优化性能。

（3）预测系统可扩展性。当系统用户数增加时，系统是否还能满足用户需求，如果不能，如何进行调整，如增加应用服务器、提高数据库服务器的配置、对代码进行调整等。

4.6.4　性能测试的方法和人员

软件性能测试是发现软件性能问题最有效的手段，而测试成功的关键是准备完备有效的性能测试。

1. 软件性能测试的方法

目前软件性能测试中主要使用的方法有性能测试、负载测试、压力测试、配置测试、并发测试、可靠性测试和失效恢复测试。

1）性能测试

性能测试的方法是通过模拟系统运行的业务压力和使用场景,测试系统的性能是否满足用户提出的系统性能要求,即在特定的运行条件下验证系统的性能。该方法的主要特点如下:

(1) 需要事先了解被测试系统的典型场景,并具有确定的性能目标。

(2) 在已确定的环境下运行。

(3) 包括确定用户场景、给出需要关注的性能指标、测试执行和测试分析几个步骤。

(4) 主要目的是验证系统是否达到预期的性能。

2）负载测试

负载测试也称为可量性测试,是指通过在被测系统上不断增加压力,直到性能指标(如响应时间、并发用户数等)超过预定指标或某种资源使用达到饱和状态,从而发现系统处理的极限,为系统优化提供依据。

负载测试通常从比较小的负载开始,逐渐增加负载,同时观察不同负载情况下系统在响应时间、资源消耗等方面的变化,直到超时或关键资源耗尽。该方法的主要特点如下:

(1) 以发现系统处理能力的极限为目的。

(2) 需要在给定的测试环境下进行,即通常要考虑系统的典型场景,使得测试结果具有业务意义。

(3) 一般用来发现系统的性能极限或用来配合系统性能调优。

3）压力测试

压力测试的方法通过测试系统在一定负荷的状态下(如 CPU、内存等在某种使用状态下)能够处理的用户操作能力或系统是否会出现错误,从而定位系统失效以及如何失效。压力测试方法主要用于测试在一定的负载下系统长时间运行的稳定性,特别是大业务量情况下系统长时间运行时性能的变化。该方法的主要特点如下:

(1) 其目的是检查系统处于一定压力情况下的应用的表现,特别是系统有无错误产生及系统对应用的响应时间等。

(2) 一般通过模拟负载等方法使得系统的资源使用达到较高的水平。

(3) 一般用于测试系统的稳定性,因为如果一个系统能够在压力环境下稳定运行相应的时间,那么在通常的运行条件下系统也能够具有较好的稳定程度。

4）配置测试

配置测试的方法通过对被测系统进行软硬件配置环境的调整,发现不同配置环境对系统性能影响的程度,从而找到系统各项资源的最优配置,即该方法主要用于性能调优。该方法的主要特点如下:

(1) 该方法可分为两个层面:功能测试层面主要验证系统在不同的软硬件环境中能

否正常运行,实现其功能;性能测试层面主要验证不同的软硬件配置对系统性能的影响,从而发现对系统性能影响最大的因素。

(2) 通常要在对系统性能状况有一定了解的情况下才能进行。

(3) 一般用于系统性能调优和规划配置。

5) 并发测试

并发测试的方法通过模拟用户的并发访问,测试系统在多用户并发访问同一个应用、同一个模块等时是否出现死锁或者其他性能问题。该方法的主要特点如下:

(1) 使用该方法主要是为了发现系统中可能隐藏的并发访问问题。

(2) 主要关注系统可能存在的并发问题,如系统中的内存泄漏、资源争用等。

(3) 可以在开发的各个阶段使用,需要相关的测试工具的配合和支持。

6) 可靠性测试

可靠性测试的方法通过给系统加载一定的业务量,让系统持续运行一段时间,进而测试系统在某种条件下是否能够稳定运行。需要特别说明的是,这里的可靠性测试方法并不是测试软件的可靠性。该方法的主要特点如下:

(1) 主要验证系统是否支持长期稳定的运行,如果系统在测试中不出现问题,基本上可以认为系统具备长期稳定运行的条件。

(2) 需要在压力下持续一段时间的运行。

(3) 测试过程中需要关注系统的运行状况,如内存使用状况、系统其他资源使用的变化、系统响应时间的变化等。

7) 失效恢复测试

失效恢复测试的方法并不是所有系统都必须实施的,而是针对有冗余备份和负载均衡的系统设计的,目的是检验当系统局部发生故障时,用户能否继续使用系统及用户将受到多大程度的影响。该方法的主要特点如下:

(1) 使用该方法的目的是验证系统出现局部故障情况下能否继续使用。

(2) 需要给出当系统出现局部故障时还能支持多少用户访问的结论及应急措施方案。

(3) 适用于对系统持续运行指标有明确要求的系统。

特别需要注意的是,性能测试采用手工方式是很难完成的,通常需要借助自动化测试工具,如目前最流行的 LoadRunner 软件等,相关内容详见 8.2 节。

2. 软件性能测试人员

根据软件性能测试的目标、评价指标及测试方法,性能测试人员应该包括以下人员构成:

(1) 系统性能分析设计人员。确定性能测试的指标、对象范围和方法。

(2) 测试人员。制订性能测试计划、测试方案,设计测试用例并组织评审,执行性能测试并完成测试报告及组织评审。

(3) 质量保证(QA)人员。负责性能测试过程质量保证,参与相关评审工作。

(4) 用户代表。从用户的角度观测性能测试过程并参与相关评审工作。

4.7　回　归　测　试

为了掌握回归测试的相关内容,需要学习以下知识:

- 回归测试的定义。
- 回归测试的范围。
- 回归测试策略。
- 回归测试人员。

4.7.1　回归测试概述

由于用户和环境对软件产品的要求总是不断变化的,如用户对软件提出了新的功能需求,软件系统需要适应随着技术更新和软硬件环境的升级带来的环境变化等,所以软件产品总是处于开发、维护及升级的演化过程。此外,软件产品经过一系列软件测试,会对发现的错误进行修复,所有这些软件产品的变更是否会引发新的错误,影响软件原有的功能和结构? 这些都需要测试来进行验证,即进行所谓的回归测试。回归测试是指软件系统被修改或扩充后,为了验证改变没有引入新错误而重复进行的测试。

严格地说,回归测试并不是与单元测试、集成测试、系统测试和验收测试一样属于软件测试的一个阶段,而更应该看作是应用于这些测试过程的一种测试技术,如图 4-13所示。

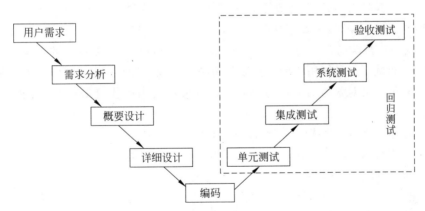

图 4-13　V 模型中的回归测试示意图

回归测试的目的是保证由于各种原因造成的软件改动不会带来不可预料的行为或引发新的错误,它应用于软件测试中的每一个测试阶段,尤其适用于较高阶段的测试(系统测试和验收测试)。回归测试与一般软件测试的具体区别如下:

(1) 测试计划:一般测试是已经制定好的,带有测试用例的测试计划,而回归测试获得的可能是经过更改的规格说明书、程序或一个需要更新的旧的测试计划。

(2) 测试范围:一般测试过程的目标是要检测各种层次的正确性,但回归测试的目标是检测被修改部分正确性。

（3）时间分配：一般测试事先有测试时间预算，而回归测试所需的时间和资源要根据开发具体情况进行。

（4）开发信息：一般测试可以随时获得开发信息，而回归测试需要在不同的地点和时间上及时记录开发信息以确保回归测试的有效性。

（5）完成时间：因为回归测试只需测试程序的一部分，且多采用自动化执行，所以所需时间通常比一般测试少。

（6）执行频率：在一个软件产品的生存周期内需要多次进行，只要系统发生改动就需要进行回归测试。

4.7.2　回归测试的范围

执行回归测试时，通常有两种范围可供选择：全部重新测试和有选择地重新测试。

1. 全部重新测试

这是一种最简单的方法，即重新执行之前所有的测试用例，以确认改动没有引入新的错误或造成对其他功能的不利影响，但显然这种范围的选择将要付出高昂的代价，且缺乏灵活性，测试效率低下。

2. 有选择地重新测试

有选择地执行以前的测试用例，即回归测试执行的仅是所有测试用例的一个子集。这种范围的选择具有较高的灵活性和测试效率，但需要付出额外的代价来选择测试用例。在选择测试用例时，主要遵循以下原则：

（1）局限在修改的范围内进行测试。即回归测试仅根据需要修改的内容来选择测试用例，因此，测试用例只能用于验证修改是否正确或新增功能是否实现，而无法保证修改或新增功能是否会对其他功能产生影响。这种方法付出的代价最小，效率最高，但风险也最大。

（2）在受改动影响功能的范围内进行测试。回归测试需要分析修改影响的范围，对所有受影响的代码和功能所对应的测试用例都要执行。这类回归测试最首要的工作是判断修改影响的范围，这依赖于测试人员的经验。

（3）根据一定的覆盖率指标进行选择。当修改影响范围难以界定的时候，主要通过测试用例的覆盖率来进行回归测试。通常覆盖率越高，风险就越低，回归测试效率也就越低，因此可以在修改范围内测试用例覆盖率为100%，而其他范围则需要规定一个测试用例覆盖阈值。

4.7.3　回归测试的方案和人员

根据回归测试的目的，回归测试通常采用黑盒测试技术完成，而不去考虑软件具体的实现细节。

1. 回归测试过程

任何一个测试阶段的回归测试都可以遵循以下步骤展开：

（1）提出软件修改需求。

（2）进行软件修改。

（3）选择测试用例。需要人工检查需求规格说明书，明确回归测试范围及掌握已存在的测试用例。

（4）执行测试。通常自动地执行大量的测试用例。

（5）识别失败结果。根据结果判断失败原因，如是测试用例错误、代码错误等。

（6）识别错误。定位哪些组件或哪些修改导致了错误，通常可以使用组测试方法来进行。

（7）排除错误。即将错误删除、修改或忽略。

2. 波及效应分析

所谓波及效应是指当软件被修改时，与软件相关的所有项目，如需求规格、分析与设计、实现代码、测试用例及相关文档等都有可能被修改，且任何时候修改都可能发生。在回归测试中进行波及效应分析，是为了发现软件发生改动而造成的所有受影响部分和潜在受影响部分，以确保软件发生改变后仍然保持一致性与完整性。

对应软件测试各阶段中需要进行的回归测试，波及效应分析共有 4 种类型：

（1）需求的波及效应分析。

（2）设计的波及效应分析。

（3）代码的波及效应分析。

（4）测试用例的波及效应分析。

不难理解，波及效应分析是一个迭代过程，直至不再有任何波及时终止，波及效应分析的过程如下：

（1）实施初始的改变。

（2）识别潜在的受影响的组件。

（3）决定这些潜在的受影响的组件中哪些需要改变。

（4）决定如何进行这些改变，对于每一个改变都要从第（1）步开始重复，直至没有要进行的改变时结束。

3. 回归测试人员

由于回归测试实质上是用于各个软件测试阶段，尤其是系统测试和验收测试阶段的一个测试技术，根据回归测试的目标、策略及测试过程，执行回归测试的人员应该由以下人员构成：

（1）测试组长。确定回归测试使用的技术、范围并执行充分的回归测试。

（2）测试人员。根据组长拟定的测试计划和测试范围，设计并实现测试用例。

（3）质量保证（QA）人员。负责回归测试过程的质量保证。

4.8 本章小结

软件测试贯穿了整个软件的生存周期,它并不是孤立存在的,测试活动与开发活动息息相关。由于不同的软件开发生存周期模型,相应地也存在着不同的软件测试模型,即对应不同的测试阶段、测试活动和测试方法。例如,软件测试 V 模型就将软件测试分为单元测试、集成测试、系统测试和验收测试 4 个阶段。此外,针对软件运行时的性能测试和对各个测试阶段进行验证的回归测试也是软件测试中必不可少的环节。

单元测试是软件测试的第一个阶段,是软件测试的基础,主要检验软件单元的正确性,即被测单元在语法和逻辑上是否存在错误。单元测试的效果将直接影响到后续的其他测试阶段,并最终影响整个软件产品的质量。

集成测试主要检查各个软件单元聚合后其接口是否存在问题,是否符合软件概要设计的要求,它可以看作是单元测试的逻辑扩展。由于集成测试用例是从程序结构出发的,目的性、针对性更强,因此能更有效地定位问题,有利于加快测试的进度。

系统测试是在一个完整的环境下对整个系统进行的测试,主要检查软件是否存在与系统定义不符或有矛盾的地方,以验证软件系统的功能和性能等是否满足软件项目需求所指定的要求。系统测试是软件测试中资源消耗最多、持续时间较长的一个环节。

验收测试是在软件产品交付给用户,投入实际应用之前进行的最后检查和确认,主要检验软件产品和产品需求规格说明书是否一致,通常需要用户参与测试过程。验收测试是软件生存周期的测试中最关键的测试环节,直接决定了软件产品的开发是否成功,是否能够满足用户的需求。

软件性能测试的对象是"软件性能",内容涵盖了软件执行效率、资源占用、安全性、稳定性、兼容性、可扩充性、可靠性等多个方面的内容,从技术层面讲,软件性能测试主要是通过自动化的测试工具模拟多种正常、峰值以及异常负载条件来对系统的各项性能指标进行测试。

回归测试主要是为了验证软件的改变没有引入新错误而重复进行的测试。引入回归测试主要是因为用户和环境对软件产品的要求总是在不断变化,所以软件产品总是处于开发、维护及升级的演化过程。此外,在对软件产品进行的一系列测试活动中,当发现错误时会进行修复,所有这些变更是否会引发新的错误,需要通过测试来进行验证。

习 题 4

1. 比较软件开发 V 模型和 W 模型中描述的软件开发与软件测试对应关系的异同。
2. 软件生存周期中的测试过程有哪些?
3. 如何界定、划分出软件的"单元"? 什么是单元测试?
4. 单元测试具有什么重要意义? 单元测试的目标是什么?
5. 简述单元测试涉及的 5 个方面内容。

6. 描述单元测试的环境。什么是驱动模块？什么是桩模块？

7. 单元测试通常采取何种策略？比较静态测试和动态测试在单元测试中的不同应用。

8. 参与单元测试的人员有哪些？

9. 什么是集成？什么是集成测试？

10. 集成测试的意义是什么？开展集成测试要达到什么目的？

11. 简述集成测试的测试内容。

12. 简述如何建立集成测试的环境，并与单元测试环境相比较。

13. 简述并对比常用的集成测试的实施方案。

14. 简述增量式集成测试中的自顶向下集成方案和自底向上集成方案。

15. 参与集成测试的人员有哪些？

16. 什么是系统测试？系统测试的目标是什么？

17. 简述系统测试的主要内容。

18. 简述系统测试的执行过程。参与系统测试的人员有哪些？

19. 什么是验收测试？开展验收测试的前提条件是什么？

20. 简述验收测试主要涉及的 3 个方面内容。

21. 描述验收测试的组织实施过程。

22. 试比较 3 种验收测试策略。

23. 什么是软件性能？什么是性能测试？

24. 简述性能测试的主要内容。

25. 简述性能测试中主要采取的测试方法。

26. 参与性能测试的人员有哪些？

27. 什么是回归测试？为什么要进行回归测试？

28. 简述回归测试的过程。

29. 什么是波及效应？如何对其进行分析？

30. 参与回归测试的人员有哪些？

第 5 章

缺陷报告和测试评估

本章学习目标
- 了解软件缺陷的基本知识。
- 了解软件缺陷的生存周期。
- 熟练掌握报告软件缺陷。
- 了解重现软缺陷含义及常用的分析技术。
- 了解软件缺陷跟踪管理。
- 了解软件缺陷的评估。
- 了解测试总结报告。
- 了解测试评审。

软件缺陷是软件在生产过程中不可能避免的问题,本章先向读者介绍软件缺陷的基本概念及软件缺陷的生存周期,再介绍如何报告软件缺陷及重现软件缺陷,最后介绍如何跟踪管理软件缺陷及软件缺陷的评估和测试评审。

5.1 软 件 缺 陷

对于软件缺陷,需要学习以下内容:
- 软件缺陷的定义与描述。
- 软件缺陷的种类。
- 软件缺陷的属性。

5.1.1 软件缺陷的定义与描述

1. 软件缺陷的定义

软件缺陷是指软件开发过程的各个阶段中存在的不完美甚至存在错误的地方,这些不完美和错误造成了软件缺陷,如编码过程中出现的语法、拼写错误或者存在不正确的程序语句等。简单地说,软件缺陷就是指在软件(包括数据、程序、文档)之中存在的那些不希望或不能接受的、会导致软件产生质量问题的偏差。在行业定义中,软件缺陷通常又被称为 defect 或 bug,是指软件或程序中存在的某种破坏正常运行能力的问题和错误,其存在会导致软件产品在某种程度上不能满足用户的需要。从软件内部看,缺陷是软件在开发或维护过程中存在的问题或错误。从软件外部看,缺陷是系统所需要实现的某种功能的失效或违背。

软件缺陷是影响软件质量的关键因素之一,发现并排除软件缺陷是软件生存周期中的一项重要工作。每一个开发软件的组织都必须妥善处理软件中存在的缺陷,它不仅关系到软件的质量,更关系到软件运用在工业生产中是否会导致安全隐患。

按照一般的定义,只要符合下面规则中的一个,就可叫做软件缺陷:

(1) 软件未达到软件需求说明书中规定的功能。

(2) 软件超出软件规格说明书中指明的范围。

(3) 程序中存在语法错误。

(4) 程序没有达到用户的期望。

(5) 程序中存在拼写错误。

(6) 软件运行出现错误。

(7) 运行缓慢,用户体验差,最终用户认为软件使用效果不好。

(8) 软件语言描述过于技术化,非专业人员无法理解。

2. 软件缺陷的描述

软件缺陷的描述是报告软件缺陷的基本部分,那么,当发现软件缺陷后,应当如何描述软件缺陷呢? 一个好的软件缺陷描述,需要使用简单、准确和专业的语言来呈现缺陷的本质。在描述软件缺陷时,不能信息含糊不清,从而误导开发人员。准确描述软件缺陷是非常重要的,这是因为:

(1) 清晰准确的软件缺陷描述可以提高与开发人员的沟通效率。

(2) 提高软件缺陷修复的速度,使每一个小组能够有效地工作。

(3) 提高开发人员对测试人员的信任度,并得到开发人员对软件缺陷的有效响应。

(4) 加强开发人员、测试人员和管理人员的协同工作。

适用于有效描述软件缺陷的规则主要有以下几个:

(1) 单一和准确。每个缺陷报告只针对一个软件缺陷。若在一个报告中报告多个软件缺陷,可能会导致其中部分缺陷被忽略,而不能得到修正。

(2) 可以再现缺陷。提供重现缺陷的精确操作步骤,使开发人员容易看懂,只有再现了缺陷,才能正确地修复缺陷。

(3) 描述要完整。提供完整的软件缺陷的步骤和信息,例如图片信息、报错截图、日志文件等。

(4) 短小简练。通过使用关键词,既可以使软件缺陷的标题短小简练,又能准确解释产生缺陷的现象。

(5) 描述特定条件。许多软件功能要在某种特定条件下才会产生缺陷,所以软件缺陷描述不能忽视对这些特定条件(如特定的操作系统、浏览器或某些设置等)的描述,从而帮助开发人员发现产生软件缺陷的线索。

（6）补充完善。从发现缺陷那一刻起，测试人员的责任就是保证该缺陷及时得到正确的报告，并且受到应有的重视，继续监视其修复的全过程。

（7）描述但不做评价。在软件缺陷描述中不要带有个人观点对开发人员进行评价。软件缺陷报告是针对问题本身，只需将缺陷事实或现象客观地描述出来，而不能进行评价或议论。

5.1.2 软件缺陷的种类

1. 从开发者角度划分

从开发者角度，可以将软件缺陷分为需求缺陷、设计缺陷、文档缺陷、代码缺陷、测试缺陷、过程缺陷、计算错误和边界错误。

（1）需求缺陷包括需求有误、需求逻辑错误、需求不完备、需求文档描述问题、需求更改。

（2）设计缺陷包括设计不合理、设计文档描述出现问题、设计变更带来的问题。

（3）文档缺陷指在文档的静态检查过程中发现的缺陷，例如通过测试需求分析及文档审查发现的文档缺陷。

（4）代码缺陷指对代码进行同行评审、审计或代码检查过程中发现的缺陷。

（5）测试缺陷指在测试执行活动中发现的被测对象（一般是指可运行的代码或软件系统）的缺陷，测试缺陷不包括静态测试中发现的问题。

（6）过程缺陷指通过过程审计、过程分析、管理评审、质量评估、质量审核等活动发现的关于开发过程的缺陷和问题。过程缺陷的发现者一般是质量经理、测试经理及管理人员等。

（7）计算错误指代码中出现的计算错误，例如使用了错误的运算公式、累加器未进行初始化等。

（8）边界错误指的是输入边界和输出边界或输入等价类边界的错误，这是最容易发生的一类错误。例如，程序本身无法处理超越边界所导致的错误，由于开发人员在声明变量或使用边界范围时不小心引起的错误等。

下面是一个典型的缓冲区溢出可能导致攻击的错误：

```
#include<stdio.h>;
#include<stdlib.h>;
void why_here(void)               //这个函数没有任何地方调用过
{
    printf("why u here !n\n");
    printf("you are trapped here\n");
    system("pause");
    _exit(0);
}
int main(intargc,char *  argv[])
{
    int buff[1];
```

```
buff[3]=0x004113c0; //buff[3]=0x0041111d; buff[3]=why_here;
system("pause");return 0;
}
```

从图 5-1 中可以看出,虽然在代码中并没有调用 why_here 函数,但 why_here 函数还是被执行了,这是因为 main 函数中赋值时发生溢出,数组实际地址变成 0x0041111d,就会跳转到 why_here 执行。只需要查看调试过程的汇编结果和程序执行过程中的监视窗口,不难发现其缓冲区溢出,如果这段代码的是恶意代码,那么将会对系统造成严重的损害。

图 5-1　程序缓冲区溢出结果

2．从使用者角度划分

从使用者角度可以将软件缺陷分为功能未满足用户需求、使用不方便、交互性不好、使用性能不佳、未做好错误处理、控制流程错误、对硬件兼容性差及文档错误。

1）功能不能满足用户需求

功能不能满足用户需求包括功能不正常、所提供的功能不完善或其他方面的功能问题。

（1）功能不正常：简单地说,就是软件提供的功能在使用上并不符合产品设计规格说明书中的要求,或是运行结果达不到预期设计,或是根本无法使用,这类错误常常会发生在测试过程的初期和中期。例如,在用户界面上所提供的选项及动作,使用者操作后没有反应。

（2）所提供的功能不完善：与功能不正常不同,软件功能不完善指的是软件提供的功能可以运行,甚至软件的功能运行结果也符合设计规格的要求,但对于使用者来说却认为该功能是不完整的,没有完全满足他们的需求。系统测试人员在测试结果的判断上必须从使用者的角度进行思考,即从用户体验出发来判断提供的功能是不是真正满足使用者的需求。

（3）其他功能方面的问题：包括是否有重复的功能、多余的功能等。

2）软件在使用上不方便

如果对于一个软件,使用者不知如何使用或难以使用,就一定是在软件产品的设计上存在问题。一个好用的软件会尽量做到让使用者容易上手,导航清晰,易于操作,使用方便。

3）与操作者交互不良

一个好的软件必须与操作者之间可以实现正常交互。在操作者使用软件的过程中,软件必须很好地响应操作者。例如在浏览网页时,如果操作者在某一网页填写信息,但是输入的信息不足或有误。当单击"确定"按钮后,网页此时提示操作者输入信息有误,却并未指出错误在哪里,操作者只好回到上一页重新填写,或直接放弃离开。产生这个

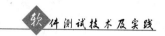

问题的原因是在软件与操作者互动方面未做完整的设计。

4）使用性能不能满足用户的需求

被测软件功能正常，但性能不能满足用户需求，如事务处理速率、并发量、数据量、压缩率、响应时间等不能满足用户的使用要求。此类缺陷通常是由于开发人员采用了错误的解决方案，或使用了不恰当的算法导致的。如大数据量并发压力测试对于分布式软件系统而言是必须进行的，因为分布式软件系统对并发量、稳定性的要求远比其他软件要高。

5）未做好错误处理

软件除了避免出错之外，还要做好错误处理。许多软件之所以会产生错误，就是因为程序本身对于错误和异常处理的缺失。例如被测软件读取即插即用移动设备时，移动设备插上时程序正常读取，但刚好所读取的盘已被移出，当程序读取这个盘时未做好处理，程序发现问题报错，此时操作系统为保护系统自身只能中断程序执行。由此可见，一个好的软件系统必须能对各种错误及异常情况进行处理。

6）控制流程错误

软件控制流程的好坏考验开发人员对软件设计是否严谨，软件各状态间转变是否合理要依据流程控制。例如导出数据表格功能，当从某个表单导出数据时，选择好要导出的数据，执行导出命令后，软件就将数据导出了，可是用户不知道导出的文件在何处，用户希望自己定义导出的目录，而软件未向用户提供可以更改导出目录的选择，这就是软件流程控制不完整的错误问题。

7）对不同硬件兼容性差

软件安装在某些硬件环境下不能正常工作。例如，在开发程序时使用的是 Intel 处理器，程序打包生成后放在 AMD 处理器下运行会报错。

8）软件文档错误

影响发布和维护的文档包括注释、用户手册、设计文档等。软件文档错误除了软件所附带的使用手册、说明文档及其他相关的软件文档内容错误之外，还包括软件使用接口上的错误文字和错误用语、产品需求设计、设计说明书等的错误。错误的软件文档除了降低产品质量外，还会误导用户。

5.1.3　软件缺陷的属性

为了便于跟踪软件缺陷，避免遗漏严重的软件缺陷，需要定义软件缺陷的属性，为开发人员和测试人员提供修复缺陷的参考。软件缺陷的主要属性有缺陷标识、缺陷类型、缺陷严重程度、缺陷产生的可能性、缺陷的优先级、缺陷状态、缺陷起源、缺陷来源和缺陷根源等。

1. 缺陷标识

缺陷标识是对某个缺陷进行标识的唯一标识符，通常用数字序号表示，方便对缺陷进行索引等管理操作。

2. 缺陷类型

缺陷类型是指根据缺陷的自然属性进行划分得到的不同缺陷种类。常见的软件缺陷类型如表 5-1 所示。

表 5-1 软件缺陷类型列表

缺 陷 类 型	描 述
功能缺陷	能够影响各种系统功能、逻辑的缺陷
接口缺陷	与其他模块或设备驱动程序、调用参数、控制块或参数列表相互影响的缺陷
验证缺陷	提示的错误信息或不合适的数据验证等缺陷
软件包缺陷	因为软件配置库、软件变更管理或软件版本控制而引发的错误
文档缺陷	文档(包括注释、用户手册、设计文档等)的缺陷影响了软件的发布和维护
算法缺陷	算法错误
用户界面缺陷	包括对用户界面、人机交互特性(如屏幕格式、结果输出格式、用户输入灵活性等)产生影响的缺陷
性能缺陷	软件的性能(如执行时间、事务处理速率等)不满足系统可测量的属性值
准则缺陷	不符合各种标准(如编码标准、设计符号等)的要求

3. 缺陷严重程度

缺陷严重程度是指因为软件缺陷而引发的故障对软件产品的影响程度,其判断应该依据软件最终用户的观点。

通常可将缺陷严重程度分为致命(fatal)、严重(critical)、一般(major)、较小(minor)几个级别,如表 5-2 所示。

表 5-2 缺陷严重程度分级列表

程度级别	描 述
致命	系统的某个主要功能完全丧失,用户数据受到破坏,系统崩溃、悬挂、死机或者危及人身安全
严重	系统的主要功能部分丧失,数据不能保存;系统的次要功能完全丧失,系统所提供的功能或服务受到明显的影响
一般	系统的次要功能没有完全实现,但不影响用户的正常使用。例如,提示信息不太准确或用户界面差、操作时间长等一些问题
较小	给操作者带来不方便或遇到麻烦,但不影响功能的操作和执行,如个别不影响产品理解的错别字、文字排列不整齐等一些小问题

4. 缺陷产生的可能性

缺陷产生的可能性是指某个缺陷发生的概率,通常将其划分为总是、通常、有时、很少几种可能性,如表 5-3 所示。

表 5-3　缺陷产生的可能性

可能性	描　　述
总是	产生这个软件缺陷的概率是 100%
通常	按照测试用例,通常情况下会产生这个软件缺陷,其产生的概率大概是 80%～90%
有时	按照测试用例,有时候产生这个软件缺陷,其产生的概率大概是 30%～50%
很少	按照测试用例,很少产生这个软件缺陷,其产生的概率大概是 1%～5%

5. 缺陷的优先级

缺陷的优先级是指某个缺陷必须被修复的紧急程度,通常可划分为立即解决、高优先级、正常排队、低优先级几个级别,高优先级的缺陷应该优先修复。缺陷的优先级如表 5-4 所示。

表 5-4　缺陷的优先级

级　　别	描　　述
立即解决	某个缺陷导致系统几乎不能使用或者测试不能继续时,需立即修复
高优先级	某个缺陷严重到影响测试,需要优先考虑
正常排队	某个缺陷在产品发布之前必须被修复,需正常排队等待修复
低优先级	某个缺陷可以在开发人员有时间的时候才去修复

6. 缺陷状态

缺陷状态是指描述缺陷通过一个跟踪修复过程的进展情况,在这一过程中,缺陷可被描述为激活或打开、已修正或修复、关闭或非激活、重新打开、推迟、保留、不能重现、需要更多信息等状态,如表 5-5 所示。

表 5-5　缺陷状态

状　　态		描　　述
新建		首次发现的缺陷,提交到缺陷库中时设置为此状态
已分配		开发人员确认提交的某个缺陷需要修复,负责人就将这个缺陷分配给某位开发人员准备进行处理
打开		开发人员开始处理缺陷
已解决	无法修复	缺陷因技术原因或其他产品原因无法进行修复
	重复问题	对某个功能点的同一个缺陷重复提交
	无法重现	根据缺陷的描述无法重现缺陷
	稍后处理	修复需要更多的信息,或因时间、严重程度等关系,当前暂不修复
	不必修复	由于理解错误而提交的缺陷
	已修复	缺陷已经被修复
被拒绝		经分析后拒绝的缺陷

续表

状　态	描　述
重新打开	被拒绝或已修复的缺陷进行验证后确定仍然为缺陷,需要设置为该状态
已关闭	缺陷处理完毕后,关闭该缺陷

7. 软件缺陷的起源

软件缺陷起源是指软件缺陷引起的故障或事件第一次被检测到的阶段,可分为以下几种:

(1) 需求阶段发现的软件缺陷。

(2) 在概要设计和详细设计阶段发现的软件缺陷。

(3) 在编码阶段发现的软件缺陷。

(4) 在测试阶段发现的软件测试缺陷。

(5) 在用户使用阶段发现的软件缺陷。

各个阶段发现的软件缺陷所占比例通常如下:

(1) 需求阶段发现的软件缺陷占 54%。

(2) 设计阶段发现的软件缺陷占 25%。

(3) 编码阶段发现的软件缺陷占 15%。

(4) 其他占 6%。

8. 软件缺陷的来源

软件缺陷来源是指引发某个软件缺陷的位置,通常软件缺陷来源于需求说明书、设计文档、系统集成接口、数据流(库)、程序代码等,如表 5-6 所示。

表 5-6　软件缺陷来源

来　源	描　述
需求说明书	由于需求说明书中的错误或表述不清楚而引起的问题
设计文档	由于设计文档描述不准确或与需求说明书不一致而引起的问题
系统集成接口	由于模块参数不匹配或团队之间缺乏沟通而引起的问题
数据流(库)	由于数据字典、数据库中的错误而引起的缺陷
程序代码	由于编码中的问题所引起的缺陷

9. 缺陷根源

缺陷根源是指产生缺陷的根本因素,包括测试策略、过程、工具和方法、团队(人员)、组织和通信硬件、软件和工作环境等,如表 5-7 所示。

表 5-7　缺陷根源

根　源	描　述
测试策略	如错误的测试范围,对测试目标产生误解和超越能力的测试目标等
过程、工具和方法	如无效的需求收集过程、过时的风险管理过程、不适用的项目管理方法、没有估算规程及无效的变更控制过程等
团队(人员)	如项目团队职责不明晰、项目团队缺乏经验、项目团队士气低下及缺乏培训等
组织和通信	如测试缺乏用户参与、测试职责不明确和管理失败等
硬件	如处理器缺陷导致算术精度丢失、内存溢出等
软件	如软件设置不当或缺乏、操作系统错误导致无法释放资源、工具软件的错误、编译器的错误等
工作环境	如组织机构调整、预算改变和工作环境恶劣等

5.2　软件缺陷的生存周期

对于软件缺陷的生存周期,需要学习以下内容:
- 软件缺陷生存周期的定义。
- 软件缺陷生存周期的几个阶段。
- 软件缺陷生存周期管理工具。

1. 软件缺陷生存周期的定义

在软件开发过程中,缺陷拥有自身的生存周期,缺陷在其生存周期中会处于不同的状态,确定的生存周期保证了过程的标准化。

软件缺陷的生存周期是指从软件缺陷被发现、报告、缺陷被修复、验证直至确保不会再出现之后关闭的整个过程。

2. 软件缺陷生存周期的 4 个阶段

根据 IEEE Std 1044—1993 中的描述,软件缺陷生存周期主要由 4 个阶段组成:识别阶段(recognition)、调查阶段(investigation)、改正阶段(action)和总结阶段(disposition)。无论是缺陷生存周期的哪个阶段,都包括了记录(recording)、分类(classifying)和确定影响(identifying impact)3 个活动。

缺陷生存周期的 4 个阶段依次进行,但是缺陷可能会在这几个阶段中进行多次迭代,如图 5-2 所示。

缺陷生存周期的各个阶段及其中的各项活动描述如下。

1) 识别阶段

缺陷的识别是整个缺陷生存周期的第一个阶段,它可能发生在软件开发生存周期的任何一个阶段。缺陷的识别可以由参与项目的任何相关人员来完成,如系统人员、开发

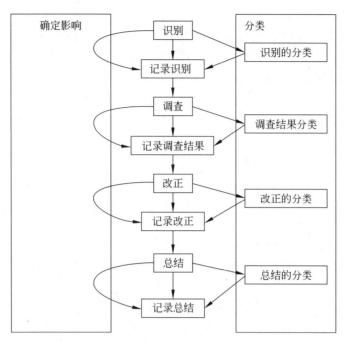

图 5-2 软件缺陷生存周期的 4 个阶段

人员、测试人员、支持人员、用户等,都可能进行缺陷的识别。

在缺陷识别阶段的主要活动如下:

(1)记录。在缺陷识别阶段,需要记录缺陷的相关信息,包括发现缺陷时的支持数据信息和环境配置信息,如被测系统的硬件信息、软件信息、数据库信息和平台信息等。

(2)分类。在缺陷识别阶段,需要对缺陷相关的一些重要属性进行分类,主要包括发现缺陷时执行的项目活动、引起缺陷的原因、缺陷是否可以重现、缺陷发现时的系统状态、缺陷发生时的征兆等。

(3)确定影响。根据缺陷发现者的经验和预期,判断缺陷可能会造成的影响,如缺陷的严重程度、优先级,以及缺陷对成本、进度、风险、可靠性、质量的影响等。

2)调查阶段

经过缺陷识别后,需要对每个可能的缺陷进行调查,以发现可能存在的其他问题并寻找相关的解决方案。在缺陷调查阶段的主要活动如下:

(1)记录。在缺陷调查阶段,需要记录相关的数据和信息,并对缺陷识别阶段记录的信息进行更新。缺陷调查阶段记录的信息包括缺陷调查者的信息、缺陷调查的计划开始时间、计划结束时间、实际开始时间、实际结束时间、调查工作量等。

(2)分类。在缺陷调查阶段,需要对缺陷进行分类的属性包括缺陷引起的实际原因、缺陷的来源、缺陷的具体类型等。此外,对缺陷识别阶段中的分类信息要进行检查和更新。

(3)确定影响。根据缺陷调查阶段的分析结果,对缺陷识别阶段的影响进行分析和更新。

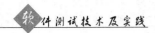

3）改正阶段

根据缺陷调查阶段中得到的结果和信息，就可以采取相应的改正措施解决缺陷问题：

（1）进行缺陷修复。需要进行相关的回归测试和再测试，避免由于缺陷的修复而影响原有的功能。

（2）针对开发过程和测试过程的改进建议，以避免在将来的项目中重复出现相似的缺陷。

在缺陷改正阶段的主要活动如下：

（1）记录。在缺陷改正阶段，需要记录改正缺陷的相关支持数据信息，包括需要修改的条目、需要修改的模块、修改的描述、修改的负责人、计划修改开始的时间、计划修改完成的时间等。

（2）分类。当合适的修改计划或者活动确定以后，需要对下面的信息进行分类：缺陷修复的优先级（例如，是马上修改、延期修改还是不修改）、缺陷的解决方法、缺陷修复的改正措施等。

（3）确定影响。对在缺陷识别阶段、缺陷调查阶段中得到的影响分析进行合适的检查，并在需要的时候进行更新。

4）总结阶段

总结阶段是缺陷生存周期中的最后一个阶段，这一阶段的主要活动如下：

（1）记录。在缺陷总结阶段，需要对一些支持数据信息进行记录，例如缺陷关闭时间、文档更新完成时间等。

（2）分类。针对缺陷进行确认测试和相关的回归测试以后，就可以将缺陷的状态进行分类，例如关闭状态、延迟状态或者合并到其他项目中去等。

（3）确定影响。对在缺陷识别阶段、缺陷调查阶段和缺陷改正阶段中得到的影响分析进行合适的检查，并在需要的时候进行更新。

3. 缺陷在生存周期中的状态

缺陷在其生存周期的不同阶段会处于不同的状态，最理想的一种状态是软件缺陷被打开、解决和关闭。但这种状态在实际工作中是很难做到的，因此，软件缺陷在其生存周期中的状态要复杂得多，如图5-3所示。

（1）新缺陷。当发现一个缺陷并提交到缺陷库中时，缺陷则为新缺陷状态。缺陷的提交通常可以有以下几种情况：

① 由测试人员来提交软件中新发现的缺陷。

② 由开发人员自己在组件测试或代码走读过程中提交。

③ 由软件的最终用户或使用现场反馈得到的缺陷报告。

④ 从需求和设计阶段的文档评审过程中发现的缺陷。

⑤ 在编码阶段的代码评审和代码静态分析过程中发现的缺陷。

⑥ 在测试阶段的动态测试过程中发现的缺陷。

⑦ 在使用阶段的用户反馈过程中发现的缺陷。

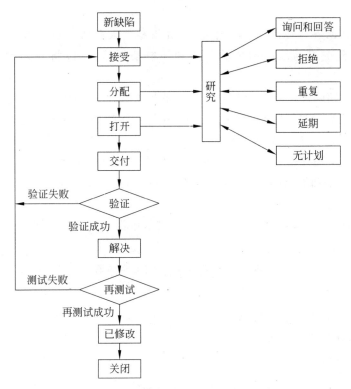

图 5-3 软件缺陷在生存周期中的状态

（2）接受。对已经提交的缺陷报告进行评审,评审的内容包括确认缺陷报告中描述的问题是否确实是一个缺陷,提交的缺陷报告是否符合要求等,评审通过后,将缺陷状态设置为"接受"。

（3）分配。将缺陷状态为"接受"的缺陷分配给相关人员进行问题定位和修复,并将缺陷状态设置为"分配"。

（4）打开。当开发人员开始对缺陷进行处理时,将缺陷状态设置为"打开"。

（5）交付。当找到解决缺陷的方法,并已经通过使用该方法对缺陷进行了处理,则将缺陷状态设置为"交付",然后交付给版本经理。

（6）解决。版本经理将处理后的缺陷("交付"状态)转交给相关的开发小组进行验证,如果验证通过,则缺陷状态设置为"解决"。

（7）已修改。版本经理将已经解决的缺陷转交给相关的测试小组进行确认测试,如果测试通过,则缺陷状态设置为"已修改"。

（8）关闭。对修改后的缺陷,缺陷评审委员将对整个缺陷修复过程进行评审,如果评审通过,则将缺陷状态设置为"关闭"。

需要注意的是,在缺陷的生存周期中除了以上缺陷的状态外,实际工作中,软件缺陷还存在一些其他的状态:

（1）研究。当缺陷分配给开发人员时,开发人员并不是都能立刻找到相关的解决方案,因此,开发人员需要对缺陷和引起缺陷的原因进行调查研究,此时可以将缺陷状态设

置为"研究"。

（2）询问和回答。在进行缺陷修复时，如果相关人员认为缺陷描述信息不够明确，或希望能够得到更多与缺陷相关的配置和环境条件等，可以将缺陷状态改为询问和回答。

（3）拒绝。缺陷评审委员会对缺陷进行评审时，如果认为提交的问题不是缺陷，或者开发人员经过研究分析，认为问题不是缺陷，并将具体的理由写入缺陷描述，那么缺陷评审委员会则将缺陷状态设置为"拒绝"。

（4）重复。缺陷评审委员会进行评审时，如果发现新缺陷和某个已经提交的缺陷描述的是针对同一个功能点的同一个问题，那么将缺陷状态设置为"重复"。

（5）延期。缺陷不能在当前版本解决。

（6）无计划。虽然确认了缺陷，但在用户需求中没有要求或计划。

5.3　报告软件缺陷

对于报告软件缺陷，需要学习以下内容：

- 报告软件缺陷的原则。
- 软件缺陷的报告模板。

越早地提交缺陷信息，程序员就越能尽早地改正缺陷。相对于制订测试计划和实际测试工作，报告软件缺陷是软件测试过程中最省时、省力的工作。但事实上，如果能把缺陷描述得越清楚，开发人员就越能更好地修复缺陷。软件缺陷的报告对开发人员的工作有直接的影响，包括付出的时间、消耗的精力等。因此，当有问题出现时，应该尽可能详细填写缺陷报告单，如果只是粗略记录，当需要填写报告时，就很容易忽略某些问题的复杂程度和严重程度，从而导致修复困难。本节对如何报告软件缺陷才能更有效地促进与开发人员沟通交流进行详细的介绍。

5.3.1　报告软件缺陷的原则

在软件测试过程中，对于发现的大多数软件缺陷，都要求测试人员能够简洁清晰地把发现的问题报告给审查缺陷小组，并提供所需要的全部缺陷信息，开发维护小组才能决定怎么去处理。但是一些缺陷报告经常包含过少或过多信息，而且组织混乱，难以理解。软件开发模式的不同和修复小组也是不固定的，导致缺陷被退回，从而延误及时修正，最坏的情况是由于没有清楚地说明缺陷的影响，开发人员忽略了这些缺陷，使这些缺陷随软件版本一起发布出去。因此，软件测试工程师必须认识到书写软件缺陷报告是测试执行过程的一项重要任务，要理解缺陷报告读者的期望，遵照缺陷报告的写作准则，书写内容完备的软件缺陷报告。在大多数情况下，决定权在项目管理人员中手中，还有一些情况是在程序员手里，也可能通过会议讨论决定。一般情况，由软件测试专业人员或专业团队来审查发现的软件缺陷，判定是否修复。但无论什么情况，软件测试提供的描述软件缺陷的文档都十分重要,若软件测试人员对软件缺陷描述不清楚,报告不及时有效,也没有建立强大的测试用例来证明缺陷必须修复,那么将有可能导致软件缺陷被误认为不是软件缺陷,不值得修复或者被认为修复风险太大等,从而产生偏离事实的决定。

报告软件缺陷的目的是保证修复人员可以重现报告的错误,进而分析错误产生的原因,查看产生的日志,定位错误,然后修正。因此报告软件缺陷的基本要求是及时、准确、简洁、完整、规范:

(1) 尽快报告。软件缺陷发现得越早,留给修复的时间就越多。例如,在软件发布前几个月从软件界面上的中文描述中找出错别字,该缺陷被修复的可能性就非常高。

(2) 有效描述。软件缺陷的基本描述是软件缺陷报告的基础部分。一个好的描述需要使用简单、准确、专业的语言清晰地呈现缺陷。如信息含糊不清,可能会误导开发人员。软件缺陷的描述也是测试人员就一个软件问题与开发工程师交流的最好机会。一个好的描述,需要使用简单的、准确的、专业的语言来抓住缺陷的本质。否则,它就会使信息含糊不清,可能会误导开发人员,因此,正确评估缺陷的严重程度和优先级,是项目组全体人员交流的基础。

(3) 完备友好。写出的报告应该完备、易于理解且没有敌意,如果报告迷惑或惹恼了程序员,它就不会使程序员愿意改正问题、修复缺陷。

5.3.2　软件缺陷报告模板

ANS/IEEE 829—1988 标准定义了一个软件缺陷报告的文档,用于报告在测试过程中发生的任何异常事件,模板标准如下:

ANS/IEEE 829—1988 软件测试文档编制标准软件缺陷报告模板

目　　录

1　软件缺陷报告标识符
2　软件缺陷总结
3　软件缺陷描述
　　3.1　输入
　　3.2　期望得到的结果
　　3.3　实际结果
　　3.4　异常情况
　　3.5　日期和时间
　　3.6　规程步骤
　　3.7　测试环境
　　3.8　再现尝试
　　3.9　测试人员
　　3.10　见证人
4　影响

关于 ANS/IEEE 829—1988 标准的各项解释如下。

1. 软件缺陷报告标识符

软件缺陷报告标识符就是指定软件缺陷报告的唯一 ID,用于定位和引用。

2. 软件缺陷总结

简明扼要地陈述事实,总结软件缺陷。给出所测试软件的版本引用信息、相关的测试用例和测试说明等信息。对于任何已确定的软件缺陷,都要给出相关的测试用例,如果某一个软件缺陷是意外发现的,也应该编写一个能发现这个意外软件缺陷的测试用例。

3. 软件缺陷描述

软件缺陷的描述是软件缺陷报告的基础部分,一个好的描述需要使用简单的、准确的、专业的语言来抓住缺陷的本质。软件缺陷报告的编写人员应该在报告中提供足够多的信息,使一般修复人员能够理解和再现事件的发生过程。下面是软件缺陷描述中的各个内容。

(1) 输入。记录描述实际测试时采用的输入(例如文件、按键等)数据。

(2) 期望得到的结果。用来记录期望得到的结果,正在运行的测试用例的设计结果。

(3) 实际结果。记录测试程序的实际运行结果。

(4) 异常情况。记录实际结果与预期结果的差异。也记录一些其他重要数据,例如有关系统数据量过小或者过大、一个月的最后一天、闰年等。

(5) 日期和时间。记录软件缺陷发生的日期和时间。

(6) 规程步骤。记录软件缺陷发生的步骤。如果使用的是很长的、复杂的测试规程,这一项就特别重要。

(7) 测试环境。记录本次测试所采用的环境,例如系统测试环境、验收测试环境、客户的测试环境以及测试场所等。

(8) 再现尝试。记录为了再现这次测试做了多少次尝试确定它是一个缺陷。

(9) 测试人员。记录进行这次测试的人员情况。

(10) 见证人。记录了解此次测试的其他人员情况或相关人员。

4. 影响

软件缺陷报告的"影响"是指软件缺陷对用户造成的潜在影响。在报告软件缺陷时,测试人员要对软件缺陷分类,以简明扼要的方式指出其影响。经常使用的方法是给软件缺陷划分严重性和优先级。当然,具体方法各个公司不尽相同,但是通用原则是一样的。测试实际经验表明,虽然可能永远无法彻底克服在确定严重性和优先级过程中所存在的不精确性,但是通过在定义等级过程中对较小、较大和严重等主要特征进行描述,完全可以把这种不精确性减小到一定程度。

5.4　重　现　缺　陷

关于重现缺陷,需要学习以下内容:

- 重现缺陷的基本概念及重现缺陷分析。
- 可重现缺陷分析技术。
- 缺陷如何重现。

5.4.1　重现缺陷分析

重现缺陷,也可称为再现缺陷,是指当无意或按照测试用例发现一个缺陷的时候,需要把这个缺陷的中间步骤记录下来,然后可以依据这个步骤将这个缺陷再演示出来,并且缺陷记录步骤能够描述如何让程序进入到这个缺陷状态。需要注意的是,重现缺陷通常要采取繁杂的步骤才能实现,或者根本无法重现,开发人员可以根据相对简单的错误信息就能找出问题所在。此外,一个软件缺陷重现的问题有时光凭个人是难以实现的,需要团队的共同努力。

第一次发现缺陷后,将重现的步骤中可以展示缺陷的必要步骤写明,尽量不要有多余的操作,需精简步骤,这就叫优化。在优化的过程中,记录下前后两次的步骤减少了哪些,会不会仍然展现刚才的缺陷,并加以测试。像这样尽可能减少步骤重现缺陷就叫优化缺陷。

软件缺陷的分离和重现非常考验测试人员的专业技能,同时也是充分发挥软件测试人员“侦探”才能的地方,测试人员想要有效地报告软件缺陷,就要对软件缺陷加以明显、通用和再现的形式进行描述。在测试过程中,应设法找出缩小问题范围的具体步骤,某些擅长分离和重现软件缺陷的测试人员可以迅速找出该具体步骤和条件,进而找到软件缺陷,而某些测试人员又需要通过寻找和报告各种软件缺陷类型的锻炼来获得这种能力。总之,测试人员需要抓住每一个可以分离和重现软件缺陷的机会,以此来锻炼和培养这种技巧。

通常,“可重现”隐含了下列含义:

(1) 能够描述如何让程序进入某个已知的状态,任何熟悉程序的人都能够依照该描述使程序进入该状态。

(2) 从进入的状态出发,能够确定相应的一组步骤来暴露出问题。

为使报告更有效,对问题应该进一步分析。如果问题复杂是因为需要采取很多步骤才能重现,或是因为结果很难描述时,应该简化报告,或者将其拆分为几份报告,多花点时间进行分析,而对重现缺陷进一步分析的目的有以下几个:

(1) 找出问题最严重的后果。

找出某个缺陷可能导致的最严重后果,可以激发人们改正它的兴趣,因为一个看来很轻微的问题通常更有可能被暂缓处理。例如,假设有一个缺陷,它是程序运行时在程序界面角落显示的一个无用字符,这个问题很轻微,是可以报告的。它可能会得到修复,但如果与时间有冲突,那么即使未修改也不会阻止程序的交付。有些时候,屏幕上显示出无用信息只是一个孤立的问题(因此对它置之不理的决定可能是明智的,尤其是程序快要交付的时候)。但更可能是某个更为严重的隐藏问题的先兆。如果继续运行这个程序,可能会发现一旦显示无用信息之后,程序几乎会马上崩溃。这就是要找出的严重后果,为防止这种严重后果,此时就需要修复显示的无用信息。

(2) 找出发生程序失效的原因。

如果程序发生了失效,原因可能是程序陷入了未预期的状态或是陷入了错误恢复例程中。

(3) 找出最简单、最直接和最常见的缺陷触发条件。

例如,有些缺陷会在每个闰年的午夜显现,其他时间从不出现。又如,有些缺陷仅在输入某一特殊序列时才出现。

如果能找到重现某个缺陷的比较简单的方法,进行调试的程序员也就能够更快地完成任务。重现缺陷所需采取的步骤越少,程序员所需要检查的代码位置也越少,也就更能集中精力去寻找缺陷产生的内部原因。

(4) 找出产生相同问题的其他路径。

有时候触发某个缺陷需要做很多工作,不管将问题分析得有多深入,仍然需要采取很多步骤才能重现它。即使每个步骤都好像是程序的例行操作,一个散漫的观察人员仍然会认为问题太复杂了,不会有太多客户会注意到它。

为了改变这种看法,可以用不止一种方法来触发这个错误来演示,有两条不同的路径通往同一个缺陷,比起仅有一条路径来是更有力的危险信号。存在两条路径,即使每条路径都包含着很复杂的步骤序列,也意味着代码中含有严重的错误。

如果描述出了两条通往同一个缺陷的路径,它们也很可能具有共同的东西。这种共性从外部可能看不到,但程序员可以检查两条路径共同走过的代码,以找出原因。

做出决策需要不断的实践,必须向程序员展示存在着充分差异的各条路径,这样就无法把它们视为对同一个缺陷的相似描述,但这些路径又不必在每个细节上都有差异。每条路径的价值大小取决于能在多大程度上提供额外的信息。

(5) 找出相关的问题。

可以根据以往经验,仿照以前发现缺陷的方法,查找程序中其他可能存在缺陷的位置,很可能在新的代码中找出类似的问题,然后跟踪这个缺陷,看是否还存在其他缺陷。

5.4.2　可重现缺陷的分析技术

目前常用的可重现缺陷分析技术有以下几个。

1. 寻找缺陷的根源

当发现一个缺陷时,看到的只是缺陷的表象而不是其根源。例如,程序的异常是由代码中的错误而导致,由于看不到代码,因此也看不到错误的本身,这时可根据以下任何线索查找相关缺陷:

(1) 错误信息。

（2）处理延时。

（3）屏幕闪烁。

（4）光标跳跃。

（5）文本错误。

（6）工作指示灯异常。

2. 最大程度提高程序运行的可见性

程序运行的每一个步骤其实在计算机里面都是可见的,这时就可以考虑使用源代码调试工具。不但可以对代码的执行路径进行跟踪,还可以报告当前活动的进程、程序占用的内存和其他资源的数量等内部信息。也可以将屏幕显示的所有内容和磁盘文件的所有变量都打印出来,然后进行分析。

3. 找出关键步骤

如果程序依次执行事件 A、B、C、D,程序执行到 C 的时候违背了需求,那么就知道可能问题出在 B 上,这时变换步骤,看看程序发生了什么变化能产生什么结果。

4. 查找后续错误

如果还没有找到最关键的步骤,但是却发生了某个缺陷,也应该再坚持运行程序一段时间,看看是否会有其他的错误出现。最初出现的缺陷有可能诱发一系列后续问题,一旦最初的问题得到修复,后面的问题就可能不会出现了。从另一方面来看,这种因果关系也并不是确定的,当缺陷被查找出来后,后面出现的错误不一定非得是前面的错误的结果。必须从某个已知并清楚的状态出发,沿一条不会触发原有问题的路径对这些错误分别进行测试。

5. 渐进地省略或改变步骤

当遇到的问题很复杂,步骤很多时,如果跳过了其中的一些步骤或是稍微进行了改动,会出现什么情况? 缺陷还存在吗? 消失了还是变成了别的什么?

6. 在程序以前的版本中查找错误

如果错误仅在以前出现,没有出现在最近测试的版本中,那么它就是由代码变更所导致的。如有可能,应重新载入旧版本程序,查找这个错误,以重现这个错误,在项目结束阶段这样做是有重要意义的。

7. 查找配置依赖

假设程序在 32 位的计算机上运行时出现了一个缺陷,那么同样的问题会在 64 位计算机上重现吗? 当配置发生变化,新增加了一块网卡、新增加了一块硬盘、显示器由VGA 连接转变为 HDMI 连接等会发生什么情况?

5.4.3　让缺陷可重现

缺陷是可重现的,当且仅当做到所描述的事情,并得到同样的结果,发现缺陷后,测试人员需说明如何使计算机进入某个已知的状态,执行哪些步骤可以触发缺陷,以及缺陷出现后如何识别它。许多缺陷会扰乱意想不到的内存区域,或者改变设备的状态。为确保观察到的不会是以前某些缺陷的附带现象,在执行触发缺陷所必要的步骤前,通常需要重新启动计算机,并重新载入程序,这些都是重现缺陷工作的必要操作。

任何缺陷都是可重现的,当然也存在着不能立即重现的情况。通常,在以下情况中软件缺陷不能重现:

(1) 测试环境不一致。众所周知,环境是保证或影响软件测试的重要因素,如不同的系统平台、不同的服务器类型或不同的浏览器等,都有可能导致同一个缺陷不能重现。例如将某个基于 B/S 架构的系统软件在 IE6 或 IE7 上运行,软件运行正常,没有发现缺陷,如果在 IE8 上运行该软件,则会出现 JS(JavaScript)脚本错误导致页面浏览异常的软件缺陷。

(2) 测试配置不一致。任何程序的运行都是基于一定配置条件的,如被测系统参数设置、基础数据完整性、业务流程完整性等。当测试配置条件不一致时,可能会导致缺陷无法重现。如在对某数据库产品进行测试时,如果数据库在安装界面中选择了非默认路径进行安装,结果导致该数据库物理备份的恢复功能出错,而测试时,在核对缺陷时按照默认路径进行安装,则该缺陷不能重现。

(3) 内存泄漏。开发人员如未养成回收内存的习惯,则可能导致所使用的系统在长期运行后会速度变慢。短期内这类问题可能不会出现,但当系统长期运行时,可能会导致缺陷无法重现,并由此引发一系列的问题。

(4) 数据接口不匹配。通常来说,这种无法重现缺陷的情况只有在查看源代码后才能被发现。如系统会自动转换某些类型的数据,而有些数据被截断或被强制转换成另外一种数据类型时,可能会出现一些潜在的错误,从而导致缺陷无法重现。

基于以上测试过程中出现的软件缺陷不能重现或难以重现的原因,本书提出了如下一些解决策略来帮助重现软件缺陷:

(1) 记录所有的事情。将所有有关第一次操作的所有事情都记录下来,可使用录像记录所有的操作步骤,或者使用捕捉程序记录所有的击键操作和鼠标移动来辨别出触发缺陷的操作。

(2) 注意测试的时间与运行条件。有些缺陷的重现也许与输入的速度、测试用例的硬件的运行速度、事件发生的次序等因素相关。测试人员在测试时,需要使用完全一致的硬件条件和相同的次序来进行测试。如一个跟踪每日时间的程序可能会在元旦或闰年的 2 月底进行特殊的处理。

(3) 注意测试的软件临界条件、内存容量和数据错误。若可用内存总容量足够,但散布为不连续的小内存块,则运行软件时会显示内存不足。这种情况下,如果能够显示出 5 个最大的内存块的大小,看到在测试开始时有多少可用内存,那么就能够在相应的程度上减少可用内存以真正重现某个缺陷。同时必须对程序进行相同的数据输入以防止数据错误。

（4）考虑资源的依赖性。在一个多重处理系统中，CPU 资源及内存同时由两个或者两个以上的进程占用。如果一个进程使用打印机，那么其他的进程就必须等待该进程结束。若一个进程的使用占用了 80% 的可用内存，则仅剩 20% 的内存供其他的进程使用。此时要重现该缺陷，就必须重现资源（内存、打印机、视频等通信链接）请求受拒时的情形。

（5）注意缺陷造成的影响。缺陷可能会破坏文件，对无效的内存单元进行写操作，使中断失效或关闭 I/O 端口等。如果发生了此类情况，除非复原文件或将计算机恢复到正确的状态，否则问题将无法重现。为了避免此类问题，在重现缺陷前应确保数据文件的备份。

5.5　软件缺陷跟踪管理

关于软件缺陷跟踪管理，需要学习以下内容：
- 常用软件缺陷跟踪管理系统。
- 使用手工报告来跟踪管理软件缺陷。

5.5.1　软件缺陷跟踪管理系统

随着软件产业的发展，软件的质量已经逐渐成为软件产品成功的关键性因素，保证软件质量的一个重要方法就是通过测试活动来尽早发现缺陷。因此，对测试过程的跟踪管理显得尤为重要。软件缺陷跟踪管理系统用于集中管理和控制软件测试过程中发现的错误。该系统可通过收集、跟踪、反馈软件系统在测试和运行过程中的错误和问题，能有效地建立科学的、规范化的项目管理机制。缺陷跟踪管理系统在实现技术层面上看是一个数据库应用程序。它包括前台用户界面、后台缺陷数据库以及中间数据处理层。常见的软件缺陷跟踪管理系统有两类，一类是开源免费的，一类是商业收费的。Mozilla 公司的 Bugzilla 软件缺陷跟踪管理系统就是开源免费的代表，它可以管理软件测试中缺陷的提交、修复、关闭等活动，广泛适用于 UNIX、Linux、Windows 平台，基于 B/S 架构，具有强大的检索能力，可通过邮件公布缺陷变更状态，具有安全的审核机制，具有强大的后端数据库支持。Bugzilla 缺陷跟踪管理系统界面如图 5-4 所示。

具有代表性的商业收费的软件缺陷跟踪管理系统是 JIRA。JIRA 是 Atlassian 公司推出的项目与事务跟踪工具，被广泛应用于缺陷跟踪、客户服务、需求收集、流程审批、任务跟踪、项目跟踪和敏捷管理等工作领域。JIRA 配置灵活、功能全面、部署简单、扩展丰富，其提供的云服务版本无须安装可直接使用，下载版本采用一键式安装包。JIRA 系统界面如图 5-5 所示。

其主要特性如下：

（1）工作流：提供默认工作流和可视化工作流设计器，可以自定义工作流，每个工作流可以配置多个自定义动作和自定义状态，每个缺陷都可以单独或共用工作流。

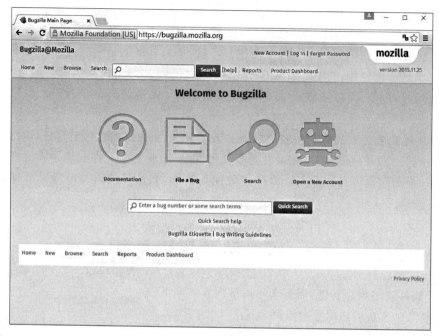

图 5-4　Bugzilla 缺陷跟踪管理系统界面

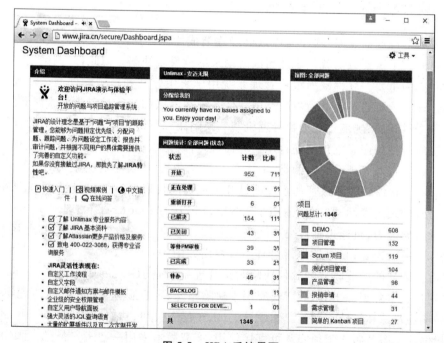

图 5-5　JIRA 系统界面

（2）项目管理：每个项目都有自己的概览页面（项目详细信息、最新更新情况以及一些报告的快捷方式），按照状态是否解决等条件设置的分类统计报告，查看项目最新的活动情况，查看项目的热门缺陷，可以设置项目类别，将项目分组管理，可以为每个项目设置单独的邮件通知地址,自定义安全级别,指定用户对缺陷的访问,指定组件/模块负责人等。

(3)缺陷管理:提供自定义缺陷类型,自定义字段和可选字段,在此基础上还可以使用插件进一步扩展。自定义缺陷级别,以限制某些用户访问。为缺陷添加附件,为缺陷设定过期时间等。

(4)面板:自定义面板,可以在面板中添加任何符合规范的小工具,可以简单地创建、复制、生成多个面板,分别管理不同的项目。可以收藏面板,或将面板共享给指定的用户,面板布局灵活,支持拖曳。

(5)搜索:快速搜索,输入关键字,马上显示符合条件的结果。简单搜索,只需点选,就可以将所有条件组合起来,查找出符合条件的缺陷,可以将搜索条件保存为过滤器,可以收藏过滤器,并且可以自动补完针对搜索结果进行批量操作,一次性完成多个缺陷的编辑或执行等操作,搜索结果可以输出为 HTML、XML、RSS、Word 或 Excel。

(6)安全:将用户归属于用户组,用于维护安全权限和操作权限,允许每个项目单独定义项目角色成员,打破用户组权限的限制,减轻系统管理员对于项目权限的维护工作量,每个项目可以独立设置自己的安全机制,限制某些用户访问指定的缺陷,即使该用户拥有这个项目的访问权,设置白名单机制,限制外部链接直接访问 JIRA 数据。

(7)通知:通过邮件通知功能,配置自动发送通知邮件,即使不参与缺陷的解决,只要有权限,用户也可以关注一个缺陷。只要关注的缺陷有任何变化,都可以接收到邮件通知。

无论使用何种缺陷跟踪管理系统,都应具有以下功能:

(1)便于缺陷的查找和跟踪。对于大中型软件的测试过程而言,报告的缺陷总数可能会成千上万,如果没有缺陷跟踪管理系统的支持,要求查找某个错误,其难度和效率可想而知。

(2)便于协同工作。缺陷跟踪管理系统可以作为测试人员、开发人员、项目负责人、缺陷评审人员协同工作的平台。

(3)保证测试工作的有效性。避免测试人员重复报错,同时也便于及时掌握各缺陷的当前状态,进而完成对应状态的测试工作。

(4)便于跟踪和监控缺陷的修复过程和方法。可以方便地检查处理方法是否正确,跟踪处理者的姓名和处理时间等,可作为工作量的统计和业绩考核的参考。

5.5.2　手工报告和跟踪软件缺陷

在软件测试工作中,每个测试用例的结果都会进行记录。如果使用软件缺陷跟踪管理系统,那么系统将记录软件缺陷的相关信息。有一些测试项目没有必要使用软件跟踪管理系统,这就需要采用手工记录来跟踪管理软件缺陷,那么有关软件缺陷的信息可以直接记录成相应的文档。ANS/IEEE 829—1998 标准设计的软件缺陷报告文档如下所示:

公司名称：	BUG 报告：	BUG#：	
软件：	版本：		
测试员：	日期：		
严重性：	优先级：	是否会重现：	□是　□否
标题：			
描述：			

解决方法：
解决日期：　　　　解决人：　　　　版本号：
解决描述：

重现测试人：　　　　测试版本号：　　　　测试日期：
重现测试描述：

签名：
策划：　　　　测试：
编程：　　　　项目管理：
销售：　　　　技术支持：

　　这个报告只有 1 页表单，可以容纳描述软件缺陷的各种必要信息。表单由测试人员填好，就可以交给软件缺陷修复人员进行修复。软件缺陷修复人员可填写关于修复的信息的项目，包括使用的解决方法等内容。对软件的重现操作记录重现测试人、测试版本号、测试日期及相应的描述，最后是签名，包括本项目的策划、测试人员、编程人员、项目管理、销售、技术支持。也可以根据需要增加相关信息，以满足各自的特殊需求。

5.6　软件测试的评估

　　关于软件测试的评估，需要学习以下内容：
- 测试覆盖评估。
- 测试缺陷评估。
- 测试性能评估。

5.6.1　测试覆盖评估

软件测试的评估是对整个测试过程进行评估的过程,一是为了量化测试进程,判断软件测试进行的状态,决定什么时候软件测试可以结束;二是为最后的测试或软件质量分析报告生成所需的量化数据,如缺陷清除率、测试覆盖率等。软件测试的主要评测方法包括测试覆盖评估、质量评估、性能评估。测试覆盖评估是用来对测试阶段度量及测试工作情况分析的方法,是对测试有效性的度量,是对测试完全程度的评估。测试覆盖是由测试需求、测试用例的覆盖或已执行代码的覆盖表示的。两种评测方法都可以通过手工计算或测试自动化工具计算得到。

1. 基于需求的测试覆盖

基于需求的测试覆盖是分析测试用例对软件需求的覆盖程度,以证实所选的测试用例满足指定的需求覆盖准则。基于需求的测试覆盖在测试过程中要评估多次,并在每一个测试阶段结束时给出测试覆盖的度量。

基于需求的测试覆盖率通过以下公式计算:

$$测试覆盖率 = T^{(p,i,s)}/RfT \times 100\%$$

其中:

$T^{(p,i,s)}$ 是用测试过程或测试用例表示的(已计划的、已实施的或已成功的)测试数;

RfT 是测试需求(Requirement for Test)的总数。

在制定测试计划的活动中,将计算计划的测试覆盖,其计算方法如下:

$$计划的测试覆盖率 = T^p/RfT \times 100\%$$

其中:

T^p 是用测试过程或测试用例表示的计划测试需求数;

RfT 是测试需求的总数。

在实施测试过程中,由于测试过程正在实施,在计算测试覆盖时使用以下公式:

$$已执行的测试覆盖率 = T^i/RfT \times 100\%$$

其中:

T^i 是用测试过程或测试用例表示的已实施的测试需求数;

RfT 是测试需求的总数。

在执行测试活动中,确定成功的测试覆盖率(即执行时未出现失败的测试,如没有出现缺陷或意外结果的测试)评估通过以下公式计算:

$$成功的测试覆盖率 = T^s/RfT \times 100\%$$

其中:

T^s 是用完全成功、没有缺陷的测试过程或测试用例表示的已执行的测试需求数;

RfT 是测试需求的总数。

在执行测试过程中,经常使用两个测试覆盖度量指标:一个是确定已执行的测试覆盖率;另一个是确定成功的测试覆盖率,即执行时未出现失败的测试覆盖率。例如,没有出现缺陷或意外结果所计算出的测试覆盖率。确定成功的测试覆盖率指标是很有意义的,可以将其与已定义的成功标准进行对比,如果不符合该标准,则该指标可成为预测剩余测试工作量的基础。

2. 基于代码的测试覆盖

基于代码的测试覆盖评估是根据测试过程中已执行代码的多少来表示的,这种测试覆盖策略对安全需求性较高的软件是必要的。代码覆盖可以建立在程序控制流语句上(分支、选择或路径)或者数据流的基础上。其中,控制流覆盖的目的是测试代码行、分支条件、代码中的路径或者软件控制流的其他元素等,而数据流覆盖的目的是通过对软件的操作来测试数据状态是否有效,例如,数据元素在使用之前是否已做定义等。

基于代码的测试覆盖率通过以下公式计算:

$$基于代码的测试覆盖率 = I^e / TIic \times 100\%$$

其中:

I^e 是已执行代码数。

$TIic$ 是代码的总数。

基于代码的测试覆盖评测在测试工作中是十分重要的,因为任何未经测试的代码都是一个潜在的不利因素。一般情况下,代码覆盖测试运用于单元测试或集成测试时最为有效,而且通常由开发人员进行。

5.6.2 测试缺陷评估

缺陷评估是针对测试过程中缺陷达到的比率或发现的比率提供一个软件可靠性指标。对于缺陷评估,常用的主要缺陷参数有 4 个:

(1)状态:缺陷的当前状态。

(2)优先级:必须处理和解决缺陷的相对重要性。

(3)严重性:最终用户、组织或第三方的影响等。

(4)起源:导致缺陷的起源故障及其位置,或排除该缺陷需要修复的构件。

软件测试的缺陷评估可依据用以下 4 类形式的度量提供缺陷评测标准:

(1)缺陷发现率。

(2)缺陷潜伏期。

(3)缺陷分布(密度)。

(4)整体软件缺陷清除率。

1. 缺陷发现率

缺陷发现率是将发现的缺陷数量作为时间的函数,一般情况缺陷发现率将随着测试时间和修复进度而减小。缺陷发现率和测试成本将随着时间推移而变化,将缺陷发现率和测试成本的交叉点设置为一个阈值,在缺陷发现率低于该阈值时才能部署软件。缺陷发现率如图 5-6 所示。

从图 5-6 中可以看到,在测试工作中,发现缺陷的趋势遵循较好的预测模式。在测试初期缺陷发现率增长很快,在达到顶峰后,随时间的增加缓慢下降,此时测试工作量是恒

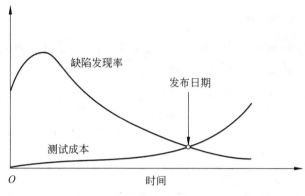

图 5-6　缺陷发现率

定的,每发现一个缺陷的成本呈上升趋势。

2. 缺陷潜伏期

测试有效性的另一个重要度量是缺陷潜伏期。缺陷潜伏期报告显示缺陷处于特定状态下的时间长短。缺陷潜伏期是一种特殊类型的缺陷分布度量。在实际测试工作中,发现缺陷的时间越晚,这个缺陷所带来的损害就越大,修复这个缺陷所耗费的成本就越多。表 5-8 显示了一个项目的缺陷潜伏期的度量。

表 5-8　一个项目缺陷潜伏期的度量

缺陷造成阶段	发 现 阶 段									
	需求	总体设计	详细设计	编码	单元测试	集成测试	系统测试	验收测试	试运行产品	发布产品
需求	0	1	2	3	4	5	6	7	8	9
总体设计		0	1	2	3	4	5	6	7	8
详细设计			0	1	2	3	4	5	6	7
编码				0	1	2	3	4	5	6
总计										

如表 5-8 所示,在总体设计发现缺陷阶段潜伏期为 1,在发布产品时都没有发现缺陷,就可以将它的阶段潜伏期设定为 9。在一个实际项目中,可能需要对这个项目做适当调整,以反映特定的软件开发生存周期的各个阶段中各个测试等级的数量和名称。

3. 缺陷分布

缺陷分布又叫缺陷密度。软件缺陷密度是一种以平均值估算法来计算出软件缺陷密度值。程序代码通常是以千行为单位的,软件缺陷密度是用下面公式计算的:

$$软件缺陷密度 = \frac{软件缺陷数量}{代码行或功能点的数量}$$

4. 估算软件缺陷清除率

为了估算软件缺陷清除率，首先需引入几个变量，F 为描述软件规模用的功能点的数量，D_1 为软件开发过程中发现的所有软件缺陷数，D_2 为软件发布后发现的软件缺陷数，D 为发现的总软件缺陷数。由此可得到 $D = D_1 + D_2$ 的关系。对于一个软件项目，则可用如下的几个公式，从不同角度来估算软件的质量：

$$质量（每个功能点的缺陷数）= D_2 / F$$
$$软件缺陷注入率 = D / F$$
$$整体软件缺陷清除率 = D_1 / D$$

假设有 50 个功能点，即 $F = 50$，而在软件开发过程中发现 12 个软件缺陷，提交后又发现 2 个缺陷，则 $D_1 = 12$，$D_2 = 2$，$D = D_1 + D_2 = 12 + 2 = 14$，使用上面的公式估算软件质量：

$$质量（每个功能点的缺陷数）= D_2 / F = 2/50 = 0.04 = 4\%$$
$$软件缺陷注入率 = D / F = 12/50 = 0.24 = 24\%$$
$$整体软件缺陷清除率 = D_1 / D = 12/14 = 0.8571 = 85.71\%$$

5.6.3 测试性能评估

评估测试对象的性能时，可以使用多种测试方法，这些测试侧重于获取与软件行为相关的数据，如响应时间、吞吐量、执行流、操作可靠性。这些主要在"评估测试"活动中进行评估，但是也可以评估测试进度和状态。主要的性能评估包括以下几点：

（1）动态监测：在测试执行过程中，实时获取并显示正在执行的各测试脚本的状态。

（2）响应时间和吞吐量：测试对象针对特定测试用例的响应时间或吞吐效率。

（3）百分比报告：数据已收集值的百分比计算与评测。

（4）比较报告：代表不同测试执行情况数据集之间的差异或趋势。

（5）追踪和配置文件报告：测试用例和测试对象之间的消息和会话详细信息。

1. 动态监测

动态监测通常以柱状图或曲线图的形式提供实时显示/报告。该报告用于在测试执行过程中，通过显示当前的情况、状态以及测试用例正在执行的进度来监测或评估性能测试执行情况。图 5-7 为多个测试脚本同时在执行时对 SQL 数据库的访问情况的动态监测柱状图。

由图 5-7 的动态监测可看出，其中有 14 个测试用例处于空闲状态，12 个处于查询状态，34 个处于 SQL 正在执行状态，4 个处于 SQL 连接状态，16 个处于其他状态。

2. 响应时间和吞吐量

响应时间和吞吐量是评测并计算与时间和吞吐量相关的性能行为。这些报告通常用曲线图表示。例如，图 5-8 给出了吞吐量与事件数的关系曲线，Y 轴表示吞吐量，X 轴表示事件数。

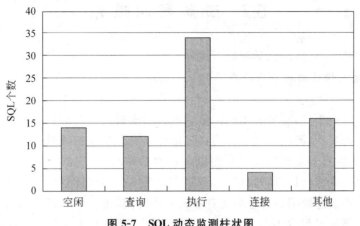

图 5-7　SQL 动态监测柱状图

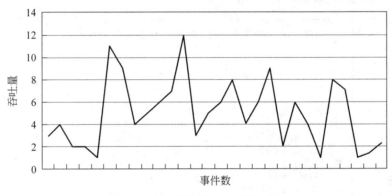

图 5-8　吞吐量与事件数关系曲线

3. 百分比报告

百分比报告通过显示已收集数据类型的各种百分比值,提供了另一种性能统计计算方法。

4. 比较报告

比较不同性能测试的结果,以评估测试执行过程中所做的变更对性能的影响,这种做法是非常必要的。比较报告应该用于显示两个数据集(分别代表不同的测试执行)之间的差异或多个测试执行之间的趋势。

5. 追踪和配置文件报告

当性能行为可以接受时,或性能监测表明存在可能的瓶颈时(如当测试用例保持给定状态的时间过长),追踪报告可能是最有价值的报告。追踪和配置文件报告显示低级信息。该信息包括主角与测试对象之间的消息、执行流、数据访问以及函数和系统调用。

5.7 测试总结报告

关于测试总结报告,需要学习如下内容:

- 测试总结报告的模板及其内容。

关于测试总结报告,需要熟悉测试总结报告的模板及其关键目录。测试总结报告是测试阶段最后的文档,测试总结报告的目的是总结测试任务的结果并根据这些结果对测试进行评价,这种报告是测试人员对测试工作的总结,并识别出软件的局限性和软件发生失效的可能。在测试执行阶段的末期,应该为每一个测试计划编写一份相应的测试总结报告。完成测试总结报告并不需要花费大量的时间,报告中的信息绝大多数是测试人员在整个软件测试过程中不断收集和分析的信息。图 5-9 是一个符合 IEEE 829—1998 软件测试文档编制标准的测试总结报告模板。

```
          IEEE 829—1998 软件测试文档编制标准测试总结报告模板
                          目   录

    1   测试总结报告标识符
    2   概述
        2.1  系统概述
        2.2  文档概述
    3   差异
        3.1  偏差的说明
        3.2  偏差的理由
    4   综合评估
    5   详细的测试结果总结
        5.1  测试结果小结
        5.2  遇到了问题(已解决的意外事件、未解决的意外事件)
    6   评价
    7   建议
    8   活动总结
    9   注解
    10  审批
```

图 5-9 测试总结报告模板

1. 测试总结报告标识符

测试总结报告标识符是标识该报告的唯一标识符,通常用 ID 号表示,该标识符应包含本文档适用的系统和软件的完整标识,包括标识号、标题、版本号、发行号等,用来方便测试总结报告的管理、定位和索引。

2. 概述

概述部分主要用来介绍发生了哪些测试活动,包括系统概述和文档概述。系统概述简述该测试适用的系统、软件的版本和发布的环境等,它应描述系统与软件的一般性质;标识当前和计划的运行现场;并列出其他有关文档。文档概述应概括本文档的用途与内容，并描述与其使用有关的保密性与私密性要求。这部分内容通常还包括测试计划、测试设计的规格说明书、测试规程和测试用例提供的参考信息等。

3. 差异

差异部分包括偏差的说明和偏差的理由，这部分主要是描述计划的测试工作与真实发生的测试之间存在的差异，首先要对出现的差异加以说明，例如出现偏差的测试用例的运行情况和偏差的性质；然后还要说明出现差异的理由，诸如替换了所需设备、未能遵循规定的步骤等。对于测试人员来说，这部分内容相当重要，因为这有助于测试人员掌握各种变更情况，并使测试人员对今后如何改进测试计划过程有更深的认识。

4. 综合评估

在综合评估部分中，应该对照在测试计划中规定的测试准则，根据本报告中所展示的测试结果，对测试过程的全面性进行评价。这些准则是建立在测试清单、需求、设计、代码覆盖或这些因素的综合结果基础之上的，在这里需要指出那些覆盖不充分的特征或者特征集合，也可以对任何新出现的风险进行讨论。在这部分内容里，还需要对所采用的测试有效性的所有度量进行报告和说明。

5. 详细的测试结果总结

结果总结部分主要是用于总结测试结果。这部分应尽可能以表格的形式给出与该测试相关联的每个测试用例的完成状态。当完成状态与预期的不一致时，还应列出遇到的问题，标识出所有已经解决的软件缺陷，并总结这些软件缺陷的解决方法；还要标识出所有未解决的软件缺陷，最后还包括与缺陷及其分布相关的度量，提供详细的信息供以查阅。

6. 评价

评价的主要内容是对每个测试项，包括对它们的每一遗留缺陷、局限性或约束进行评价，比如系统不能同时支持 200 个以上的用户，或是用户数量增长到 100 后性能将降低至 50% 等，还应该描述系统在测试期间表现出的稳定性、可靠性或失效情况及分析，并对失效情况进行讨论。

7. 建议

建议可有可无，一般情况填写自己对该次测试工作的一些意见或建议。如果没有改进建议，本条应陈述为"无"。

8. 活动总结

活动总结主要是总结测试活动和事件，总结资源消耗，如人力消耗、物质资源消耗数据和总体水平，以及花在每一项测试活动上的时间。活动总结对测试人员来说十分重要，因为这里记录的数据可以作为以后测试工作量的参考。

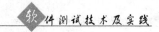

9. 注解

注解部分应包含有助于理解本文档的一般信息,例如背景信息、词汇表、原理等。还应包含为理解本文档需要的术语和定义,以及所有缩略语和它们在文档中的含义的字母序列表。

10. 审批

审批用来列出对这个报告享有审批权限的所有人的名字和职务,留出用于签名和填写日期的空间,整个审批流程和团队对报告没有异议,或对某项信息有一致意见,签署这份文档,表示对这份报告中陈述的结果持肯定态度。如果有不同意见的,不仅要签署这份文档,还要在文档中注明自己与他人的不同意见。

5.8 测 试 评 审

关于软件测试评审,需要学习如下内容:
- 需求规格说明的评审细则。
- 测试计划的评审细则。
- 测试说明的评审细则。
- 测试报告的评审细则。
- 测试记录的评审细则。

5.8.1 软件测试需求规格说明评审细则

测试评审的目的是检验软件开发、软件评测各阶段工作是否齐全、规范,各阶段产品是否达到了规定的技术和质量要求,以决定是否转入下一个阶段的工作。

软件需求是软件开发最重要的一个环节,所以需求的质量很大程度上决定了项目质量或软件产品的质量。需求风险也常常是软件开发过程中最大的一个风险,把需求评审做好,就能降低需求阶段带来的风险,避免需求变更以及需求不明确、不可测、不可实现等情况的发生。对软件测试需求规格说明的评审、召集评审会议,需遵循如下评审细则,找出有问题的项加以解决:

(1) 测试依据是否完整、有效?

(2) 是否标识了所有被测对象?

(3) 是否提出了对被测对象的评价方法?

(4) 是否对被测对象的测试内容进行了适当的分类(标识测试类型)?

(5) 对于每个测试项,是否提出了测试的充分性要求?

(6) 对于每个测试项,是否清晰地给出了追踪关系?

(7) 是否明确提出了测试项目的终止条件?

(8) 是否对软件单元提出了复杂度的测试要求?

（9）是否对软件单元提出了对源代码的注释行进行分析、检查和统计的测试要求（代码的有效注释行比例不低于 20%）？

（10）是否对软件单元提出了语句覆盖和分支覆盖的测试项要求（语句覆盖和分支覆盖应达到 100%）？

（11）是否对软件单元的每个特征都提出了测试要求（至少包括正常激励的测试要求和被认可的异常激励要求）？

（12）是否提出了单元调用关系覆盖测试的要求？

（13）测试内容（测试项）是否覆盖了每个部件的所有外部接口？

（14）是否按照设计要求，对部件的功能、性能提出了强度测试要求？

（15）对于安全关键部件，是否提出了安全性分析和安全性测试要求？

（16）测试内容（测试项）是否覆盖了配置项的所有功能和性能？

（17）测试内容（测试项）是否覆盖了配置项的所有外部接口？

（18）是否按照软件需求规格说明的要求，对软件配置项的功能、性能提出了强度测试要求？

（19）对于安全关键的配置项，是否提出了安全性分析和安全性测试要求？

（20）测试内容（测试项）是否涵盖了系统的所有功能和性能？

（21）测试内容（测试项）是否涵盖了系统的所有外部接口？

（22）是否按照系统设计文档的要求，对系统的功能、性能提出了强度测试要求？

（23）对于安全关键的系统，是否提出了安全性分析和安全性测试要求？

（24）文档描述是否正确、一致、完整？

（25）文档编写是否规范？

5.8.2　软件测试计划评审细则

软件测试计划是软件测试的指导性文件，它描述了测试目的、范围、方法和软件测试等文档，有利于验证软件产品的可接受程度，测试计划是否合理直接影响软件测试的效率和质量。对软件测试计划的评审可遵循如下评审细则：

（1）是否明确了测试组织与成员，并为每个成员合理地分配了责任？

（2）测试人员是否具有相对的独立性？

（3）测试人员的资质是否符合测试项目的要求？

（4）测试依据是否完整、有效？

（5）是否标识了所有被测对象？

（6）是否提出了对被测对象的评价方法？

（7）是否对被测对象的测试内容进行了适当的分类，即标识了测试类型？

（8）对于每个测试项，是否提出了测试的充分性要求？

（9）对于每个测试项，是否提出了测试的终止条件？

（10）对于每个测试项，是否清晰地给出了追踪关系（单元测试计划应追踪到详细设计文档，部件测试计划应追踪到设计文档或概要设计文档，配置项测试计划应追踪到软件需求规格说明，系统测试计划应追踪到系统设计说明）？

（11）是否明确提出了测试环境要求，包括软件环境、硬件环境、测试工具等？

（12）是否明确提出了测试项目的终止条件？

（13）是否确定了测试进度？测试进度是否合理、可行？

5.8.3　软件测试说明评审细则

软件测试说明对测试对象（构件、应用程序、系统等）及其目标进行简要说明，目的是使用户和软件开发者双方对该软件的运行环境、功能、性能的需求进行了解。它所需要包括的信息有主要的功能和性能、测试对象的架构以及项目的简史，从而保证测试实施过程的顺畅沟通，并对测试进度进行跟踪控制，应对测试过程中的各种变更。对软件测试说明的评审可遵循如下评审细则：

（1）是否覆盖了测试计划中标识的所有被测试对象？

（2）是否对测试项提出了测试方法要求？

（3）是否对测试项进行了合理的测试进度安排？

（4）是否对测试项进行了合理的测试过程准备？

（5）测试用例的描述是否全面？

（6）测试用例是否充分？

（7）测试方法是否可行？

（8）是否建立了清晰的测试用例与测试计划的追踪关系？

（9）文档编写是否规范？

（10）文档描述是否正确、一致、完整？

5.8.4　软件测试报告评审细则

测试报告是对测试过程中的一系列过程和状态进行的描述，力求报告测试结果的重点与关键点。对软件测试报告的评审可遵循如下评审细则：

（1）是否对测试过程进行了描述？

（2）是否对测试用例的执行情况进行了描述？

（3）是否对未执行的测试用例说明了未执行的原因？

（4）测试报告结论是否客观？

（5）文档编写是否规范？

（6）文档描述是否正确、一致、完整？

5.8.5　软件测试记录评审细则

软件测试记录一般以表格的形式呈现。对软件测试记录的评审可遵循如下评审细则：

（1）是否有测试人员签名？

（2）测试用例执行结果描述是否充分、明确？

（3）测试用例执行过程描述是否充分、明确？

（4）文档编写是否规范？

（5）文档描述是否正确、一致、完整？

5.9 本章小结

软件缺陷是软件在生产过程中不可能避免的问题，是指软件开发过程中的各个阶段中存在的错误，是影响软件质量的关键因素之一。如果能很好地描述软件缺陷，将会提高与开发人员的沟通效率，并提高软件缺陷修复的速度及加强开发人员、测试人员和管理人员的协同工作。软件缺陷可以从开发者角度和使用者角度来进行分类，无论是什么类型的软件缺陷，为了便于跟踪及避免遗漏严重的软件缺陷，都需要从缺陷标识、缺陷类型、缺陷严重程度、缺陷产生可能性、缺陷优先级、缺陷状态、缺陷起源、缺陷来源和缺陷根源等方面来定义软件缺陷的属性，为开发人员和测试人员提供修复软件缺陷的依据。

软件缺陷拥有自身的生存周期，分别是识别阶段、调查阶段、改正阶段和总结阶段，并且在其生存周期中会处于不同的状态，确定的生存周期保证了过程的标准化。

软件缺陷的报告对开发人员的工作有直接的影响，根据报告软件缺陷的原则和IEEE 中定义的软件缺陷报告模板，尽可能详细地完成缺陷报告。

当无意或按照测试用例发现一个缺陷的时候，把这个缺陷的中间步骤记录下来，可以依据这些步骤将这个缺陷重现出来，开发人员可以根据这些信息找出问题所在。需要注意的是，一个软件缺陷重现需要团队的共同努力才能完成。

对测试过程的跟踪管理可以尽早地发现缺陷，从而保证软件的质量。通过使用软件缺陷跟踪管理系统及采用手工报告来跟踪软件缺陷，可以有效地实现测试过程的跟踪管理。

软件测试的评估是对整个测试过程进行评估的过程，主要评测方法包括测试覆盖评估、质量评估、缺陷评估、性能评估。

测试总结报告是测试阶段最后的文档，测试总结报告的目的是总结测试任务的结果并根据这些结果对测试进行评价。在测试执行阶段的末期，应该为每一个测试计划编写一份相应的测试总结报告。

测试评审的目的是检验软件开发、软件评测各阶段工作是否齐全、规范，各阶段产品是否达到了规定的技术和质量要求，以决定是否转入下一个阶段的工作。

习 题 5

1. 什么是软件缺陷？软件缺陷的各类和属性有哪些？

2. 缺陷的级别有哪些？

3. 为什么不是所有软件缺陷都能发现？

4. 为什么说软件缺陷不可避免？

5. 软件测试人员应该怎样对待软件缺陷？

6. 软件缺陷的生存周期和软件的生存周期有什么样的区别和联系？

7. 重现软件缺陷的目的是什么？

8. 编写良好的缺陷报告对测试团队有什么意义？

9. 软件缺陷跟踪管理系统的作用是什么？

10. 分离和重现软件缺陷有哪些方法？

11. 什么是测试覆盖评估？

12. 什么是缺陷发现率？

13. 测试总结报告的目的是什么？一般包括哪些内容？

14. 你认为软件缺陷报告单应该记录哪些缺陷信息？

15. 常用的软件缺陷管理工具有哪些？你喜欢哪一个？为什么？

16. 测试人员在发现缺陷后应该立即填写缺陷报告并提交吗？为什么？

17. 缺陷提交后，测试人员还需要继续关注吗？为什么？

18. 遇到无法重现的缺陷时，你会怎么做？

19. 软件测试评估的方法有哪些？

20. 测试评审的作用是什么？有哪些项目需要评审？

21. 软件缺陷跟踪管理工具和版本控制管理工具有什么区别和联系？

22. 软件缺陷管理的核心任务就是设计、划分软件缺陷生存周期的各个阶段，定义各阶段缺陷的状态及缺陷状态的变迁。请根据对软件缺陷管理的理解设计一个软件缺陷生存周期，说明其间可能出现的软件状态及状态间的转换，以及涉及开发人员还是测试人员。请以图形形式展示。

第 6 章

测 试 管 理

本章学习目标

* 了解测试项目和测试管理的基本概念和内容。
* 掌握质量保证计划、测试计划、划分测试优先级和测试结束准则制定的相关内容。
* 了解测试组织的主要职责、成员组织结构及对测试人员的素质要求。
* 掌握测试过程各个阶段及测试进度管理的内容。
* 了解测试配置管理的依据、任务及其主要内容。
* 了解测试风险管理的概念、分析和技术。
* 了解测试成本管理的内容、原则和措施。

软件测试作为软件生存周期中的一个重要组成部分,为了确保测试目标的顺利实现,需要对测试过程进行科学的管理。本章从项目管理的角度阐述软件测试管理的基本内容、测试计划的制定、测试组织及人员的管理、测试过程各个阶段的管理、测试进度的控制和管理、配置测试管理、测试风险管理和测试成本管理。

6.1 测试管理概述

为了掌握测试管理的基本知识,需要学习以下内容:

* 测试项目。
* 测试管理的特征。
* 测试管理的原则。
* 测试管理的范围和要素。

软件测试是软件生存周期中的一个重要组成部分,是软件产品发布、提交用户使用前的最后确认阶段。从软件测试目标、内容和各个阶段测试实施策略和过程来看,软件测试符合关于"项目是为了创造独特的产品、服务或成果而进行的临时工作"的特征,所以软件测试可以认为是项目工程中的一个实例,即测试项目。测试管理的对象是测试项目,测试项目的管理符合项目管理中的一般规律。

6.1.1　测试项目

软件测试项目是为了验证用户需求、发现软件缺陷及改进软件开发过程而在一定的组织机构内,利用有限的人力和财力等资源,在指定的环境和要求下,对特定软件完成特定测试目标的阶段性工作,该工作要满足一定的质量、数量和技术指标要求。测试项目既具有一般项目的共性,又具有自身的个性:

(1) 相对性。测试项目相对于软件项目这一主体而存在。

(2) 目标性。测试项目都有预定的、确定的目标,如质量、技术指标、效益等。

(3) 组织性。测试项目开展过程中需要负责各种具体工作的各类人员参与,因此,必须对参与项目的各类人员进行有效的组织和明确的分工。

(4) 临时性。当测试项目完成相应的工作后,项目将不复存在,项目组也随即解散。

(5) 生存周期。测试项目要经历起始、实施、终结过程,即生存周期。具体来讲,测试项目的生存周期可分为项目启动、需求分析、测试设计、测试执行和测试评估几个阶段。

(6) 约束性。测试项目的完成将受到一定条件,如资源、环境等的约束,即完成测试项目必须在特定的环境下消耗各种资源(如人力、财力、硬件资源、软件资源等)。

(7) 系统性和整体性。测试项目是一个系统工程,必须进行系统的规划和管理,不能具有随意性。

(8) 结果的不确定因素。由于测试项目并不总是能定义明确的目标、质量标准、任务边界和测试结束标志等,且测试项目的外部条件也具有不确定性,使得测试项目具有多变性,即测试项目存在失败的风险,项目结果具有不确定性。

6.1.2　测试管理

测试项目管理就是以测试项目为管理对象,通过成立专门的测试组织,运用专门的软件测试知识、技能、工具和方法,对测试项目实施计划、组织、执行和控制等管理活动,并在各项成本投入、测试质量等方面进行分析和管理。测试项目管理贯穿整个测试项目的生存周期。

1. 测试管理的特征

测试项目管理区别于一般项目管理的特点如下:

(1) 软件质量标准较难准确定义,任务边界模糊,软件测试的结束时间也较难确定。此外,软件测试存在着找不到严重缺陷不代表软件不存在严重缺陷的不确定性。因此,必须将测试项目作为一个完整的具有生存周期的系统,系统工程的思想及管理策略应贯穿测试项目的整个生存周期。

(2) 软件测试项目的变化控制和预警分析要求高,因此,测试项目管理的方法、工具和技术手段应具有先进性。

(3) 软件测试项目具有智力密集、劳动密集的特点,受人力资源的影响最大。因此,项目成员的结构、责任心、业务能力及人员构成的稳定性都将对测试项目的实施和完成质量产生很大的影响。因此,测试项目管理的要点是创造和保持一个使测试工作顺利进行的环境,使置身于这个环境中的人员能在集体中协调工作以完成预定的目标。

（4）测试项目的组织和任务分工较难,因此,测试项目管理的组织具有临时性和弹性。

（5）测试人员相对于软件项目其他人员可能受到一些不公正的待遇。

根据软件测试管理的特征,要求参与项目的测试人员具备相应的测试管理技能,以确保测试顺利完成并达到预期的目标:

（1）测试人员应学习和掌握测试管理的相关内容,熟悉软件测试管理体系。

（2）测试人员应熟悉软件测试过程。

（3）测试人员应熟悉与测试相关的软件配置管理。

（4）测试人员应了解软件测试组织的结构及人员岗位要求和职业发展。

（5）测试人员应掌握软件测试的度量方法等。

2. 测试管理的原则

为了保证测试项目管理的质量,测试管理应遵循以下原则:

（1）测试管理应开始于测试活动之前,并贯穿整个测试项目的生存周期。

（2）坚持质量第一的原则。建立相应的质量责任制度,确保测试完成质量是测试管理的首要任务。

（3）可靠的需求定义。明确一个开发人员、测试人员及用户等多方一致认可的、清晰完整的、详细的需求定义,进而才能制定切实可行的测试计划和测试策略,确保测试工作的顺利开展。

（4）测试管理中要特别重视测试计划的制定。在测试计划中越能清楚地表述测试目标、测试范围、测试策略和手段、测试环境及测试可能存在或带来的风险等内容并预计相应的改错或变更,那么测试工作将越顺利,也会取得更好的测试效果。

（5）为了减少测试工作量,节约测试成本投入,提高测试结果的准确性及测试工作的效率,可以根据测试项目的内容和要求,适当地引入自动化测试工具。

（6）测试管理要根据测试项目的内容和要求,结合现有条件(软硬件配置及经费等),搭建合适的、独立的测试环境,以与开发环境相区别,保证测试结果的准确和有效。

（7）测试管理要重视时间的规划,特别要为测试计划、测试用例设计、测试执行及测试结果评审等重要环节留出充裕的时间,避免重开发轻测试、弱化甚至放弃测试等现象的产生。

3. 测试管理的范围和要素

1) 测试管理的范围

根据测试项目的内容和测试管理的特点,测试管理的范围应界定为项目所必须包含且只需包含的全部工作,并对其他的测试项目管理工作起指导作用,以确保测试工作顺利完成。

项目所必须包含且只需包含的全部工作是指确定需要执行哪些工作活动来完成项

目的目标,即确定一个包含项目所有活动的一览表。通常可以通过两种方法来明确活动一览表的内容:一种方法是让测试小组根据经验,利用"头脑风暴法"集思广益来形成,比较适合小型测试项目;另一种方法是针对复杂的项目建立一个工作分解结构(WBS),将测试项目分解成易于管理的更多部分,这些细化的部分构成了项目的工作范围,进而形成任务一览表。

2)测试管理的要素

根据测试管理的范围,测试管理通常包含以下要素:

(1)测试过程。该要素包含的内容有定义和定制所需要的测试过程,包括技术过程、管理过程和支持过程。满足测试过程所需要的资源和条件。测试过程实施、测量和分析测试过程的有效性和效率。最后根据分析结果对测试过程进行持续改进。

(2)测试人员及组织。该要素包括选择合适的测试人员并促使测试人员能够按照既定的测试计划完成测试任务,通过相关方面的沟通和协作,建立有效的软件测试团队。

(3)测试工作产品。该要素包括测试计划、测试说明书、测试案例、测试报告和问题报告。

3)测试管理的系统方法

由于测试管理的对象是软件测试项目,具有区别于一般项目管理的特征,应该根据管理对象的特点采取更为适宜的方法:

(1)要站在系统的角度来看待测试管理,即将软件测试项目管理看作是软件项目大系统中的一个子系统。

(2)要将测试管理看作是一个动态变化的子系统,即关注子系统中人员、过程和产品三要素的互动与变化。

(3)关注测试管理内部各个过程的相互关联、相互作用。

(4)关注软件测试管理子系统与软件开发管理子系统的相互关联和相互作用。

(5)力求达到整体作用大于部分作用之和的系统目标。

总之,测试管理要纠正关于软件测试的一些误解,例如,软件测试比编程容易,测试人员能力要求不高,有时间就多测试一些,没时间就少测试甚至不测试,以及软件测试在开发完成后再进行等。测试管理应结合测试项目的特征采用适宜的系统方法来进行。

6.2　制定测试计划

关于制定测试计划的相关内容,需要学习以下知识:

- 软件质量保证计划。
- 制定测试计划的目的。
- 制定测试计划的准备工作。
- 测试计划的参考内容。
- 如何做好测试计划。
- 测试优先级准则。
- 测试结束准则。

　　软件测试是一项有计划、有组织和系统的软件质量保证活动,而不是随意、松散、杂乱的实施过程。软件测试过程管理包括对测试准备、测试计划、测试设计、测试执行及测试结果分析各个阶段的管理,其中制定测试计划是保证测试任务所需资源和投入,预见可能出现的问题和风险,以指导测试执行,最终实现测试目标的重要环节。

　　测试计划的制定应涵盖质量保证计划、测试计划、测试优先级准则及测试结束准则几个方面的内容。

6.2.1　质量保证计划

　　软件质量保证(Software Quality Assurance,SQA)是指建立一套有计划的、系统的方法,来向管理层保证拟定的标准、步骤、实践和方法能够正确地被所有项目所采用。软件质量保证的目的如下:

　　(1) 有计划地进行软件质量保证工作。

　　(2) 客观地验证软件项目产品和工作是否遵循恰当的标准、步骤和需求。

　　(3) 将软件质量保证工作及结果通知给其他相关人员。

　　(4) 管理层能了解项目内部存在的不能解决的问题。

　　(5) 通过全面的测试工作来保证软件质量。

　　实施软件质量保证的首要任务是根据具体的项目制定质量保证计划(SQAP),确保后续质量保证项目组正确执行过程,这就要求质量保证计划应当重点突出,审计的内容、方式及结果报告规则要明确。IEEE Std 730—2001 对软件质量保证计划有如下的结构规划:

质量保证计划(依据 IEEE Std 730—2001)

1　　目的

2　　参考文档

3　　管理

4　　文档

5　　标准、实践、约定和度量

6　　软件评审

7　　测试

8　　问题报告和改正活动

9　　工具、技术和方法学

10　软件代码控制

11　媒体控制

12　供应商控制

13　记录收集、维护和保持

14　培训

15　风险管理

16　词汇表

17　SQAP 变更规程和历史

在质量保证计划中对测试只能进行分析性的大致定义,更详细的内容将在测试计划时明确。

6.2.2　测试计划

ANSI/IEEE 829—1983《软件测试文档标准》中对测试计划的定义是"一个叙述了预定的测试活动的范围、途径、资源及进度安排的文档,它确认了测试项、被测特征、测试任务、人员安排,以及任何偶发事件的风险"。这说明软件测试计划是指导测试过程的纲领性文件,内容包括测试项目分析、确定测试目标、规划测试范围、明确测试策略和方法、确定测试所需资源(包括人员、经费、硬件资源、软件资源等)、测试进度安排、测试组织和对测试有关风险的控制等。

1．制定测试计划的目的

制定测试计划是测试项目管理的重要内容之一,制定测试计划可以有效预防测试项目进行的风险,保障测试目标的顺利实现。具体来说,制定测试计划的主要目的如下:

(1) 制定的测试计划要切实可行,应综合包括每项测试活动的对象、范围、方法、进度和预期结果,使软件测试工作开展更顺利。

(2) 测试计划要能为测试项目实施建立一个组织模型,并规定好每个角色的责任和任务,有助于项目参与人员的沟通。

(3) 测试计划有助于开发有效的测试模型,及早发现和修正软件规格说明书的问题,对正在开发的软件系统进行正确的验证。

(4) 明确测试所需的时间和资源,以保证其是有效的和可获得的。

(5) 明确每个测试阶段的实现目标和验收标准,为软件测试项目的管理提供依据。

(6) 尽可能预见测试活动中可能出现的各种风险,并提供相应的解决策略,以降低风险可能带来的损失。

2．制定测试计划的准备工作

1) 制定测试计划的时间

确定测试计划的制定时间是很重要的,一般来说,测试需求分析前制定总体测试计划书,测试需求分析后制定详细测试计划书。

2) 制定测试计划的人员

编写测试计划是一项涉及面较广、内容繁多的系统工作,要求编写人员必须熟悉软件项目,并对测试工作所涉及的各个方面都能系统地把握,因此一般情况下需要由经验丰富的项目测试负责人来编写。

3) 制定测试计划的原则

测试计划的制定应该遵循一定的原则,主要包含以下几个方面:

(1) 制定测试计划应尽早开始。越早进行测试计划,就可以越早了解测试的对象及内容,对后续逐步完善测试计划是很有好处的。

(2) 保持测试计划灵活性。测试计划并不是一成不变的,随着测试活动的开展会有一定的变更,但这种变更应该是可控制的。

(3) 保持测试计划简洁易读。测试计划应该尽可能简洁、具体和有针对性,易于让测试人员明了自己的任务。

(4) 尽量争取多渠道评审测试计划。通过多方面的人员来进行评审,有助于更多地发现测试计划中的不足及缺陷,更好地改进测试计划的质量。

(5) 计算测试计划投入。投入到测试项目的经费是一定的,制定测试计划时应该注意测试经费的使用情况,量力而行。

4) 制定测试计划需要面对的问题

制定测试计划需要尽可能地考虑到方方面面可能出现的情况和问题,只有解决了这些问题,才能制定出有效的测试计划。制定测试计划时要面对的常见问题如下:

(1) 与开发者意见不一致。开发人员和测试人员通常处于对立的状态,开发人员往往认为自己的程序是正确的,特别在对需求理解及把握方面,有可能会与测试人员存在较大的分歧。

(2) 缺乏测试工具。软件测试不可能只依靠人工来完成,特别当软件规模越来越大时,软件测试对测试工具的依赖也越来越强,但相关部门可能对此认识不够,从而导致测试工具缺乏或不完备。

(3) 培训不够。对软件测试人员的培训经常被忽视,导致测试人员的经验不足,从而对测试计划产生误解。

(4) 管理部门缺乏对测试工作的理解和支持。管理部门经常认为测试工作可有可无,对其支持不充分,导致测试人员缺乏积极性。

(5) 缺乏用户的参与。在测试的过程中,用户的参与非常重要,能确保软件符合实际需求。

(6) 测试时间不足。这是一种普遍存在的现象,关键在于如何划分测试的优先级,计划各项测试内容的测试时间。

(7) 过分依赖测试人员。开发人员认为测试人员会检查他们的工作,管理人员也往往把软件出现的质量问题归咎于测试人员,而忽视开发人员的问题,这将会导致更高的缺陷级别和花费更多的测试时间。

(8) 测试人员处于进退两难的状态。测试人员在测试项目进行过程中,往往会因为发现缺陷太多或不能发现关键缺陷而被责备,而开发人员往往对测试人员提出的问题又置之不理。

(9) 不得不说"不"。测试就是对软件质量提出质疑,是对开发人员的工作进行检验,这对测试人员来说是很尴尬的。

3. 制定测试计划

IEEE 829—1983 对软件测试计划制定了如下的结构参考:

测试计划（依据 IEEE 829—1983）

1　测试计划标识符

2　介绍

3　测试项目

4　需要测试的特性

5　不需要测试的特性

6　测试方法

7　测试项目通过/失败的标准

8　暂停的标准和恢复的要求

9　测试交付

10　测试任务

11　环境需求

12　职责

13　人员安排和培训要求

14　进度表

15　风险或意外分析

16　审批

关于测试计划目录中各项内容的具体要求如下：

（1）测试计划标识符。测试计划标识符是一个由公司生成的唯一值，它用于标识测试计划的版本、等级以及与该测试计划相关的软件版本。

（2）介绍：对测试软件项和软件特性进行总结，如描述每个软件项的用途或历史等。如果存在项目授权、项目计划、质量保证计划、配置管理计划、有关的政策、有关的标准等，则需要引用它们。

（3）测试项目。主要是纲领性描述，说明在测试范围内对哪些具体内容进行测试，并确定一个包含所有测试项的一览表。具体需要描述的要点有功能的测试、设计的测试和整体测试。IEEE 829—1983 标准中指出，可以参考下述文档来完成测试项目：

- 需求规格说明。
- 用户指南。
- 操作指南。
- 安装指南。
- 与测试项相关的事件报告。

（4）需要测试的特性。测试计划需要列出待测的功能，指明被测试软件的特性及每个特性或特性组合有关的测试设计说明。

（5）不需要测试的特性。指明不被测试的所有特性及特性组合，并说明理由。

（6）测试方法。有时又称测试策略，是测试计划的核心内容。测试方法或策略描述了测试小组用于测试整体和每个阶段的方法，包括描述如何公正、客观地开展测试。考虑模块、功能、整体、系统、版本、压力、性能、配置和安装等各个因素的影响。尽可能地考

虑到细节,越详细越好,并制作测试记录文档的模板,为即将开始的测试做准备。测试记录具体说明如下:

- 公正性声明。
- 测试用例。
- 特殊考虑。
- 经验判断。
- 设想。

(7) 测试项目通过/失败的标准。每一测试项都需要一个预期的结果,这一部分则描述每个测试软件通过/失败的标准。

(8) 暂停的标准和恢复的要求。规定用于暂停全部或部分与本测试计划有关的测试项的测试活动的标准以及规定当测试再启动时必须重复的测试活动。常用的测试暂停标准有关键路径上的未完成任务、大量的缺陷、严重的缺陷、不完整的测试环境、资源短缺等。

(9) 测试交付。主要交付测试计划、测试设计说明、测试用例说明、测试过程说明、测试项目移交报告、测试记录、测试事件报告和测试总结报告。

(10) 测试任务。测试计划需要给出测试工作所需完成的一系列任务,并界定测试项目的依赖性和测试是否需要特殊技能。

(11) 环境需求。定义测试所需的必要的测试环境,包括硬件环境、软件环境、通信环境等以及任何其他支撑测试所需的安全要求。

(12) 职责。明确负责管理、设计、准备、执行、监督、检查和仲裁的小组及负责提供测试项和环境的小组。表 6-1 给出了测试岗位职责的一个实例。

表 6-1　测试岗位职责

岗　　位	职　　责
测试经理	<ul><li>编制测试总体计划、各阶段测试工作计划、测试用例工作计划,跟踪计划执行情况。</li><li>参与测试类评审、需求分析、需求变更评审,审批测试计划、测试报告。</li><li>制定测试部内部流程和规范,协调测试资源、确定测试范围、把握测试重点、制定测试范围标准。</li><li>跟踪测试结果以及缺陷管理,组织、参与测试缺陷讨论,编制测试报告,评估版本是否达到目标,给出发版建议,举办上市版评审发布会。</li><li>输出文档质量管理(测试计划、测试用例、测试报告、测试方案、使用手册)。</li><li>定期考察部门内人员工作成果,日常管理,提交部门日报周报,参与日周总结会议,并进行绩效考核。</li><li>组织技术人员培训工作和内外部产品培训。</li><li>与其他部门的沟通协调支持工作。</li></ul>
测试工程师	<ul><li>制定测试计划,编写测试报告,设计测试用例。</li><li>搭建测试环境,执行测试用例。</li><li>根据缺陷的不同种类进行归类总结,提交缺陷报告。</li><li>输出文档(测试报告、测试方案、使用手册)。</li><li>参与需求评审以及测试缺陷讨论。</li><li>参与产品实施支持(包括试用)以及负责产品专家支持。</li></ul>

续表

岗　　　位	职　　　责
开发工程师	• 审核测试计划、测试报告。 • 参与测试缺陷讨论。 • 组织对测试人员的培训。 • 提供需求规范说明书。 • 需求变更文档。 • 更新组件说明文档。

（13）人员安排和培训要求。明确测试活动所需技能需求以及相关培训内容。

（14）进度表。测试进度是围绕着包含在项目计划中的主要事件（如文档、模块的交付日期，接口的可用性等）来构造的。进度表是测试计划的重要组成部分，完成测试进度计划安排，可以为项目管理员提供信息，以便更好地安排整个项目的进度。此外，进度安排会使测试过程更易于管理。通常，项目管理员或者测试管理员负责进度安排，测试人员则参与安排自己的具体任务。

（15）风险或意外分析。明确可能出现的风险或意外假设并提供应急计划。一般而言，大多数测试会因为资源有限而不可能穷尽测试软件的所有方面，如果能尽量明确可能出现的风险，将有助于测试人员安排测试项的优先顺序，集中精力去关注那些易于发生失效的部分。通常潜在的问题和风险如下：

- 不现实的交付日期。
- 与其他系统的接口。
- 涉及投入资金过大。
- 极其复杂的软件。
- 有过缺陷历史的模块。
- 发生过多次或者复杂变更的模块。
- 安全性、性能和可靠性问题。
- 难于变更或测试的特征。

（16）审批。规定测试计划的审批人。

测试计划对测试活动来说是一项贯穿于开发项目整个过程的活动，需要考虑测试活动的反馈，所以测试计划应该定期更新。

4．如何做好测试计划

制定测试计划的目的是为了使测试工作有目标、有计划地进行，是测试项目管理中极为重要的一项内容，掌握了测试计划制定的原则和基本内容之后，需要考虑如何才能制定一个好的测试计划。

（1）明确测试的目标，增强测试计划的实用性。

在千头万绪的测试内容中提炼出测试的目标，是制定软件测试计划首先需要明确的问题。测试目标应该是明确的、具体的、相对集中的、可以量化和度量的。被测软件的质量要求和测试目标需要根据用户需求文档和设计规格文档来确定。

（2）坚持"5W1H"规则明确测试内容与过程。

"5W"主要是指

Why——为什么要进行这些测试；

What——测试哪些方面，即不同阶段的工作内容；

When——测试不同阶段的起止时间；

Where——相应文档、缺陷的存放位置、测试环境等；

Who——项目有关人员组成，安排哪些测试人员进行测试。

"1H"是指

How——如何去做，即使用哪些测试工具以及测试方法进行测试。

（3）采用评审和更新机制，保证测试计划满足实际需求。

测试计划制定完成必须经过评审，否则就有可能出现测试计划内容不准确或有遗漏，测试计划的内容没有随着软件需求变更引起测试范围的增减而及时更新，最终会误导测试执行人员。

测试计划编写人员可能受自身测试经验和对软件需求的理解所限，最初创建的测试计划不可能是完善的，采取相应的评审机制对测试计划的完整性、正确性、可行性进行评估，根据审阅意见和建议进行修正和更新以保证测试计划是有效的和满足实际需求的。

（4）分别创建测试计划与测试详细规格、测试用例。

制定软件测试计划时要避免无所不包、长篇大论、重点不突出的问题，例如，测试计划文档中对测试技术指标、测试步骤和测试用例进行详细的阐述，这样不仅增加了测试计划制定者的编写负担，也增加了测试人员的阅读负担。比较好的方法是分别创建测试计划、测试详细规格和测试用例。测试计划主要从宏观上规划测试活动的范围、方法和资源配置，而测试详细规格和测试用例是完成测试任务的具体方式。

（5）测试阶段的划分。

在制定测试计划时候，有些测试管理人员对测试的阶段划分不是十分明晰，有可能造成测试不足。解决这一问题的办法是在开发的各个阶段可以同步进行相应的测试计划编制，而测试设计可以结合到开发过程中并行实现。特别要注意的是，单元测试和集成测试往往由开发人员承担主要工作，因此这部分的阶段划分可以安排在开发计划中。

（6）系统测试阶段日程安排。

在明确划分阶段之后，测试计划中随即要考虑的问题是测试执行时间，即测试进度安排。测试执行时间的估计可以通过根据测试执行上一阶段的活动时间进行换算或通过经验评估。

（7）变更控制。

为使测试计划得到贯彻和落实，测试人员必须跟踪软件开发的过程，对项目测试做准备，测试计划中强调对变更的控制显得尤为重要。通常变更来源于以下几个方面：

- 项目计划的变更。
- 需求的变更。
- 测试产品版本的变更。
- 测试资源的变更。

测试的风险主要是上述变更所造成的不确定性,有效地应对这些变更就能降低风险发生的几率。要想使测试计划能切实发挥指导测试的作用,必须对不确定因素的预见和事先防范做到心中有数。

6.2.3　测试优先级准则

1. 测试优先级

即使制定良好的测试计划,在实施测试过程中也可能因为时间、预算不足等意外情况而导致不能将计划中的所有测试用例执行完。软件项目生存周期里的每一个应用程序版本上要执行全部的测试用例几乎是不可能的,因此,哪些测试用例必须被执行? 在有限的时间里,哪个测试用例应该先被执行? 这就需要给测试用例划分优先级。研究表明,测试用例的前 10%～15% 可以发现 75%～90% 的重要缺陷,测试用例的优先级划分将有助于确定找出这前 10%～15% 的测试用例,以使得在有限的测试资源和时间的情况下,尽早尽快地在测试对象中查找出尽可能多的缺陷。划分测试用例优先级是测试项目中至关重要的一项内容,这是因为:

(1) 由于测试时间和资源有限,可能无法执行所有的测试用例,因此穷尽测试是不可能实现的。

(2) 首先执行最重要的测试用例,尽早尽快地发现最重要的问题和尽可能多的缺陷。

(3) 应该优先测试用户最需要的功能。

(4) 测试用例优先级的划分和测试执行顺序的确定取决于项目的特征、应用领域和客户的要求。

(5) 即使测试过早结束,也能保证测试工作达到最好的效果。

2. 测试用例优先级划分准则

通常划分测试优先级采用如下准则:

(1) 软件使用时的频率或失效的概率。如果系统的某些特定的、经常被使用的功能包含故障,那么其在被频繁使用时导致失效的概率将会很高,所以用于此功能测试的测试用例应具有更高的优先级。

(2) 失效的风险。用户在使用软件时,高风险失效导致的后果和造成的损失将更加严重,所以,高风险失效的测试用例应该比低风险失效的测试用例具有更高的优先级。

(3) 失效的可见性。尤其是在交互系统中用户可见的失效,例如界面错误等,将会导致用户对产品的极度不信任,因此,失效对用户的可见性是划分测试优先级的更进一步的准则。

(4) 需求的优先级。对于不同的用户来说,系统各个功能的重要性不尽相同,如某些功能对用户来说缺失是致命的,但是有些功能即使缺失,用户也是可以接受的。

(5) 质量特性。质量特性对用户也有不同的重要性,因此验证与重要质量特性是否一致的测试用例具有更高的优先级。

(6) 开发人员角度。测试用例优先级的划分还可以从开发人员的角度考虑,能够导致系统或组件崩溃的测试用例具有更高的优先级。

（7）测试对象的复杂性。复杂程序的组件需要加强测试，因为开发人员可能在该位置引入更多的缺陷。但并不能认为简单的程序组件就可以忽视，因为该部分缺陷往往由于开发人员的粗心导致。

（8）高项目风险的失效。由于高项目风险的失效会导致大量的修正工作，进而导致项目时间的明显延迟，因此，存在高项目风险的缺陷应该尽早被发现。

（9）缺陷的集群效应。在先前发现缺陷的位置可能会存在更多的缺陷。

为每个测试用例划分测试优先级，在有限的时间和测试资源条件下，先执行测试优先级高的用例，力求达到成本与质量的平衡，并能根据前面版本测试的缺陷分布的情况，合理制定优先级策略，提高分配测试资源的效率。

6.2.4 测试结束准则

定义测试结束准则是测试计划的一项重要内容，明确某一测试级别或全部测试在什么时候停止将有助于减弱随机或不成熟地结束测试而引发的风险。事实上，测试何时结束需要根据各级别测试的结束情况、软件产品的质量、软件产品可能存在的风险或企业自身的经济制约等来决定：

（1）软件系统经过单元测试、集成测试、系统测试，是否分别达到各级测试的停止标准。

（2）软件系统通过验收测试，是否已得出验收测试结论。

（3）软件项目需暂停进行调整时，测试应随之暂停，并备份暂停点数据。

（4）软件项目在其开发生存周期内出现重大失误，需暂停或终止时，测试应随之暂停或终止，并备份暂停或终止点数据。

明确软件测试结束的准则通常有以下几个：

（1）测试阶段。软件的测试一般都要经过单元测试、集成测试、系统测试等阶段，需要明确各级别测试的结束点，只有在前一个测试阶段符合结束标准后，再进行后面一个阶段的测试。

（2）测试用例。通过评审的测试用例可以作为测试结束的一个参考标准。例如，在测试过程中，如果发现测试用例通过率太低，可以暂停测试，待开发人员修复后再继续。较好的情况是功能测试用例通过率 100%，非功能性测试用例通过率达到 95% 以上，允许正常结束测试。这一准则对测试用例的质量要求较高。

（3）缺陷收敛趋势。软件测试的生存周期中，随着测试时间的推移，测试发现的缺陷呈先升后降的趋势，直至未发现或者很难发现缺陷为止。可以通过缺陷的收敛趋势来确定测试是否可以结束。

（4）缺陷修复率。软件缺陷可以分为几个等级：严重错误、主要错误、次要错误、一般错误、较小错误和测试建议。只有达到以下要求才能结束测试：严重错误和主要错误的缺陷修复率必须达到 100%，不存在功能性的错误；次要错误和一般错误的缺陷修复率达到 85% 以上，存在少量功能缺陷；较小错误的缺陷修复率达到 60%～70% 以上。

（5）验收测试。若通过用户的验收测试，就可以结束测试。如果用户验收测试时发

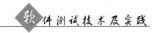

现了缺陷,则可以针对缺陷进行修改后再递交给用户进行验收测试。

(6)测试覆盖率。包括代码覆盖率(即测试覆盖了多少代码)、测试用例执行覆盖率(即测试用例有多少被成功执行)、测试需求覆盖率(即测试满足了多少需求)等,每个测试阶段都要重视覆盖率的问题。

(7)质量、成本、进度平衡。任何一个软件产品都需要从质量、成本、进度3个方面取得平衡,不同应用需求的软件有不同的侧重,根据实际情况来确定什么情况下质量、成本、进度达到某种平衡时就可以结束测试。

(8)行业经验。测试行业积累的相关工作经验,可以为当前的测试工作提供借鉴。测试人员的业务熟悉程度、测试人员的工作能力,测试工作效率等都会对测试计划的执行产生影响,有时测试者的经验对确认测试执行和结束点会起到关键性的作用。

具体执行测试时,需要经常地重新衡量测试结束准则,它是测试项目管理的重要决策依据。

6.3　测试组织与人员管理

关于测试组织与人员管理,需要学习以下知识:

- 测试组织的职责。
- 测试组织与人员管理的任务。
- 测试组织与人员管理的原则。
- 测试组织结构。
- 软件测试人员应具备的能力。

软件测试是否能顺利实现预期目标的主要决定因素之一是测试人员是否具有较高的专业水平和丰富的行业经验,以及是否能有效地组织人员,分工合作,各展所长,使测试组织发挥出最大的工作效率。

测试组织是指负责软件项目开发和软件项目维护中所涉及的测试活动的人员按照一定的组织结构进行组合,以完成测试目标为主要内容的各级团队。一般地,为了保证测试过程和测试结果的客观性和有效性,测试组织应该独立于软件开发组织。对测试的组织与人员的管理就是对参与测试活动的相关人员在组织形式、人员构成、工作职责等方面进行规划和安排。因为涉及人的管理,不可能找到也不存在标准化方案,所以测试组织与人员的管理是软件测试管理中最难的一项内容。

6.3.1　测试组织职责

测试组织及人员的管理虽然困难,却是测试管理中不可或缺、不能回避的一项重要内容。为了更有效地规划测试组织及人员的管理,首先需要明确测试组织的相关职责。

软件测试组织的职责可具体描述为以下几个方面:

(1)建立测试体系。制定并建立适合软件产品质量的测试体系,包括测试方针、测试策略及测试流程等,并对测试流程进行持续改进。

(2)组建测试团队。测试组织可以分为 4 个职能分组:测试管理组、内控质量组、配置管理组和综合组,每个小组都有自己更详细的具体职责及成员构成。

(3)监控测试过程。通过度量、评审、审计等手段对项目的测试活动进行监控与评估,提高测试有效性。

(4)测试技术支持。为测试活动提供测试的技术支持。对测试活动中所需要的测试技术和流程、规范、标准进行引导并组织培训。

(5)实施各类测试活动。具体进行测试需求分析、测试方案制定、测试用例编写、测试执行、测试报告编写等各类测试工作。

(6)专项测试支持。对功能自动化测试、回归测试、性能测试、安全性测试、容错性测试、易用性测试等专项测试提供支持。

(7)管理测试环境资源。主要负责测试环境的计划、实施、权限控制、变更管理、系统管理、数据管理、事故管理、备份和恢复管理等。

(8)管理其他测试资源。对测试工具、测试知识库、测试活动交付物等资源的维护与管理。

6.3.2　测试组织与人员管理的任务及原则

根据测试组织的职责,测试的组织与人员管理主要完成以下任务:

(1)选择合适的测试项目组织结构模式。

(2)明确测试项目组内的组织形式。

(3)根据测试目标、测试环境和测试资源,合理配置人员,并明确各个工作人员的分工和职责。

(4)管理测试项目组成员的思想和行为,引导其充分发挥主观能动性,协同合作,最终顺利实现测试目标。

为了实现测试组织与人员管理的任务目标,应遵循以下原则:

(1)责任落实要快的原则。根据软件生存周期中的测试活动相关内容,测试活动开展的主要依据是需求规格说明书、测试设计文档及用户使用说明书等,也就是说,测试的准备工作在软件项目的分析和设计阶段已经启动,因此,应该尽早安排专人负责落实与测试有关的各项事宜。

(2)接口要少的原则。这里的接口指的是测试项目组成员之间的通信和交流,应尽可能地减少成员之间的层次关系,缩短通信路径,提高成员之间沟通、合作的效率。

(3)责任要明确的原则。必须明确测试项目组各成员在测试组织中的地位、角色和具体工作职责,且尽可能地做到责任均衡。

6.3.3　测试组织结构

优良的组织结构,将有助于更好地发挥组织成员的主观能动性,提高成员间的协同工作效率,进而获得更高的产品质量。针对软件测试的内容和目标,在规划测试组织结构时应考虑以下准则：

（1）测试组织应具备快速地提供软件测试的决策能力。

（2）测试组织要有利于与其他部门（如软件开发部门、软件维护部门等）之间的合作。

（3）测试组织应具有精干的人员配备并能独立、规范地运作。

（4）测试组织要有利于满足软件测试与质量管理和测试过程管理的要求。

（5）测试组织要有利于充分利用现有测试资源，为软件测试提供专用技术。

（6）测试组织要对测试项目组内成员的专业技能发展、职业道德以及今后的事业产生积极的作用。

目前软件测试的组织结构通常分为两类，即独立测试组和集中测试组：

（1）独立测试组。项目组专门从事软件测试工作，成员控制在 5 人以内，由具有一定分析、设计和测试经验的专业人员组成，是软件生存周期中一个独立于开发项目的分支。这种组织结构的优点在于测试过程更加客观，对软件质量的评价更加有效。

（2）集中测试组。项目组将软件的基本设计因素与测试工作组合起来，由专业测试人员组成，但测试人员与软件开发人员并不完全独立，通过及时的交流沟通，以获得更高的软件测试质量和测试效率。

无论采用何种测试组织结构模式，测试组织通常都包含以下人员：

（1）测试经理。主要负责测试团队的组建、测试所需资源的调配、测试流程和进度的控制、测试方案的选择及测试的执行等，因此，测试经理需要具备测试项目管理的知识和技能。

（2）测试组长。主要负责所需资源的调配，对各类测试文档进行审核并书写审核报告，以及对测试的执行状态进行报告等。

（3）测试工程师。主要根据测试组长审核通过的文档，设计具体的测试方案和各个测试阶段的测试用例，执行测试并报告测试执行结果。

常见的软件测试组织人员结构如图 6-1 所示。

此外，应根据软件企业对测试工作的要求程度、软件测试需求范围、测试经理的工作水平、测试工程师的专业水平、测试工具的选择及应用水平、测试组织形式及测试工作启动时间等来确定软件测试组织的规模。

6.3.4　软件测试人员

虽然测试项目组中的每个成员都有自己明确的分工和职责，但总的来说，一个优秀的软件测试人员应具备以下能力：

（1）适应各种环境的知识背景。

（2）学习能力。

（3）组织能力。

（4）分析、解决问题的能力。

（5）创造性。

（6）编程能力。

（7）专业领域的知识。

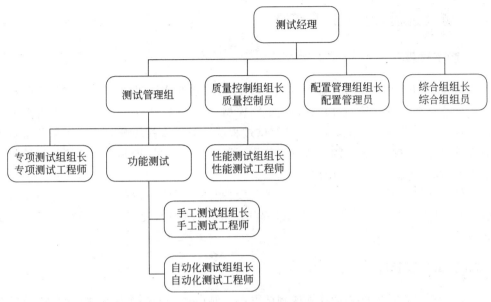

图 6-1　常见软件测试组织人员结构图

（8）交流与协调的能力。

（9）测试经验。

（10）注重细节的能力。

（11）书写文档的能力。

为了测试目标的顺利完成和测试人员的职业发展，需要通过培训来帮助软件测试人员更新知识和提升能力，从而具备较高的专业水平。需要对测试人员开展的培训如下：

（1）技术技能培训。对测试人员开展包括测试工具、编程能力及测试生存周期等相关内容的培训。

（2）测试过程培训。内容包括测试计划的制定、评审和改进，进一步了解软件测试业务等。

（3）测试组工作培训。对测试人员开展包括测试人员任务安排、跟踪和报告，监督测试过程等相关内容的培训。

（4）测试项目管理培训。内容包括测试项目管理、用户交流及管理测试人员等。

6.4　测试过程管理

对于测试过程管理，需要学习以下知识：

- 测试过程。
- 测试过程管理。
- 测试进度管理。
- 软件项目跟踪和质量控制。

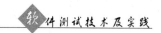

6.4.1　测试过程与测试过程管理

1. 测试过程

软件测试与软件开发一样都要经历一个过程。软件测试过程是用于定义软件测试的流程和方法的一种抽象的过程模型,如 V 模型、W 模型、H 模型等。正如软件开发过程的质量决定了软件的质量一样,软件测试过程的质量也直接影响到测试结果的准确性和有效性,因此,对测试过程的有效管理是保证测试过程质量、控制和降低测试风险的重要活动,是软件项目成功的重要保证。

软件测试过程通常需要经历测试启动阶段、测试计划阶段、测试设计阶段、测试执行阶段、测试结果审查和分析阶段,测试过程的活动包括计划、设计、准备、执行、评估和缺陷跟踪。

2. 测试过程管理

测试过程管理是依据测试计划或测试方案对测试过程的各个阶段进行管理,目的是确保能在规定时间内完成所需完成的测试任务。

1)测试启动阶段

测试启动阶段的主要工作如下:

(1)确定测试项目组织和人员,即组建测试小组。

(2)通过与软件开发等部门合作,获得软件项目需求分析报告、系统设计文档等。

(3)完成测试人员对相关产品或技术知识的培训。

2)测试计划阶段

当接到测试任务时,要根据任务计划、开发计划、开发文档(需求分析报告或概要设计等)制定测试计划。测试计划内容主要包括测试范围、测试重点、测试策略和方法、测试时间、测试资源配置、测试结束标准及测试风险控制等,针对不同的测试阶段(集成测试、系统测试、验收测试等)或不同的测试任务(安全性测试、可靠性测试等)都要制定具体的测试计划。

测试计划是测试过程管理的基础,因为测试计划中确定了软件测试的实施和管理过程,对软件测试过程的跟踪、检查和控制都需要以它为依据,通过对比测试计划来进行。

进行测试审核时需要注意以下几点:

(1)测试时间安排是否合理性和适用。

(2)测试范围是否覆盖全面。

(3)测试重点是否明确。

(4)测试资源配置安排是否合理。

(5)测试标准、风险是否可行。

3)测试设计阶段

测试设计阶段的主要工作是根据测试计划制定测试的技术方案、设计测试用例、选择测试工具等。测试设计的前提是将与测试相关的产品/技术知识传递给测试人员,测试设计的关键是对设计的测试用例进行审查。

对测试用例进行审查时要关注以下问题：

(1) 测试用例是否具有实用性。

(2) 测试用例设计是否合理，且是否不具有重复性。

(3) 测试用例的范围是否覆盖全面。

(4) 测试用例数据是否有代表性。

4) 测试执行阶段

根据测试计划和测试设计实施测试，内容包括根据测试项目情况搭建或配置不同测试环境、准备测试数据（业务流程测试数据、测试项数据集和测试脚本）、执行测试用例、报告并分析测试结果等。测试执行的效果直接关系到测试的可靠性、客观性和准确性。

5) 测试结果审查和分析阶段

当测试执行完成后，需要对测试的结果进行审查和分析，以得到对软件质量的评价，为修复和预防软件缺陷提供建议，为软件产品发布提供依据。通过测试结果审查和分析形成测试报告或产品质量报告。

测试过程管理中，测试管理人员应该具有如下理念：

(1) 测试应该尽可能早地进行。测试人员不仅应该在软件项目早期就参与，测试也要尽可能早地执行。

(2) 测试要全面。即软件项目的所有产品，包括需求分析报告、系统设计文档、实现代码及用户文档等都应该进行全面测试。此外，软件项目相关人员，包括设计人员、开发人员、测试人员甚至用户都应该参与到测试工作中来。

(3) 全过程测试。即测试人员不仅要关注测试全过程，还应该关注开发过程。

(4) 独立测试。相对开发过程，将测试过程作为一个独立的过程进行管理，通过迭代测试降低测试管理工作的复杂度。

因此，测试管理人员在测试过程的每个阶段都要关注以下问题：

(1) 测试准备。系统是否已经做好测试准备？

(2) 测试风险估计。测试开始时，系统会有什么样的风险？

(3) 测试覆盖率。测试所能达到的覆盖率是多少？能否实现全面测试？

(4) 测试阶段性成果。当前测试得到了哪些结果？还需要进行哪些测试？

(5) 测试评审。如何证明系统已经进行了有效测试？

(6) 测试建议。测试计划是否有变更？哪些部分需要重新测试？

6.4.2　测试进度管理

项目的进度管理是指在规定的时间内拟定经济、合理的进度计划，并在执行进度计划的过程中经常检查实际进度是否按计划要求进行，如果出现偏差，则及时找出原因并采取一定的补救措施，或调整、修改进度计划，直到项目完成。因此，项目进度管理是一个动态的过程，需要不断的调整、协调以保证项目目标的实现。

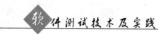

1. 影响测试进度的因素

为了有效地控制测试进度,需要对影响测试进度的因素进行分析,事先或及时采取必要的措施,尽量减少计划进度与实际进度的偏差,实现对项目的主动控制。通常影响测试进度的因素有以下几个:

(1) 人员、预算变更对进度的影响。

在软件测试项目的实施过程中,人的因素是最重要的因素,技术的因素归根到底也是人的因素。当测试人员因为专业能力、工作安排或其他个人原因而不能够到位时,会对测试进度造成影响。此外,预算的变更会影响某些资源(如信息资源)的变更,从而对进度造成影响。

(2) 范围、质量因素对进度的影响。

各个阶段的测试质量会影响总体测试项目的进度,前面的一些测试任务的质量会影响到后面的测试任务的质量。

(3) 低估了环境因素对进度的影响。

低估环境因素表现在低估了用户环境、行业环境、组织环境、社会环境和经济环境对测试进度的影响。产生这一问题既有主观的原因,也有客观的原因,例如对测试环境的了解程度不够,准备不够充分,都会造成测试进度受到影响。

(4) 测试项目状态信息收集的情况对进度的影响。

由于测试经理的经验或素质原因,对测试项目状态信息收集和掌握不足,欠缺及时性、准确性和完整性,将对项目的进度造成严重的影响。

(5) 执行计划的严格程度对进度的影响。

没有把测试计划作为指导测试过程行动的基础,而是把计划放在一边,随意地实施测试,从而导致项目执行上的错误。不能进行有效的管理,也会造成进度上的延误。

(6) 计划变更调整的及时性对进度的影响。

软件测试项目并不是一个一成不变的过程,随着项目的进展,特别是需求明确以后,项目的计划就可以进一步明确。测试计划应该随着项目的进展而逐渐细化、调整或修正,没有及时调整的计划或者是随意的、不负责任的计划是难以控制的。因此,要随着需求的细化和设计的明确,对项目的分工和进度进行及时调整,使项目的计划符合项目的变化,使项目的进度符合项目的计划。

(7) 未考虑不可预见事件发生对进度的影响。

对测试项目的假设条件、约束条件、风险及其对策等对于进度的影响在制定测试计划时要进行充分的考虑,在项目实施过程中也要不断地重新考虑有没有新的假设条件、约束条件、潜在风险会影响项目的进度。

2. 测试进度管理

测试进度管理是采用科学的方法确定测试进度目标,编制测试进度计划,进行进度控制。测试进度控制管理主要表现在组织管理、技术管理和信息管理等方面,具体来说,要做到以下几点:

（1）进行详细测试任务分解，梳理出各项测试任务的约束关系以及对各种资源的需求。

（2）为测试任务制定计划时间和完成的标准，并分配给相应的责任人。

（3）分析各项资源的满足情况，对测试任务进行排序。

（4）找到关键路径，并分析此关键路径上的关键点，控制好这些关键点。

（5）找到最佳的执行路径。要确定是先执行复杂的用例，还是先执行简单用例，还是先执行高风险的用例。

（6）对零碎时间进行管理，比如开发定位时间。

（7）制定合理的进度安排，使测试人员能够接受相应的时间安排。

6.4.3 软件项目跟踪和质量控制

软件项目跟踪和质量控制是一个可重复的关键过程，是指根据软件项目计划来跟踪和审查软件的完成情况和成果，并根据实际的完成情况和成果来纠正偏差和调整项目计划。

软件项目跟踪和控制的目的是对实际的项目进程进行足够的监控，使得当软件项目的执行与软件计划有较大偏离时，管理部门能采取有效的行动，避免造成更大的偏离。此外，跟踪与质量控制活动还可以发现软件项目计划中不恰当的部分，及时调整计划。具体来讲，实施软件项目跟踪和质量控制的目标如下：

（1）对照软件项目计划，跟踪软件过程的实施和实际结果。

（2）比较实际成果与软件项目计划中存档的评估。

（3）比较实际提交文档和软件开发计划中存档的评估。

（4）当软件项目过程的实施和实际结果明显偏离软件项目计划时，采取纠正措施并加以管理，直到结束。

（5）跟踪软件项目的进度和成本，发现异常则采取改正措施。

（6）跟踪软件项目的关键资源，发现异常则采取改正措施。

软件项目跟踪和质量控制通常是在软件项目过程中的若干关键点上进行的，以便当软件项目的执行与软件项目计划有一定偏离时，项目管理人员能够及时发现并采取有效的纠正措施，如图 6-2 所示。

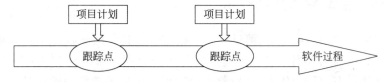

图 6-2 在软件过程若干关键节点上进行跟踪

就软件测试项目管理而言，以软件测试 V 模型为例，模型的左边是软件开发项目，其质量控制是通过审核过程来保证，即静态的测试过程；右边是软件测试项目，是对左边结果的验证，是动态的测试过程。在软件测试项目的整个生存周期，在软件测试项目过程中对应的软件测试项目跟踪和质量控制的内容如下：

（1）在软件项目需求分析阶段就可以开始测试，测试人员可以通过项目需求分析来创建测试的推测。

（2）在系统设计阶段，测试人员通过了解项目的系统设计方案，设计系统的测试方案和测试计划，并着手准备测试环境。

（3）在详细设计阶段，测试人员通过参与详细设计评审工作，发现软件项目设计的缺陷，开始设计相关测试用例，并完善测试计划。

（4）在编写实现代码阶段，测试人员同时进行单元测试，尽早地发现代码错误，提高程序质量。

6.5　测试配置管理

为了掌握测试配置管理相关内容，需要学习以下知识：
- 测试配置管理的概念。
- 测试配置管理的任务。
- 软件测试的版本控制。

6.5.1　软件测试配置管理的概念

软件测试需要进行充分的测试准备，需要科学的、规范的测试过程管理。有效的配置管理对提高测试质量和效率起到十分重要的作用。测试过程中涉及的配置管理不仅包括搭建满足要求的测试环境，还包括获取正确的测试版本和发布版本。随着软件系统的日益复杂化，软件测试工作任务也更加繁重，为了更好地完成软件测试工作，在软件测试过程中进行配置管理和版本控制尤为重要。测试配置管理是包含在软件配置管理中的，是软件配置管理的子集。测试配置管理作用于软件测试的各个阶段，贯穿于整个测试过程之中。其管理对象包括测试方案、测试计划（或者测试用例）、测试工具、测试版本、测试环境以及测试结果等。这些就构成了软件测试配置管理的全部内容。测试配置管理的目标是记录软件测试的演化过程，确保软件测试人员在软件测试过程的各个阶段都能得到精确的测试配置。

6.5.2　软件测试配置管理的任务

测试过程中产生的测试方案、测试计划文档、测试用例、测试脚本和测试缺陷报告等所有的文档和数据在纳入配置管理范畴后统称为配置项。每个配置项的主要属性有名称、标识符、文件状态、版本、作者、日期等。对这些测试配置项管理的任务主要包括：确定配置项的功能特性和物理特性，编制文档并建立配置项的标识体制；控制对这些特性的更改；记录处理以及执行状态；对配置进行检查和评审等。软件测试过程的配置管理与软件开发过程的管理是一样的，测试活动的配置管理属于整个软件项目配置管理的一部分，对这些测试配置进行管理的任务主要包括以下几项：

（1）配置标识。

（2）版本控制。

（3）变更控制。

（4）配置状态报告。

（5）配置审计。

1. 配置标识

配置标识是配置管理的基础，为配置项分配唯一标识符，以便存放和建立查询索引，与数据表的主键功能相似。对于需要存储的文档和代码，软件测试配置管理需要建立一个安全可靠的数据库，用于保存测试过程中产生的文档和数据，并为其确定名称和标识规则。其原则是保证配置管理工具检索便利，让测试人员容易记住标识规则。

2. 版本控制

版本控制是软件配置管理的核心功能。在项目开发的过程中，绝大部分的配置项都要经过多次修改才能最终确定下来，对配置项的修改都会产生新的版本，在不能保证新版本一定比旧版本好的情况下，需要保留旧版本。这就要用一定的方法和规则来保存配置项的所有版本，避免发生版本丢失或混淆现象。

3. 变更控制

变更控制的目的并不是控制变更的发生，而是对变更进行管理，确保变更有序进行。对于软件开发项目来说，发生变更的环节比较多，因此变更控制显得格外重要。功能变更和缺陷修补都属于变更的范围，功能变更是为了增加或删除某些功能，缺陷修补是对存在的缺陷进行修复。实施变更控制的关键是建立变更控制管理小组，明确人员组成、职能、工作程序。变更控制主要包括以下内容。

（1）规定测试基线，对每个基线必须描述：每个基线的项（包括文档、样品和工具等），与每个基线有关的评审、批准事项以及验收标准。

（2）规定何时何人创立新的基线，如何创立。

（3）确定变更请求的处理程序和终止条件。

（4）确定变更请求的处理过程中各测试人员执行变更的职能。

（5）确定变更请求和所产生结果的对应机制。

（6）确定配置项提取和存入的控制机制与方式。

4. 配置状态报告

配置状态报告就是根据配置项操作数据库中的记录，来向管理者报告软件测试工作的进展情况。配置状态报告是用于记载软件测试配置管理活动信息和软件测试基线内容的标准报告，其目的是及时、准确地给出软件测试配置项的当前状态，使受影响的组和个人可以使用它，同时报告软件测试活动的进展状况。通过不断记录的状态报告可以更好地进行统计分析，便于更好地控制配置项，更准确地报告测试进展状况。配置状态报告应该包括以下主要内容：

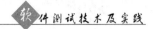

（1）定义配置状态报告形式、内容和提交方式。

（2）确认过程记录和跟踪问题报告、更改请求、更改次序等。

（3）确定测试报告提交的时间和方式。

5. 配置审计

配置审计的主要作用是作为变更控制的补充手段，是指在配置标识、配置控制、配置状态记录的基础上对所有配置项的功能及内容进行审查，以保证软件配置项的可跟踪性，确保某一变更需求已被切实地执行和实现。配置审计主要包括以下内容：

（1）确定审计执行人员和执行时机。

（2）确定审计的内容与方式。

（3）确定发现问题的处理方法。

配置审计是对软件进行验证的一种方法，其目的是检查软件产品和过程是否符合标准、规格说明和规程。配置审计的对象既可以是软件产品，又可以是软件过程；既可以是整个软件产品或过程，又可以是部分软件产品或过程。

6.5.3　软件测试的版本控制

所谓版本控制，其实就是跟踪标记测试过程中的软件版本，以方便对比的一个过程，通过版本控制来表明各个版本之间的关系和不同的软件开发测试阶段，从而方便测试工作的进行。软件测试的版本控制就是对测试有明确的标识和说明，并且测试版本的交付是可控的。用来识别所用版本的状态就是对测试版本的标识，对不同的版本进行编号。版本控制是软件测试的一门十分实用的实践性技术，将每次的测试行为以文件的形式进行记录，并且对每次的测试行为进行编号，对每一个测试版本进行标识后再公布，以此来对测试进行排序保存。软件测试的版本控制有两个方面的作用：一方面是能跟踪记录测试的整个过程，包括测试本身和相关文档，对不同阶段的待测软件进行标识和差别分析，便于协调和管理测试工作；另一方面是保证测试人员得到的测试版本是最新的版本。版本控制是测试人员不可缺少的一种技术。有了软件测试的版本控制，测试人员的工作可以更加高效并且更有针对性地进行。

1. 缺乏测试过程版本控制的危害

（1）难以保证测试进度。

测试人员在测试通过每一款软件后，都认为软件是完美的。这种想法是好的，但是一个软件在它的整个生命过程中是不可能完美到没有一点错误存在的，只能尽可能不断地完善它。如果不做版本控制，接下来的时间里就会发现新的缺陷会让软件回到测试和修复工作，这时如果能够提供有效的版本控制，就会极大地提高软件测试的工作效率，能够掌握软件过程中的每个版本，并且能够与之前的版本进行对比，这样就会节省大量时间。

（2）难以保证测试的一致性。

软件测试往往是多个测试人员共同协作的过程，不同人对同一个软件的不同部分同时做着测试,这种行为有时会出现彼此交叉的情况。因此,软件测试是多人共同协力进行的繁杂工作,必须在效率与纪律间取得一个平衡。实践证明版本控制是有效的方式,能够避免因为缺乏版本控制或者流程管理可能带来的诸多问题。

(3) 测试版本冗余,易出现误用、覆盖风险。

待测软件在各个测试人员的机器上都有副本,并且同一个测试人员在不同时期也会在本机保留软件的多个版本。简而言之,一台机器上可能不止一个测试版本。这类似于一种信息的冗余,对于不同版本而言,其差别有时可能并不很大。而这些不同的测试版本随着时间的推移和测试工作的复杂化很容易混杂在一起,旧的版本将新的版本覆盖,将会造成测试人员无法分清每个版本之间的差异,甚至不清楚对于当前版本应该做什么事情,从而给测试工作带来极大的困扰。

(4) 容易导致本地版本和服务器版本不一致。

因为测试版本的众多,当测试版本不及时更新时,会造成测试版本和现行版本的不一致,甚至有些功能已经变更,这些就是缺乏版本控制和管理的结果。因而加强测试过程中的版本控制是一项很重要的工作。

(5) 测试文档缺乏可追溯性。

版本控制在记录了每个版本变更的描述和相关文件的同时,还能够为各种测试版本提供文档管理支持。能够很方便地随时查阅在软件测试过程中生成和编写的各种文档。

2. 如何有效控制测试版本

1) 测试版本控制的方法

(1) 在软件测试过程中制定规范的版本控制管理制度,明确整个测试中的测试需求,选择合适的版本控制切入点:什么条件时发布初始版本,什么条件时发布主版本,什么条件时发布子版本,把版本控制和测试里程碑结合到一起来实现阶段性成果,从而避免测试版本号混乱的风险。

(2) 通过制定合理的版本次数和监控机制来进行版本控制,为了有效地管理测试项目所需的版本次数,应该对测试工作量进行合理的评估,以此来做出合理的版次规划。

(3) 不能忽略版本控制管理员在版本控制中的重要性,版本控制管理员在测试版本控制中的重要性是不可估量的,离开了版本控制管理员与缺乏版本控制的情况是等效的。

(4) 做好版本控制的文档管理,对相关文档进行严格规范的管理,对测试过程中版本控制产生的相关文档进行记录、标识是很重要的,有了这些就能够很方便地跟踪和监控测试版本的执行。

(5) 选择合理的应用版本控制的软件工具,能够极大地提高测试工作的效率。

2) 常用版本控制工具介绍

要想方便地进行测试工作,就必须进行有效的版本控制,选择一款好的测试工具极为重要。下面介绍一款名为 SVN 的版本控制工具,SVN 是做配置管理的工具,是 SCM 管理工具中的一种。SVN 是 Subversion 的缩略词,是一个开放源代码的版本控制系统,相较于 RCS、CVS,它采用了分支管理系统,它的设计目标就是取代 CVS。SVN 具有以

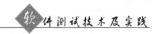

下主要功能。

（1）控制任何文件的版本。它能够维护和控制软件版本,有效地管理版本内容。

（2）针对不同的发布可以建立不同的分支结构。

（3）对目录和子目录进行版本控制。比如,在其中建立一个新的文件夹,对文件名进行修改,新建子目录,或者在不同的目录间移动文件等,都以不同的版本号记录到系统。

（4）明确项目权限管理流程。比如,可以将不同的权限授予不同的人员,还可以设置组来灵活地控制准入权限。

6.6　测试风险管理

对于测试风险管理的内容,需要掌握以下知识:

- 风险和测试风险的基本概念。
- 测试风险的识别技术。
- 测试风险分析方法。
- 测试计划风险。

6.6.1　测试风险和风险管理基本概念

风险(risk),即损失的不确定性,包括损失发生与否不确定、发生的时间不确定、损失的程度不确定和导致结果的不确定。换句话说,风险是指一个事件在某一个特定时间段里人们所期望达到的目标与实际出现的结果之间产生的距离。从广义上讲,只要某一事件的发生存在着两种或两种以上的可能性,那么就认为该事件存在着风险。

软件测试的风险是指软件测试过程出现的或潜在的问题,其原因主要是测试计划的不充分、测试方法有误或测试过程出现偏离,使得测试的结果不准确。软件本身的复杂性以及测试本身的特性决定了测试活动实施过程中风险的大量存在,而风险会影响测试活动的成败,严重时还可能导致整个项目的失败。测试风险是不可避免的、总是存在的,所以对测试风险的管理非常重要,必须尽力降低测试中存在的风险,最大程度地保证质量和满足客户的需求。

风险管理是指如何在一个肯定有风险的环境里把风险降至最低的管理过程。

6.6.2　测试风险识别技术

测试风险识别活动,就是要识别出对测试项目产生影响的测试风险,这也是测试风险管理的第一步。实际上,很多实施了风险管理活动的测试项目仍会出现意外而导致测试项目失败,其根本原因就是测试项目组没有真正地识别出对测试项目产生影响的风险。

测试风险的识别可从以下几个方面进行。

1. 头脑风暴法

头脑风暴法(brainstorming)常用在决策初期,对于测试风险识别拥有强大的威力。通常来说,测试项目中所遇到的风险绝大部分都可以由项目组自己解决,只有少量需要专家来解决。头脑风暴法就是选取一个合适的时间和地点,聚集项目组所有成员,一次只讨论一个风险并使用设备详细记录。不评判任何人的意见,尽可能多地鼓励思考,全力以赴,专注于寻找风险。

2. 访谈

访谈就是向与测试项目相关的资深专家进行关于风险的面谈,这将有助于找出那些在常规计划中没有被识别的风险。在访谈前,负责风险识别的人员根据事先准备的材料,选择合适的访谈对象,向他们提供项目的相关背景知识、简要的情况介绍和其他一些必要的信息,如测试项目的一些限制条件。在访谈过程中,访谈对象利用其丰富的经验,在访谈的基础上可以挖掘出过去没被发现的测试风险。

3. 风险检查表

风险检查表就是针对测试项目可能会遇到的风险列表。表的每一项都列出了可能会遇到的测试风险,风险识别人员对照表的每一项进行判断,逐个进行检查。这个表是由项目组中最有经验的人员创建的,表中列出的风险可能来源于曾经遭遇过的风险或者经历过的危机。最后,风险检查表还需要不断维护。

6.6.3　测试风险分析

测试风险分析是对识别出的测试风险进行定义描述,分析测试风险发生可能性的高低以及测试风险发生的条件等。因此,测试风险分析是建立在风险识别的基础上的。

测试风险分析的目的是确定测试对象、测试优先级以及测试深度,有时还包括确定可以忽略的测试对象。通过风险分析,测试人员识别软件中高风险的部分,并进行严格、彻底的测试;确定潜在的隐患构件,对其进行重点测试。风险分析工作的开展,在理想情况下,人员应由来自各部门的专家组成小组,在软件生存周期内尽早进行。一般情况是确定了需求马上进行。需求不变,就不需要进行完整的风险分析;需求变动,就需要对需求变动的部分再次进行风险分析。

风险分析可以分 5 个步骤进行:

(1) 确定测试范围的功能点和性能属性。

(2) 确定测试风险发生的可能。

(3) 确定测试风险发生后的影响程度。

(4) 计算测试风险的优先级。

(5) 确定测试风险的优先级。

通过风险识别技术确定测试范围的功能点和性能属性。首先收集相关的技术管理文档,然后通过文档确定测试清单。下面以一个手机银行软件测试项目为例加以说明,其功能点和性能属性清单如表 6-2 所示。

表 6-2　手机银行软件功能点和性能属性

功 能 点	性 能 属 性
支付验证	易用性
贷款	安全性
转账	效率
缴费	时效性
信用卡还款	可靠性
查询余额	便捷性

下面进一步确定手机银行软件各功能点和性能属性失效的可能性,也就是给这些功能点或性能属性按照失效可能性的高低进行赋值,如失效可能性较高的赋值为 H,失效可能性居中的赋值为 M,失效可能性较低的赋值为 L。按照此方法得出手机银行软件功能点/性能属性的失效可能性如表 6-3 所示。

表 6-3　手机银行软件功能点/性能属性失效可能性表

功能点/性能属性		失效可能性
功能点	支付验证	H
	贷款	M
	转账	M
	缴费	M
	信用卡还款	L
	查询余额	H
性能属性	易用性	M
	安全性	M
	效率	L

功能点或性能属性发生失效的可能性大小是由软件的系统特性决定的,这些特性由复杂性、接口的数目、新技术或者新平台的采用等因素所决定。

将测试风险发生后的失效影响程度分为高、中、低(H、M、L),得出手机银行软件的影响程度,如表 6-4 所示。

确定了失效可能性和影响程度的取值以后就可以计算测试风险的等级了,方法是:将可能性分别赋予数值(即:H=3,M=2,L=1),对失效可能性的值和失效影响程度的值求和。赋值可以采取更大的跨度,如 H=10,M=3,L=1。赋值的跨度大小因需求而不同,这主要取决于如何看待风险。但计算方法一旦选定之后,就要在整个测试风险分析过程中始终采用。这里使用 H=3,M=2,L=1 对上面的案例继续分析,计算得到的测试风险等级如图 6-3 所示。

表 6-4 手机银行软件的失效影响程度

功能点/性能属性		失效影响程度
功能点	支付验证	H
	贷款	H
	转账	M
	缴费	M
	信用卡还款	M
	查询余额	M
性能属性	易用性	H
	安全性	H
	效率	M

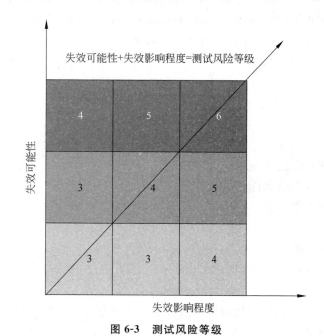

图 6-3 测试风险等级

按照计算出的测试风险等级顺序对其功能点或性能属性列表进行重新组织。一般是做一个表,从这个表里面可以看出哪些风险需要予以足够的重视。在对优先级进行排序后,可以划出一条分割线,在分割线之下的功能点或性能属性不需要进行测试或者可以进行较少的测试,如表 6-5 所示。

表 6-5 测试风险等级划分

功能点/性能属性	可能性	影响程度	测试风险等级
支付验证	H	H	6
贷款	M	H	5

功能点/性能属性	可能性	影响程度	测试风险等级
查询余额	H	M	5
易用性	M	H	5
安全性	M	H	5
转账	M	M	4
缴费	M	M	4
信用卡还款	L	M	3
效率	L	M	3

随着对软件系统的进一步了解，可能需要对分割线进行上移或下移。

6.6.4　测试计划风险

测试风险分析的最终目的是要了解和比较测试项目中所遇到的风险，判断哪些风险对测试项目会产生更大的影响，然后根据测试风险分析的结果安排测试计划。但测试计划本身的执行同样存在风险，这就是测试计划风险。

常见的测试计划风险如下：

（1）原有测试人员不可用。

（2）预算超支。

（3）测试环境无法获得。

（4）选用的测试工具无法使用。

（5）采购测试材料出现问题。

（6）参与者支持不能到位。

（7）培训需求不能满足。

（8）测试范围变更。

（9）测试需求不明确。

（10）风险假设改变。

（11）软件不可测试。

测试计划的风险一般指测试进度滞后或出现非计划事件，计划风险分析就是要找出对计划好的测试工作造成消极影响的所有因素，以及制定风险发生时应采取的应急措施。其中，交付日期的风险是主要风险之一。测试未按计划完成，发布日期推迟，影响对客户提交产品的承诺，管理的可信度和公司的信誉都要受到考验，同时也受到竞争对手的威胁。交付日期的滞后也可能是由于已经耗尽了所有的资源。计划风险分析所做的工作重点不在于分析风险产生的原因，而应放在提前制定应急措施来应对风险发生上。当测试计划风险发生时，可能采用的应急措施包括缩小范围、增加资源、减少过程等。例如，当用户在软件开发接近尾声时提出了重要需求变动，将采用的应急措施如下：

（1）增加资源。请求用户团队为测试工作提供更多的用户支持。

（2）缩小范围。决定在后续的发布中实现较低优先级的特性。

（3）减少质量过程。在风险分析过程中，确定某些风险级别低的特征测试，减少测试。

上述应急措施要涉及有关方面的妥协，如果没有测试计划、风险分析和应急措施处理风险，开发者和测试人员采取的措施就比较仓促，不利于将风险的损失控制到最小。因此，软件风险分析和测试计划风险分析与应急措施都是围绕"用风险来确定测试工作优先级"这样的原则来构成的。软件测试存在着风险，如果提前重视风险，并且有所防范，就可以最大限度地减少风险的发生。在项目过程中，风险管理的成功取决于如何计划、执行与检验每一个步骤。遗漏任何一点，风险管理都不会成功。

6.7　测试成本管理

对于测试成本管理的内容，需要学习以下知识：

* 测试成本管理的主要内容。
* 测试成本管理的基本原则和措施。

6.7.1　软件测试成本管理主要内容

软件生产的任何活动都是会产生成本的，一方面是经济效益，另一方面是时间成本，软件测试也不例外，进行软件测试可以提高软件项目的控制水平，在软件测试领域多一分投入，带来的回报就相应地增加一分。具体来说，在项目早期，测试有助于发现缺陷，降低系统修复成本。此外，测试可以缩短项目周期，节约时间成本和项目开发成本。软件测试的另一个经济目标是尽早发现缺陷，降低修复及售后服务成本。显然，每一个已发布产品中的缺陷除了会影响产品及企业的声誉外，还会直接增加产品的售后服务成本。无论是派人到现场调试还是发布补丁程序，都要远比在发布前的修复成本昂贵数十倍甚至数百倍。测试可以将因软件质量问题造成的风险降到最低。有效的测试可以识别软件缺陷和评价软件的各种风险，有助于实现软件产品目标。软件测试成本管理就是根据现有资源情况和软件测试项目的具体要求，利用既定资源，在保证软件测试项目的进度、质量使用户满意的情况下，对软件测试项目成本进行有效的控制来提高项目利润。软件测试项目成本的管理基本上可以用估算和控制来概括：首先对软件的成本进行估算，然后形成成本管理计划；在软件测试过程中，对软件测试项目施加控制，使其按照计划进行。软件测试项目成本管理计划是成本控制的标准，不合理的计划可能使测试项目失去控制，超出预算。因此成本估算是整个软件测试项目成本管理过程中的基础，成本控制使软件测试项目的成本在测试过程中控制在预算范围之内。成本管理的内容如下。

1. 资源计划

资源计划是指通过分析和识别测试项目的资源需求，确定需要投入的资源种类（包括人力、设备、材料等）、资源投入的数量和资源投入的时间，从而制定资源供应计划的项目成本管理活动。最终列出一份清单。

2. 成本估算

在制定测试项目计划后,就必须对项目需要的人力及其他资源、项目持续时间和项目成本做出估算。如果新项目和以往的项目类似,估算可以参考以前的成本费用。估算出完成软件测试项目所需资源成本的近似值。将估算反复评估,尽量减少不必要的投入和降低对成本估算的偏差。

3. 成本预算

成本预算将整个成本估算配置到各单项工作上,以建立一个衡量绩效的基准计划表。建立成本基准计划。项目成本预算是进行项目成本控制的基础,是将测试项目成本估算分配到项目的各项具体工作上,以确定各项测试工作的成本定额,制定项目成本的控制标准。

4. 成本控制

测试成本控制也称为项目费用控制,就是在整个测试项目的实施过程中,定期收集项目实际成本数据,与成本的计划值进行对比分析,并进行成本预测,及时发现并纠正偏差,使项目的成本目标尽可能好地实现。项目成本管理的主要目的就是项目的成本控制,将项目的运作成本控制在预算范围内,或者控制在可以接受的范围内,以便在项目失控之前就及时采取措施予以纠正。

6.7.2 软件测试成本管理的基本原则和措施

当一个测试项目开始后,就会发生一些不确定的事件。测试项目的管理者一般都在一种不能够完全确定的环境下管理项目,项目的成本费用可能出现难以预料的情况。因此,必须有一些可行的措施和办法,来帮助测试项目的管理者进行项目成本管理,实施整个软件测试项目生存周期内的成本度量和控制。

1. 软件测试项目成本的控制原则

1) 坚持成本最优化原则

软件测试项目成本控制的根本目的在于,通过成本管理的各种手段,在保证测试进度和质量的前提下,不断降低软件测试项目成本,从而实现最低目标成本的要求。但一定要从实际情况出发,客观、全面把握测试质量,通过主观努力实现可能达到的最高成本水平。

2) 坚持全面成本控制原则

利用"三全"管理理念,即全部测试团队、全体测试人员和全过程的管理。测试项目成本全过程控制,防止人人有责但人人不管的现象,要求成本控制工作要随着软件测试过程进展的各个阶段连续进行,既不能疏漏也不能时紧时松。

3) 坚持动态控制原则

成本控制是与质量控制和进度控制同时进行的,它是整个控制活动的一个组成部分。软件测试项目是一次性的,成本控制应强调项目的中间控制,即动态控制。成本控制的目的是提高经济效益,这就需要在成本形成过程中,定期进行成本核算和分析,以便及时发现成本出现的问题,同时加强管理,及时处理计划外的投入,以提高测试项目成本的管理水平。

4) 坚持项目目标管理原则

目标管理的价值在于,使远景和近景显得非常清晰,让目标实现的参与者清楚自己要怎么做;目标管理的内容包括:目标的设定和分解必须具体、可以衡量、可以到达;目标的责任到位和执行;检查目标的执行结果;评价目标和修正目标;形成目标管理的计划、实施、检查、处理循环。

5) 坚持责、权、利相结合的原则

在软件测试施工过程中,软件测试项目负责人和各测试人员在肩负成本控制责任的同时,享有成本控制的权力,同时要对成本控制中的业绩进行定期检查和考评,实行有奖有罚。只有真正做好责、权、利相结合的成本控制,才能收到预期的效果。

2. 软件测试项目成本控制措施

1) 组织措施

调整项目组织结构、任务分工、管理职能分工、工作流程是组织措施的基本方法,软件测试项目的组织结构包括项目负责人、技术负责人、财务负责人。项目负责人是成本管理的第一责任人,全面组织软件测试项目成本管理的任务分工、职能分工,制定工作流程等,还应及时掌握和分析盈亏状况,并迅速采取有效措施;技术负责人负责在保证测试质量、按期完成任务的前提下尽可能采取先进技术,以提高测试人员的效率和降低工程成本;财务负责人应及时分析项目的财务情况,合理调度资金。

2) 技术措施

技术措施的任务是在技术进步的前提下,通过更新原有的技术水平改造原有的测试工具,推行先进的技术管理办法,达到节约时间、降低消耗、提高工效及新工艺、提高测试效率和质量,降低测试成本的目标;严把质量关,杜绝返工现象,缩短验收时间,节省费用开支。

3) 经济措施

在外包服务业高速发展的今天,企业将自己不擅长的非核心业务外包给第三方去完成,这是一种节约社会资源、降低企业自身成本的有效经济措施。因此软件测试也可考虑外包,适合外包的部分尽量外包,让专业的团队去做专业的事。对于无法外包的部分,应改善劳动组织,施行合理的奖惩制度,加强培训工作,合理利用软件测试工具,提高测试效率。软件测试项目成本管理的目的就是确保在批准的预算范围内完成软件测试项目所需的各个过程。

6.8　本章小结

软件测试作为软件生存周期的一个重要组成部分,需要实施科学合理的项目管理才能确保测试目标的顺利实现。测试管理贯穿整个测试项目的生存周期,它以测试项目为管理对象,通过成立专门的测试组织,运用专门的软件测试工具和方法,对测试项目实施各项管理活动。

测试管理的范围可界定为一个包含测试项目所有活动的一览表。通常是由测试小组根据经验来进行划定或将项目分解成易于管理的更多部分,这些细化的部分就构成了项目的工作范围。

测试管理的主要依据是测试项目计划。测试计划的制定涵盖了质量保证计划、测试计划、测试优先级准则及测试结束准则等内容。制定质量保证计划是实施软件质量保证的首要任务,IEEE 730—2001 对软件质量保证计划的结构进行了有效的规划。软件测试计划是指导测试过程的纲领性文件,制定测试计划可以有效预防测试项目进行的风险,保障测试目标的顺利实现,只有积极地回答制定测试计划时需要面对的各类问题,才能制定出有效的测试计划,IEEE 829 对软件测试计划制定提出了一定的结构参考。由于在实施测试的过程中有可能出现因时间、预算不足等意外情况而导致不能执行所有的测试用例,这就需要根据一定的优先级划分原则给测试用例划分优先级,以保证在有限的时间和投入条件下,优先级高的测试用例先被执行。定义测试结束准则是测试计划的一项重要内容,明确测试何时停止将有助于减弱随机或不成熟地结束测试而引发的风险。

人是软件测试是否顺利实现预期目标的主要决定因素之一。如果能有效地组织具有较高专业水平和丰富行业经验的测试人员,发挥测试组织最大的工作效率,那么测试过程和测试结果将得到有效的保证。

软件测试过程通常需要经历若干阶段,为了确保在规定时间内完成所需完成的测试任务,需要对测试过程中的各个阶段实施管理。为了有效地控制测试进度,通过对影响测试进度的因素进行分析,采取必要的进度管理措施,尽量减少计划进度与实际进度的偏差,实现对项目的主动控制。

测试配置管理是软件配置管理的子集,作用于测试的各个阶段。其管理对象包括测试计划、测试方案(用例)、测试版本、测试工具及环境、测试结果等一切文档和数据。

测试风险是不可避免的,所以对测试风险的管理非常重要,必须尽力降低测试中所存在的风险,最大程度地保证质量和满足客户的需求。

软件测试成本管理就是根据现有资源情况和软件测试项目的具体要求,利用既定资源,在保证软件测试项目的进度、质量使用户满意的情况下,对软件测试项目成本进行有效的控制来提高项目利润。

习 题 6

1. 什么是测试项目?什么是软件测试管理?
2. 简述测试管理的原则、范围和要素。
3. 什么是质量保证?简述 IEEE 730—2001 软件质量保证计划的结构规划。
4. 什么是测试计划?制定测试计划主要面对什么问题?
5. 简述 IEEE 829 软件测试计划的结构参考。
6. 简述如何做好一个测试计划。

7. 简述测试用例优先级的划分准则。

8. 简述测试结束准则。

9. 测试组织与人员管理的主要任务是什么？应遵循什么原则？

10. 简述软件测试组织的两种结构。

11. 一个优秀的软件测试人员应具备哪些能力？

12. 什么是测试过程管理？简述测试过程管理的内容。

13. 什么是测试进度管理？影响测试进度的因素有哪些？

14. 什么是软件项目跟踪和质量控制？简述软件测试项目过程中项目跟踪和质量控制的关键点。

15. 什么是软件测试配置管理？和软件配置管理有什么区别？

16. 软件测试配置管理的任务是什么？

17. 软件测试的版本控制有什么作用？常用什么工具来管理？

18. 软件测试风险有哪些？和我们常提到的风险有什么区别？

19. 软件测试风险识别技术有哪些？

20. 如何对测试风险进行分析？

21. 常见的测试计划风险有哪些？如何采取有效措施？

22. 软件测试成本的主要内容有哪些？

23. 软件测试成本管理的基本原则是什么？如何控制软件测试成本？

第 7 章

软件自动化测试工具

本章学习目标

- 软件测试工具基本知识。
- 软件测试工具的类型。
- 常用测试工具介绍。

利用软件测试工具使软件测试达到自动化,是软件测试技术的一个重要内容。软件测试工具可以完成很多人工无法完成或难以实现的复杂的测试工作。正确、合理地使用测试工具,能够快速、全面地对软件进行测试,从而很大程度上节省测试成本,提高软件质量,缩短产品发布周期。本章先介绍自动化测试的定义、软件测试工具的作用和优势,再介绍测试工具的分类,最后介绍常用的几个测试工具。

7.1 软件测试工具概述

为了了解软件测试工具在软件测试中的作用,需要了解如下知识:

- 软件测试自动化基本知识。
- 测试工具的作用和优势。

7.1.1 软件测试自动化

随着计算机技术的飞速发展,计算机软件越来越庞大和复杂,软件测试的工作量也随之越来越大。通常软件测试要占用整个软件工程的 40% 的开发时间,对于规模庞大、逻辑结构复杂或对可靠性要求非常高的软件,测试甚至会占用 60% 的开发时间。在整个软件测试工作中,手工测试往往占用了很大一部分时间。在使用白盒测试技术或黑盒测试技术进行单元测试和集成测试过程中,很多时候是通过手工测试完成的。例如,使用白盒测试技术遍历程序路径和使用黑盒测试技术进行各模块功能测试等,大多采用手工方式完成。由于软件测试中许多操作是重复性和非智力创造性的工作,并且对测试工作要求细致和准确,对于这样的工作非常适合由计算机代替人去完成。软件测试自动化作为软件测试技术的重要组成部分,能够代替人工进行手工无法完成或难以实现的测试工作。正确、合理地实施自动化测试,能够快速、全面地对软件进行测试,从而提高软件的质量。

1. 软件测试自动化的定义

软件测试自动化是指使用自动化测试工具或手段,把以人为驱动的测试行为转化为机器执行的一种过程。软件测试自动化按照测试人员的预定计划进行自动测试,以检验软件的功能、性能以及逻辑路径的正确性,并能对软件测试进行自动化的管理等,其目的是减轻手工测试的劳动量,从而达到提高软件质量的目的。通常,在设计了测试用例并通过评审之后,由测试人员根据测试用例中描述的规程一步步执行测试,得到实际结果与期望结果的比较。在此过程中,为了节省人力、时间或硬件资源,提高测试效率,便引入了软件测试自动化的概念。软件测试自动化涉及测试流程、测试体系、自动化编译和自动化测试等方面知识的整合。换句话说,要实现软件测试的自动化,光靠技术和工具是不够的,还要给予资金上和管理上的支持,用专门的测试团队建立适合自动化测试的测试流程和测试体系,把源代码从受控库中取出、编译、集成,并进行自动化的功能和性能等方面的测试。

软件自动化测试能够代替大量手工测试工作,同时避免了重复测试。此外,软件自动化测试还能够完成大量手工无法完成的测试工作,例如并发用户测试、大数据测试、长时间运行可靠性测试等。特别是对于大规模的软件工程,其功能部件有很多,而且部件之间的关系也比较复杂,需要的测试量很大。采用人工测试需要投入很大的精力。自动化软件测试可以有效地减轻工作量,提高软件测试效率。

2. 软件测试自动化的发展过程

软件自动化测试是相对手工测试而言的,主要是通过使用软件测试工具、脚本等来实现,具有良好的可操作性、可重复性和高效率的特点,已经成为国内软件工程领域的一个重要部分。在软件测试自动化发展历程中,已经解决了很多至关重要的问题。

第一代自动化测试大约发生在 20 世纪 90 年代初期,这一代自动化使用的测试工具以捕捉和回放工具为主,通过硬件方式捕捉键盘的操作并回放,捕捉的操作和数据形成脚本,在这种模型下数据和脚本混合在一起。这些工具提供了简单的脚本功能,测试人员可以根据需要对脚本进行编辑修改,例如,可增加循环操作或一些简单的判断条件等,以强化测试。这一代测试自动化技术有很大的局限性:缺少检查点的功能,自动化程度有限,维护成本很高,即使是界面的简单变化也需要重新录制,脚本可重复使用效率低。

第二代自动化测试发生在 20 世纪 90 年代末至 21 世纪初,这一阶段已转变为通过软件录制和回放测试脚本,测试人员认识到采用统一脚本语言的重要性,也找到了功能完备并适合测试工作的脚本语言。测试工具增加了检查点和参数化的功能。测试运行时可以从数据文件中读取输入数据,通过变量的参数化将测试数据传入测试脚本,使同一段脚本自动使用不同数据运行。在这种模型下数据和脚本是分离的,脚本利用率和可维护性大大提高。

第三代自动化测试开始于 2001 年,称为"关键字驱动的自动化测试"。这一代自动化测试主要把测试脚本抽象化,关键字驱动的测试将测试逻辑按照关键字进行分解,形成数据文件,关键字对应封装的业务逻辑,测试工具只要能够解释这些关键字即可对测试应用自动化。主要关键字包括 3 类:被操作对象(item)、操作(operation)和值(value),关键字驱动的主要思想是:脚本与数据分离,界面元素名与测试内部对象名分离,测试描述与具体实现细节分离。

第四代自动化测试技术又称为"专注于业务需求的自动化测试"。相对第三代,第四代自动化测试技术将在可管理性、易用性以及设备利用率方面有质的飞跃,从测试脚本的设计、自动化、维护到文件存档都实现一个全面且根本的进化。

软件测试自动化已经成为软件测试技术和软件工程领域的重要组成部分,值得注意的是,在完整的软件测试自动化流程和体系中,不仅需要技术支持,还需要考虑企业文化和管理对软件测试整个过程所起到的重要影响。例如软件测试自动化的有效实施,不仅需要资金的支持,还需要研发团队提供的技术支持及对测试过程进行有效的管理,通过设计合理的测试流程和体系,提高测试效率,只有这样,测试工具和测试自动化才能推动着整个测试行业的发展。

7.1.2 测试工具的作用和优势

"工欲善其事,必先利其器。"为了实现软件测试自动化,首先要具备一套自动化测试工具软件。通过使用自动化测试工具,测试人员只要根据测试需求完善测试过程中所需的行为,自动化测试工具将自动生成测试脚本,通过对测试脚本的简单修改便可以用于以后相同功能的测试。对于长期的软件测试工作,测试工具可以重复使用测试脚本,有效地减少测试工作量,提高软件测试工作的效率和软件测试的质量。

测试自动化工具是实现软件自动化测试的基础和手段,是软件测试中不可或缺的一个部分。一个好的测试自动化项目必须具备高效可靠的测试工具,它可以推动整个软件测试的运行和发展。软件测试工具存在的价值是为了提高测试效率,用测试工具软件来代替一些人工输入。测试管理工具是为了复用测试用例,提高软件测试的价值。一个好的软件测试工具和测试管理工具结合起来使用将会使软件测试效率大大提高。软件测试工具具有如下作用和优势:

(1)克服手工测试的局限性。

自动化测试工具利用计算机在运算效率上的优势,可以代替人工完成很多重复性的测试工作。特别是对于一些比较复杂庞大的软件来说,可能包含很多不同的部件,各个部件之间还会相互影响,导致其测试工作量非常庞杂。自动化测试工具可以在短时间完成更多的测试工作,同时还不需要投入很多人力物力,有效地节约了企业运营成本,提高了软件研发效率,缩短了软件的研发周期。此外,自动化测试工具可以执行一些人工测试困难或不可能进行的测试,有效避免人工测试带来的错误,极大地减少错误发生的概率,提高了测试精度。例如,对于大量并发用户的测试,实际测试中是很难创建相应的测试环境的,但是却可以通过自动化测试工具来虚拟大量用户,从而达到测试的目的。因此,当测试工作比较复杂,需要进行重复测试时,利用自动化测试工具进行软件测试和人工测试相比就会有明显的优势。

（2）便于回归测试。

由于回归测试的动作和用例是完全设计好的，测试期望的结果也都是可以预料的，因此，将回归测试通过软件测试工具运行，可以极大地提高测试效率，缩短回归时间。另外，对于产品型的软件，每发布一个新的版本，其中大部分功能和界面都和上一个版本相似或相同，这部分功能特别适合用自动化测试工具进行。

（3）资源利用率高。

利用自动化测试工具进行软件测试，可以提高准确性和测试人员的积极性，测试人员可以将更多的精力投入到设计更好的测试用例中。同时，测试人员可以设置自动化测试工具在夜间无人运行，这样，测试人员可以在白天做更多的工作。另外，对于有些依赖人工测试的项目，利用测试工具实现软件测试自动化可以让测试人员专注研究人工测试部分，从而提高人工测试的效率。软件自动化测试工具使得人们可以充分利用资源，各执其职，将软件测试工作更高效更有质量的完成。

（4）具有一致性和可重复性。

由于每次自动化测试运行的脚本是相同的，并且进行的测试是自动执行的，使得每一次测试的结果和执行的内容的一致性可以得到保障，从而达到测试的可重复的效果。由于自动化测试的一致性，很容易发现被测试软件的任何改变，这样可以很快、很广泛地查找缺陷。测试工具可以完成固定重复的工作，这样测试人员可以有更多的时间研究设计更多的测试用例，使得测试工作更有效地进行。

（5）提高性能测试质量。

性能测试在软件的质量保证中起着重要的作用，它包括的测试内容丰富多样。性能测试手工很难完成，目前基本是靠软件测试工具来完成的。中国软件评测中心将性能测试概括为 3 个方面：应用在客户端性能的测试、应用在网络上性能的测试和应用在服务器端性能的测试。通常情况下，三方面要有效、合理地结合。性能测试工具可以预测软件系统的性能和优化性能，可以达到对系统性能全面的分析和瓶颈的预测，提高性能测试的质量。

（6）重现软件缺陷的能力。

手工测试期间发现的缺陷，要原样重现缺陷过程是比较困难。采用自动化测试工具建立测试所进行的步骤被记录和存储在测试脚本中，脚本回放将执行完全相同的动作，当相应的开发人员接到错误报告后，可修改回放脚本的选项，以便直接产生软件错误的事件顺序。

尽管软件自动化测试工具有如此多的优点，但是自动化测试工具也不是万能的，也存在着局限性，很多情况下，软件自动化测试工具不具备智能性，只能机械地进行工作，对于一些需要对不同情况进行选择的应对性的测试工作，利用自动化测试工具就难以实现。同时，在自动化测试中编写的测试脚本工作量很大，有时该工作量甚至超过了人工测试的时间。另外，新的软件缺陷越来越多，自动化测试失败的几率也越来越大。因此，也不能完全依赖于自动化测试工具，要将人工测试与自动化工具测试结合起来，共同发挥各自的作用和优势，使得软件测试更加有效地进行。

7.2　测试工具类型

为了了解不同类型的软件测试工具，需要学习如下知识：

- 静态测试工具。
- 单元测试工具。
- 功能测试工具。
- 性能测试工具。
- 测试管理工具。

在实际软件测试中，首先要选择一个合适的且满足软件系统工程环境的自动化测试工具。自动化测试工具很多，不同的测试工具，其面向的测试对象不同，测试的重点也有所不同，选择一个合适的测试工具才能有效地完成自动化测试。按照工具所完成的任务，可以将测试工具分为以下几大类：静态测试工具、单元测试工具、功能测试工具和性能测试工具，另外还有用于测试管理（测试流程管理、缺陷跟踪管理、测试用例管理）的工具。

7.2.1　静态测试工具

静态测试工具直接对代码进行分析，不需要运行被测程序，也不需要对代码进行编译链接和生成可执行文件，仅通过分析或检查源程序的语法、结构、过程、接口等来检查程序正确性的一种软件测试工具。静态测试工具一般是对代码进行语法扫描，找出不符合编码规范的地方，根据某种质量模型评价代码的质量，生成系统的调用关系图等。静态测试工具利用静态分析，通过程序静态特性的分析，找出欠缺和可疑之处，例如不匹配的参数、不适当的循环嵌套和分支嵌套、不允许的递归、未使用过的变量、空指针的引用和可疑的计算等。静态工具测试结果可用于进一步查错，并为测试用例选取提供指导。静态测试工具具有以下几个特点：

（1）无须执行被测程序，通过人工或借助于专用软件测试工具的方式来完成测试。

（2）不运行和使用软件，只是检查被测程序或评审相应的软件文档。

（3）通过评审文档、阅读代码等方式来进行软件测试。

现在的静态测试工具一般提供两个功能：分析软件的复杂性，检查代码的规范性。

具有分析软件复杂性功能的静态测试工具在对软件产品进行分析时，以软件的代码文件作为输入，静态测试工具对代码进行分析，然后与用户定制的质量模型进行比较，根据实际情况与模型之间的差距，得出对软件产品的质量评价，并且允许用户调整质量模型中的一些数值，以更加符合实际情况的要求。

很多静态测试工具具有检查代码规范性的功能，这类工具的内部包含了一些公认的编码规范，如函数、变量、数据表、对象的命名规范等，并支持对这些规范进行设置。使用者可以根据实际情况设置适合自己的编码规范，测试工具通过对代码进行分析，对语法进行扫描,定位代码中不符合编码规范的地方。

　　静态测试工具可以进行代码审查、一致性检查、错误检查、接口分析、输入输出规格说明分析、数据流分析和单元分析等。与人工进行静态测试的方式相比,使用静态测试工具具有发现缺陷早、降低返工成本、覆盖重点和发现缺陷的概率高的优点。

　　常用的静态测试工具有 McCabe Associates 公司开发的 McCabe Visual Quality ToolSet 分析工具、ViewLog 公司开发的 Logiscope 分析工具、Software Emancipation 公司开发的 Discover 分析工具、Software Research 公司开发的 TestWork/Advisor 分析工具、北京邮电大学开发的 DTS 缺陷测试工具等。

7.2.2　单元测试工具

　　单元测试工具是指对软件中的最小可测试单元进行检查和验证的软件测试工具。单元是人为规定的最小的被测功能模块,如在 C 语言中单元可以是一个函数,在 Java 里单元可以是一个类,在图形化软件中单元可以是一个窗口或一个菜单等。单元测试工具是在软件开发过程中用来进行最低级别测试活动的软件测试工具,软件的独立单元将在与程序的其他部分相隔离的情况下进行测试。

　　通常,单元测试工具可以在以下范围内使用:

　　(1) 验证代码是否与设计相符合。

　　(2) 发现设计和需求中存在的错误。

　　(3) 发现在编码过程中引入的错误。

　　(4) 代码重构。

　　单元测试工具可用于检验被测代码的一个很小的、很明确的功能是否正确,并且,单元测试工具操作容易,易于上手,结构覆盖率高,可以有效地提高软件测试效率。越早利用单元测试工具进行测试,越有利于提高软件测试效率。

　　常用的单元测试工具如下:

　　(1) 代码静态分析工具:Logiscope、McCabe QA、CodeTest 等。

　　(2) 代码检查工具:PC-LINT、CodeChk、Logiscope 等。

　　(3) 测试脚本工具:TCL、Python、Perl 等。

　　(4) 覆盖率检测工具:Logiscope、PureCoverage、TrueCoverage、McCabe Test、CodeTest 等。

　　(5) 内存检测工具:Purify、BoundsCheck、CodeTest 等。

　　(6) 专为单元测试设计的工具:RTRT、Cantata、AdaTest 等。

7.2.3　功能测试工具

　　功能测试工具可以根据产品特性、操作描述和需求规格说明,测试一个产品的特性和可操作行为,以确定它们是否满足需求规格,并能用于验证软件对目标用户能正确工作的软件测试工具。功能测试工具的测试对象是那些拥有图形用户界面的应用软件。一个成熟的功能测试工具一般具备以下几个功能:录制和回放、检验、可编程。

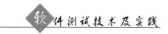

1. 录制和回放

功能测试工具有录制和回放的功能。打开录制功能,功能测试工具会以脚本语言的形式记录操作的全过程,将所有的测试用例录制下来。在需要重新执行测试用例时,功能测试工具能够回放录制好的脚本,按照脚本中的内容操作被测软件。

2. 检验

一个好的功能测试工具具备检验的功能,通过在测试脚本中设置检验点,功能测试工具能够有效地对操作结果的正确性进行检验,例如文本、图片、各类控件的状态等,实现了完整的测试用例执行自动化。

3. 可编程

对录制的脚本进行编程,例如在脚本中添加分支、函数调用、循环的控制语句等,功能测试工具可以使得脚本的执行过程得到更多的控制,使得脚本更加灵活,脚本的组织更有逻辑性,功能更加强大。

功能测试工具是软件测试工具中非常活跃的一类工具,它不仅能自动捕获、检测和回放用户对系统的操作,还可以提供详尽、准确、易读的运行结果报告,快速地执行测试用例。现在的功能测试工具已经较为成熟,常用的功能测试工具有 Rational 公司开发的 Robot、MercuryInteractive 公司开发的 WinRunner、Compuware 公司开发的 QARun、Segue 公司开发的 SilkTest 等。

7.2.4　性能测试工具

性能测试工具主要用来预测和优化软件系统的性能,有些工具还可以用于自动多用户客户/服务器加载测试和性能测量,用来生成、控制并分析客户/服务器应用的性能等。性能测试可以用来衡量系统的响应时间、事物处理速度和其他时间敏感的需求,测试出与性能相关的工作负载和硬件配置条件。

使用性能测试工具对软件系统的性能进行测试时,可以分为以下几个步骤:

(1) 录制测试脚本。对软件产品性能测试的功能部分的操作过程进行录制,形成与操作相对应的测试脚本。

(2) 修改脚本。根据实际测试需求对录制的测试脚本进行适当修改。

(3) 设置测试场景。根据实际脚本运行的过程需求设置测试场景。

(4) 运行测试脚本。性能测试工具会通过设置的场景来模拟实际环境以执行所录制的脚本,并实时地显示与被测软件系统相关的各项性能数据。

利用性能测试工具测试软件性能,可以验证软件系统是否能够达到用户需求的性能指标,同时发现软件系统中存在的性能瓶颈,优化软件,最后起到优化系统的目的。其作用包括以下几个方面:

（1）评估系统的能力。根据系统不同负荷及对应的事务处理速度、响应时间等数据综合评估系统的能力，并帮助做出决策。

（2）识别体系中的弱点。将系统的负荷增加到一个极端的水平，以发现系统的瓶颈或薄弱的地方。

（3）系统调优。给系统安排不同的活动或进行不同的设置，重复运行测试，观察并比较不同运行的测试结果，发现软件中的性能问题并改进性能。

（4）验证稳定性和可靠性。通过给系统加载一定的负荷并使其连续执行一定的时间以评估系统稳定性和可靠性。

常用的性能测试工具有 Rational 公司开发的 Robot、Mercury Interactive 公司开发的 LoadRunner、Radview 公司的 WebLoad、Microsoft 公司的 WebStress 等工具以及针对数据库测试的 TestBytes、对应用性能进行优化的 EcoScope 等。

7.2.5　测试管理工具

测试管理工具是指能在软件测试过程中，对测试需求、测试计划、测试用例和测试实施过程进行管理，并能对软件缺陷进行跟踪管理的工具。通过使用测试管理工具，测试人员或开发人员可以更方便地记录和监控每个测试活动、测试阶段的结果，找出软件的缺陷和错误，记录测试活动中发现的缺陷和改进建议。且通过使用测试管理工具，测试用例可以被多个测试活动或阶段复用，可以输出测试分析报告和统计报表。有些测试管理工具可以更好地支持协同操作，共享中央数据库，支持并行测试和记录，从而大大提高测试效率。

测试管理工具主要能够完成的工作有以下几大类：

（1）项目管理。包括项目管理、团队管理、需求管理、测试计划管理、发布管理等功能。

（2）测试管理。包括缺陷管理、测试用例管理、测试任务管理、测试执行管理、测试结果管理、测试版本管理等功能。

（3）文档管理。包括项目文档库、自定义文档库等功能。

（4）组织管理。包括部门、用户、分组、权限等功能。

测试管理工具具有如下优点：

（1）制定可靠的部署决策，降低应用程序部署风险。

（2）方便管理整个项目质量流程并使其标准化，有效提高应用程序质量和可用性。

（3）管理应用程序的变更。

（4）存储应用程序与质量相关的数据。

（5）针对功能和性能测试的面向服务的基础架构服务。

常用的测试管理工具的代表有 Rational 公司的 TestManager、Compuware 公司的 TrackRecord、Mercury Interactive 公司的 TestDirector 等。

7.3　常用测试工具

常用的软件测试工具有 QTP、Logiscope、QACenter、WinRunner、LoadRunner、TestDirector、AutoRunner、Parasoft Jtest、JUnit 和 Parasoft C++ Test。

7.3.1　QTP

QTP，即 QuickTest Professional 的简称，是 Mercury Interactive 公司（已被惠普公司收购）继 WinRunner 之后开发的又一款功能自动化测试工具。QTP 是一款先进的自动化测试解决方案，主要用于创建功能和回归测试。其使用方法与 WinRunner 很相似，但 QTP 独特的特性使其有更强的竞争力。QTP 工具能够自动捕捉、验证和回放用户的交互行为，尤其适用于 GUI 应用程序，包括传统 Windows 应用程序以及现在使用日益增多的 Web 应用程序。QTP 能够支持所有常用环境的功能测试，包括标准 Windows 应用程序、各种 Web 对象、.NET、Visual Basic 应用程序、ActiveX 控件、Java、Oracle、SAP 应用和终端模拟器等。

QTP 工具的特点如下。

1. 采用关键字驱动的测试

关键字驱动测试技术是数据驱动测试的一种改进，是用关键字的形式将测试逻辑封装在数据文件中。QTP 采用关键字驱动的理念简化了测试用例的创建和维护。用户可以应用 QTP 工具直接录制屏幕上的操作流程，自动生成功能测试或者回归测试用例，在 QTP 中，有专门的关键字脚本开发视图，称为关键字视图。在录制脚本的过程中，用户执行的每一个步骤在关键字视图中被记录为一行，所用操作的对象及相应的动作按照层次和顺序保存在一个关键字表格中，可以通过编辑表格的方式编辑脚本。专业测试人员则可以通过 QTP 提供的内置脚本和调试环境来取得对测试和对象属性的完全控制。

关键字驱动测试把测试脚本的编程工作分离出去，使得编程经验不足的人也能开发自动化测试脚本。关键字驱动测试使测试脚本的维护工作量减少，即使程序发生很大的改变，也只需要简单地更新和维护即可。关键字视图直观有效，QTP 通过模块化的表格创建和查看测试或者组件的步骤，这样用户可以轻松地修改任何一部分。

2. 专家视图功能

专家视图也称脚本视图，显示了 QTP 工具自动生成的基于业界标准的 Visual Basic 脚本代码，专业测试人员可以在专家视图中查看和编辑自己的测试脚本来增强测试脚本的功能。QTP 在关键字视图中的每个节点在专家视图中对应一行脚本代码，且专家视图中的任何变动都会与关键字视图的变动同步。专家视图适合有编程经验的测试人员直接编写脚本代码或直接对脚本代码进行修改。

3. 自动引用检查点

QTP 可以自动引用检查点，以验证应用程序的属性和功能。QTP 提供了标准检查点、图片检查点、表格检查点、网页检查点、文字检查点、文字区域检查点、图像检查点、数据库检查点和 XML 检查点，可以为任何对象添加几种不同类型的检查点，以便验证组件是否按预期运行。例如，使用网页检查点可以检查网页加载时间或检查网页是否会有不正确的链接。

4. 支持数据驱动的测试

QTP 支持数据驱动的测试，数据驱动脚本技术是将测试输入数据存储在外部的数据文件中，而不是绑定在脚本中，脚本执行时是从数据文件中读取数据。数据驱动最大的好处是可以使用不同数据对同一个脚本进行测试。对数据进行修改时不必修改脚本。数据驱动使得自动化测试代码复用率显著提高。

5. 提高工作效率

使用 QTP 工具，只需单击"记录"按钮，并操作应用程序使其执行计划的业务流程即可创建测试脚本，系统使用简明的英文语句和屏幕抓图来自动记录业务流程中的每个步骤，即使是新的测试人员也能够在几分钟内掌握提高工作效率的方法。用户可以在关键字视图中轻松修改、删除或重新安排测试步骤。

6. 全面的测试结果报告

当执行完测试或意外中断时，QTP 会自动生成一份完整的测试结果报告，报告会显示测试运行的所有内容，包括高级结果概述。测试报告是一个可扩展树形视图，准确指出应用程序故障位置以及使用的测试数据，突出显示有差异的应用程序屏幕抓图以及每个通过和未通过检查点的详细说明等。此外，通过使用 Mercury TestDirector 合并 TestFusion 报告，可以在整个 QA（质量保证）团队和开发团队中共享这些报告。

7. 加快更新流程

当被测应用程序发生变化时，例如将"删出"按钮重命名为"删除"时，只需对共享对象库进行一次更新，此次更新会使所有引用该对象的脚本自动同时更新，加快了更新流程。QTP 可以将测试脚本发布到 Mercury TestDirector，使其他 QA（质量保证）团队成员可以重复使用该测试脚本，从而减少重复工作。

7.3.2　Logiscope

Logiscope 由法国 Telelogic 公司开发，是一款专用于软件质量保证和软件测试，面向源代码进行工作的自动化测试工具。Logiscope 工具应用于软件的整个生存周期，贯穿于软件开发、代码评审、单元测试、集成测试、系统测试及软件维护阶段，并可完成认证、逆向工程的相关工作。Logiscope 尤其适合对于可靠性和安全性要求高的软件项目和工程做质量分析和测试，以保证软件的质量。Logiscope 可以对多种语言实现的代码进行分析，包括 C、C++ 、Java、Ada 等。

　　Logiscope 主要提供静态结构分析、代码质量分析和动态覆盖率分析三大功能，对应这三项独立的功能，相应有三个彼此独立的工具，即 Audit、RuleChecker 和 TestChecker。Audit 和 RuleChecker 提供了对软件进行静态分析的功能，TestChecker 提供了测试覆盖率统计的功能。

1．Logiscope Audit

　　Logiscope Audit 定位错误模块，审查代码的质量，对软件的体系结构和编码进行确认，用于软件质量的分析。使用 Audit 来审查代码的质量分为两步：建立被测程序的 Audit 项目，分析 Audit 给出的质量审查结果。Audit 主要用于评估软件质量及其复杂程度，它能提供代码的直观描述，并自动生成软件文档。

2．Logiscope RuleChecker

　　RuleChecker 是 Logiscope 的另一个功能，它是一个静态的白盒性质的测试工具，用来检查代码书写的规范性。该工具包含了大量的标准规则，根据这些规则自动检查软件代码错误，然后直接定位错误并自动生成测试报告。

3．Logiscope TestChecker

　　用于测试覆盖分析与统计，提供包括语句覆盖、判定覆盖、条件组合覆盖和基于应用级的 PPP 覆盖，可根据软件结构度量测试覆盖率，评估测试效率，提高测试的有效性，确保满足要求的测试等级。TestChecker 可以对源代码结构进行分析，标明没有被测试的路径。使用该工具可以直接反馈测试效率和测试进度，协助进行衰退测试，支持不同的实时操作系统和多线程，自动生成定制报告和文档。

7.3.3　QACenter

　　QACenter 集成了一套强大的自动测试工具，这些工具符合各种机型，包括大型机应用的测试需求，使开发组获得一致而可靠的功能和性能。QACenter 测试工具能够实现以下功能：

　　（1）帮助测试人员快速地创建一个可重用的测试过程。

　　（2）自动对测试过程进行管理，快速分析和调试代码，既可对单元和集成过程设计测试用例，也可对强度、并发、容量和负载等应用性能设计测试用例，还可设计回归及移植设计测试用例。

　　（3）自动执行测试并生成相应的测试结果文档。

　　QACenter 工具主要包括以下几个模块。

1．QARun

　　QARun 组件主要用于客户端/服务器模式下对客户端应用的功能测试，包括对客户端的 GUI(图形用户界面)应用测试及客户端事务逻辑的测试。它通过鼠标移动、点击及键盘操作就能获得被测系统的测试脚本,并可以方便地对脚本进行编辑,以提高脚本的测试能力。例如,可在脚本中插入检查点。可针对被测应用所包含的功能点建立相应的基线值,其目的是在插入检查点的同时建立期望值,检查点用于确定实际运行结果与期望结果是否相同。QARun 特别适合进行回归测试,通过 QARun 可以大大提高回归测试的效率。

QARun 可以利用外部数据源对不同的脚本进行拼接,通过拼接实现体现不同测试场景的脚本,这样可以使用少量脚本实现不同场景的测试。QARun 具有独特的文本识别技术,它可以捕获不同字体、大小和颜色的文本。QARun 提供内置的同步机制,可以使指定的不同脚本同步执行,这对于测试不同用户同时进行操作、处理很有帮助。

2. QALoad

QALoad 工具支持企业级应用的负载测试,可以帮助测试人员、开发人员和系统管理人员对分布式系统进行有效的负载测试。QALoad 能够轻松模拟大批量用户的活动,方便观察大量用户负载下对系统性能的影响。QALoad 支持范围广,测试内容多,具有以下使用特点:

(1) 脚本生成简单快捷。QALoad 通过捕捉会话生成基本测试脚本,通过编辑脚本为脚本添加扩展功能。

(2) 模拟大量的虚拟用户。对已生成的脚本进行编译,脚本通过编译后,QALoad 可以将脚本分配到测试环境中指定的代理机上,通过多个代理机模拟大量用户的并发操作,以验证高负载下的系统的性能。这种方法可以大大提高测试能力,减少进行大型负载测试时的资源耗费,减轻测试工作的劳动强度,节省测试时间,提高测试效率。

(3) 具有广泛的适用性。QALoad 支持 DB2、NETLoad、TUXEDO、DCOM、UNIFACE、Oracle、ODBC、Corba、QARun、SAP、Sybase、SQL Server、Telnet、WWW 等多种应用系统、数据库平台和通信协议。

3. QADirector

QADirector 工具为 QACenter 提供管理整个测试过程的框架。QADirector 可以对测试的组织进行设计,也可以创建和管理测试过程。QADirector 能够自动地组织测试资料,建立测试过程,能够按预定的次序执行多个测试脚本,能记录、跟踪、分析测试过程和测试结果,能和多个并发用户共享测试信息。

4. TrackRecord

TrackRecord 是集成缺陷跟踪管理工具,可对测试中发现的缺陷进行管理跟踪。

5. EcoTOOLS

QALoad 是一个非常适合在服务器上设置负载及对较小的服务器进行性能测试的测试工具,但 QALoad 不具备诊断问题的功能。QALoad 与 EcoTOOLS 的集成可以为负载测试和项目计划和管理提供全面的解决方案。

EcoTOOLS 利用数百个 Agents 来监控服务器资源。EcoTOOLS 能够监控 Windows NT、UNIX 系统以及 Oracle、Sybase、SQL Server 等数据库和其他应用包。通过 QALoad 与 EcoTOOLS 的集成,可以对系统生成负载,并通过图形窗口监控资源的利用情况。

7.3.4　WinRunner

WinRunner 是一个以 Windows 系统为基础的企业级软件功能测试工具,帮助测试人员自动处理从测试开发到测试执行的整个过程,它通过自动录制、回放、运行、自动检测实现各种功能测试工作,可以检验被测应用程序是否能够正常运行及是否能够达到预期的功能。

WinRunner 工具可以创建在应用程序整个生存周期内可以重复使用的测试,测试人员不必对程序的每一次改动都重新创建测试,极大地节省了时间和资源。

在 WinRunner 中,测试人员可将测试脚本转化为数据驱动的测试,可为相同的测试任务配置多组数据,以达到使用不同类型的数据全面测试的目的。

WinRunner 脚本录制有 Context Sensitive 和 Analog 两种模式。Context Sensitive 模式是以 GUI 对象(菜单、按钮等)为基础,录制对 GUI 的对象的各类操作(点击、移动、选取等)。Analog 模式主要是录制鼠标的移动轨迹(用 X 轴和 Y 轴定位跟踪鼠标运行轨迹)。Context Sensitive 模式和 Analog 模式可以互相转换。使用 WinRunner 进行测试时包括创建包括 GUI Map 文件、创建测试脚本、调试测试脚本、运行测试脚本、分析结果和提取缺陷 6 个阶段。

1. 创建 GUI Map 文件

WinRunner 通过学习 GUI 对象的属性来识别 GUI 对象,并把 GUI 对象属性保存在 GUI Map 文件中。GUI 对象包括组成 Windows 应用程序的窗口、按钮、菜单等。GUI Map 文件包含了 GUI 对象的逻辑名和物理描述,逻辑名是对象物理描述的简称,逻辑名和物理描述确保了每个 GUI 对象有唯一的标识。

2. 创建测试脚本

可通过录制、编程或两者结合的方式创建测试脚本。测试脚本创建后,可对其进行编辑和修改,以增强测试能力。例如,可对测试脚本的错误进行修改;再如,在需要检查被测试应用响应的地方插入检查点,检查所设定属性的数据或状态是否和预期结果相符。WinRunner 工具可以插入几种不同类型的检查点,如文本、GUI、位图和数据库,通过收集相关的数据指标,在测试运行时进行验证。

3. 调试测试脚本

测试人员可以在调试(Debug)模式下运行测试脚本,还可使用 WinRunner 工具提供的 Step、Step Into、Step Out 功能来调试测试脚本,也可设置中断点(breakpoint)和监控变量,以控制 WinRunner 识别和隔离错误。调试结果被保存在调试文件夹(debug folder)中,调试结束后可删除。

4. 运行测试脚本

这时可以模拟真实用户根据业务流程执行每一步操作的过程,以达到测试被测应用程序的目的,在运行中将检测测试脚本是否存在语法错误,当运行到检查点时,将比较特定属性的当前数据是否与预期数据相一致,并且当出现网络消息窗口或其他意外事件时,工具能够根据预先的设定排除干扰。

5. 分析结果

测试脚本运行结束之后,WinRunner 会将运行结果显示在交互式的报告中。报告中描述了在运行中所有遇到的重要事件,内容包括测试中发现错误的内容和位置、检查点和其他重要事件,将不同结果用不同颜色标注出来,以帮助测试人员判断测试的成功与失败,方便对测试结果进行分析。

6. 提取缺陷

当发生所测试应用程序中的缺陷导致一个测试脚本运行失败的情况时,可以直接从测试报告窗口中提取缺陷的相关信息。

7.3.5　LoadRunner

LoadRunner 是一种通过模拟大量用户实施并发负载及实时性能监测的方式来预测系统行为和性能的负载测试工具,用于在负载条件下系统性能的测试。LoadRunner 的测试对象针对于整个企业的系统,适用于各种体系架构的负载测试,支持广泛的协议和技术。对企业来说,LoadRunner 工具具有缩短测试时间、优化性能和加速应用系统发布的优点。

LoadRunner 工具包含很多组件,其中最常用组件有 Visual User Generator、Controller 和 Analysis。LoadRunner 工具的基本特性和功能如下。

1. 轻松创建和编辑测试脚本

LoadRunner 提供的 Virtual User Generator 组件能够方便快速录制测试脚本,并方便对测试脚本进行编辑和修改,通过对测试脚本的修改和编辑,使其能更加真实地反映实际运行情况,最常用的对测试脚本的修改和编辑是在测试脚本中插入事务、插入集合点、参数化测试脚本、修改测试脚本的 URL 等。在 LoadRunner 中,通过将一系列操作标记为事务来收集关于事务执行时间等信息。插入集合点是为了衡量在加重负载的情况下服务器的性能情况。参数化可以使用户使用不同的数据进行相同的操作,使得模拟多用户操作更真实、合理。在 LoadRunner 中,在将网络中另一台计算机作为负载测试的代理计算机时,需要修改脚本的 URL。

2. 创建负载和设计负载方案

LoadRunner 通过 Virtual User Generator 能很方便地创建系统的负载,生成虚拟用户,利用虚拟用户,可以在 Windows、UNIX 或 Linux 机器上模拟成千上万个用户的同时访问,极大地减少负载测试所需的硬件和人力资源。虚拟用户建立以后,需要设计负载方案、业务流程组合和虚拟用户数量。用 LoadRunner 的 Controller 能很快组织多用户的测试方案。Controller 的 Rendezvous 功能提供一个交互环境,通过这个交互环境既能建立起持续且循环的负载,又能管理和驱动负载测试方案。此外,利用它的日程计划服务还可以定义用户访问系统以产生负载的时间,从而将测试过程自动化。同样还可以用 Controller 来限定负载方案,可以限定所有用户同时执行一个动作来模拟峰值负载的情况。另外,还能监测系统中各个组件的性能,包括服务器、数据库、网络设备等,以帮助客户决定系统的配置。

LoadRunner 通过 AutoLoad 技术提供了更多的测试灵活性。使用 AutoLoad,可以根据目前的用户人数事先设定测试目标,优化测试流程。

3. 定位性能

LoadRunner 内部集成了实时监测器,可以实现在负载测试过程中定位终端用户、系统等级、代码等级等功能,观察应用系统的运行性能,包括显示交易性能数据(如响应时间)及其他系统组件(包括应用服务器、Web 服务器、网络设备和数据库等)的实时性能。通过实时监测,测试人员不仅可以从客户的角度,还可以从服务器的角度来评估系统组件的运行性能,轻松并且迅速地找出系统瓶颈。通过检测虚拟用户运行时应用程序的网络数据包内容来判定内容是否有传送错误,测试人员可以通过实时浏览器从终端用户角度观察程序性能状况,进而从两个方面来判断负载下的应用程序功能正常与否。

4. 重复测试

负载测试是一个重复过程。每次处理完一个出错情况,都需要对应用程序在相同的方案下再进行一次负载测试,以此检验所做的修正是否改善了运行性能。

5. 结果分析

通过 LoadRunner 中的 Analysis 组件,提供对测试结果进行深入分析的详细结果图表和报告,以便测试人员迅速找出出错的位置和原因并做出相应的调整。

7.3.6　TestDirector

TestDirector 是由 Mercury Interactive 公司开发的基于 Web 的企业级测试管理工具,也是第一个基于 Web 的测试管理工具,通过它可以进行全球范围内的测试管理。

TestDirector 工具主要具有以下功能和特点。

1. 集成测试管理各个部分的功能

TestDirector 集成了测试管理的各个部分功能,支持整个测试流程(包括需求管理、测试计划、测试调度、测试执行、缺陷管理及错误跟踪等),使得测试人员能系统、全面地控制整个测试过程,使测试管理过程变得更为简单和有组织,从而极大地加速测试过程,并确保客户得到高质量的产品。

2. 解决测试信息交互障碍

TestDirector 通过一个中央数据仓库,让测试人员、开发人员及其他相关人员在不同地方交互测试信息,解决了测试管理组织机构之间和不同地域间测试信息交互的障碍。TestDirector 可以使测试小组通过 Web 界面随时随地访问测试库,极大地方便了团队间的沟通。

3. 全天候自动测试

通过定期运行全天候的自动测试,可以大大缩短测试周期。

4. 中央数据库存储测试结果

将测试结果存储在中央数据库中,为分析和确保软件质量的一致性提供了精确的数据跟踪结果。

5. 整合功能

TestDirector 提供了与本公司测试工具、第三方测试工具、需求和配置管理工具以及建模工具的整合功能。TestDirector 能够与这些测试工具进行无缝连接,提供自动化应用测试的全套解决方案。

6. 测试过程流水化

TestDirector 将测试过程流水化,在一个浏览器的应用中就可以完成测试需求管理、测试计划、计划进度与日程安排、测试运行时间表、错误跟踪与缺陷统计的所有工作,不需要为每个客户端都安装一套客户端程序,从而方便和简化了测试。

7. 提供分析和决策支持工具

TestDirector 为确保能达到最高的测试覆盖率,通过提供分析和决策支持工具,集成图表和报告,将需求和测试用例、测试结果和报告的错误联系起来,帮助分析测试过程,并以此来验证应用软件的每一个特性或功能是否正常。

8. 缺陷跟踪系统功能

TestDirector 提供了一个完善的缺陷跟踪系统,能够让测试人员从发现到解决的全过程跟踪缺陷。TestDirector 通过与邮件系统相关联,可以将缺陷跟踪的相关信息共享给整个应用开发组及相关人员。

9. 添加附属文件功能

TestDirector 通过为每一测试项添加附属文件(如 Word、Excel、HTML 文件等)来更详尽地记录每次测试计划,包括每一项测试内容、用户反应的顺序、检查点和预期的结果等,从而完善测试计划。

10. 管理人工测试与自动测试

TestDirector 可以管理人工测试与自动测试,能帮助测试人员决定哪些重复的人工测试需要转换为自动脚本,同时为从人工测试转换到自动测试脚本的机制提供了方便,从而提高了测试速度。

7.3.7　AutoRunner

AutoRunner 是一个黑盒测试工具,主要用于完成功能测试、回归测试等测试的自动化。AutoRunner 采用数据驱动的参数化的理念,通过录制用户对被测系统的操作自动生成脚本,提供了完善的脚本跟踪和调试功能,从而提高测试效率,降低测试成本。AutoRunner 支持 B/S 和 C/S 架构应用程序的测试,支持各种 B/S 应用和 Web 网站的测试,支持大多数的 C/S 系统的测试。该工具具有以下特点:

(1) 同时支持中英文版本切换。

(2) 脚本简单易懂。使用 Java/BeanShell 语言作为脚本语言,脚本简单,容易理解,便于学习与使用。

(3) 支持 Java 语法分析编辑器。AutoRunner 采用关键字提醒、关键字高亮的技术,提高脚本编写的效率。

(4) 提供了强大的测试案例编辑及测试脚本自动生成功能,支持同步点,也支持校验点。

(5) 支持 Java 组件的回放和录制,实现了 Java 的跟踪体系。

(6) 支持手动参数化和自动参数化。

(7) 支持测试过程的错误提示功能。

(8) 支持模糊识别。AutoRunner 支持模糊识别,通过对组建设置和权重来实现模糊识别,以便在各种情况下有效地识别对象,提高了脚本执行的可靠性和兼容性。

(9) 支持 debug 功能,方便测试人员进行脚本的调试。

以下对象可以运用 AutoRunner 进行 GUI 功能性测试:

(1) Windows 类型对象:使用 C++/Delphi/Visual Basic/Visual FoxPro/PowerBuilder/NetForm 等技术开发的桌面程序。

(2) Java 对象:使用 AWT/Swing/SWT 等技术开发的桌面程序。

(3) Flex 对象:使用 Flex 技术开发的网页内容。

(4) IE 网页对象:一般性的网站,如大型门户类网站等。

(5) WPF 对象:使用 WPF 技术开发的桌面程序。

（6）Silverlight 对象：使用 Silverlight 技术开发的网页内容。

（7）QT 对象：使用 QT 技术开发的桌面程序。

7.3.8　Parasoft Jtest

Parasoft Jtest 是针对 Java 语言的自动化代码优化和测试的白盒测试工具，它通过自动化实现对 Java 应用程序的单元测试和编码规范校验，有效地提高代码的可靠性以及软件的开发效率。Parasoft Jtest 可进行 Java 代码的静态分析、代码审查、单元测试、运行时错误检测。

Parasoft Jtest 的特性和功能如下：

（1）使用方便。通过简单的点击，自动实现代码基本错误的预防，包括单元测试和代码规范的检查，确保代码符合预期的安全性、可靠性和可维护性。

（2）可监视测试的覆盖范围。通过使用一个多维度的测试覆盖率分析器评估测试套件的有效性和完整性。

（3）自动生成和执行类代码的测试用例。Jtest 先分析每个 Java 类，然后自动生成和执行类代码的测试用例，使白盒测试完全自动化，实现代码的最大覆盖，并将代码运行时未处理的异常暴露出来。Jtest 的先进技术保证它能够自动测试 Java 类的所有代码分支，从而彻底检查被测 Java 类的结构。

（4）自动地检测发生的缺陷。对于难以维护的复杂代码，可自动地检测出在执行过程中发生的缺陷，包括竞争条件、异常、资源、内存泄漏和安全攻击的漏洞。

（5）提供了进行黑盒测试、模型测试和系统测试的快速途径。

（6）支持大型团队开发中测试设置和测试文件的共享。

（7）错误分配和布置。促进错误审查和修改，分配相关代码的编写人员直接链接到有问题的代码。

（8）自定义编码规范。允许用户通过图形方式或自动创建方式来自定义编码规范。

（9）集中式报告。实时可见的质量状态和进程，帮助管理人员评估和预见趋势，以决定是否需要对方案进行额外的调整。

（10）自动执行回归测试。生成回归测试用例以检测是否增量代码更改破坏了现有的功能或影响了应用程序。

（11）使用符号化的虚拟机执行类。Jtest 使用一个符号化的虚拟机执行类，搜寻未捕获的运行时异常。对于检测到的每个未捕获的运行时异常，Jtest 报告一个错误，并提供导致错误的栈轨迹和调用序列。

（12）快速建立回归安全网络。在团队中快速建立一个回归安全网络，如果代码修改破坏了现有功能，它将立即引进和确定暴露的缺陷。

（13）自动化诊断绝大多数编码问题。自动化诊断 80% 以上的编码问题，使测试人员能够大幅度减少在逐行检查和调试代码上花费的时间。

（14）提高测试效率。自动化生成单元测试驱动程序、桩和测试用例，节省测试成本，并对测试文件共享提供支持。

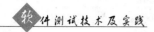

7.3.9　JUnit

JUnit 是一个 Java 语言的单元测试框架,用于编写可重复使用的测试代码。几乎所有的 Java 开发环境都集成了 JUnit 作为单元测试的工具,只要继承 TestCase 类,就可以使用 JUnit 进行自动测试。JUnit 的基本特性和功能如下:

(1) JUnit 测试可以合成一个测试系列的层级架构。JUnit 可以把测试组织成测试系列,这个测试系列可以包含其他测试或测试系列,JUnit 的测试合成行为允许组合多个测试并自动回归,也可以执行测试系列层级架构中任何一层的测试。

(2) 由 JUnit 来判断测试结果。用于测试期望结果的断言(assert)可以在测试前设定一个期望结果值,然后使用断言来判断期望值与实际值是否相一致。如果测试结果不通过,则会报告哪个测试不通过及其不通过的原因,测试结果的正确与否由 JUnit 来判断,而不像人工测试那样通过运行测试代码的输出结果来进行判断,从而大大地提高了测试效率。

(3) JUnit 测试是开发者测试并且是高度区域性测试,用以提高开发者的生产力以及改善程序代码的品质。

(4) 共享测试数据。JUnit 是一种用于共享测试数据的测试工具,使用 JUnit 测试的数据会自动保存到数据库中,方便所有人的使用。

(5) 测试及程序代码间的无缝边界。使用 JUnit 测试 Java 软件形成一个介于测试及程序代码间的无缝边界,在测试的控制下可以使得软件得到扩充,同时程序代码可以被重整。Java 编译器的单元测试静态语法检查可以帮助开发人员遵守软件接口的约定。

(6) JUnit 是图形和文本的测试运行器。

(7) JUnit 的测试简单。使用 JUnit 的测试只要继承 TestCase 类完成 run 方法即可。

(8) 提供了单元测试用例成批运行的功能,并且提供 3 种方式来显示测试结果,可以扩展。

(9) JUnit 在极限编程(XP)和重构中有相当大的优势。

7.3.10　Parasoft C++ Test

Parasoft C++ Test 是针对 C/C++ 的一款自动化测试工具,它具有以下功能和特点:

(1) 代码的静态分析。根据用户选定的编码规范对代码做静态分析并进行详尽的扫描,验证代码中是否存在与这些规范相违背的地方,通过静态模拟代码路径定位潜在的运行时错误,避免这些错误带来的集成扩散。

(2) 方便使用。Parasoft C++ Test 易于使用,能够适用于任何开发生存周期,将 Parasoft C++ Test 集成到开发过程中可以有效地防止软件错误,提高代码的稳定性,并可以自动化单元测试。

(3) 单元级测试工具。Parasoft C++ Test 是一个 C/C++ 单元级测试工具,它可以支持极限编程模式下的代码测试,能够自动测试 C/C++ 类、函数或部件,而不需要编写测试用例、测试驱动程序或桩调用代码。

（4）支持编码策略增强、静态分析和全面代码走查，为用户提供一个确保 C/C++ 代码按预期运行的实用方法。

（5）便于回归测试。通过图形化编辑器来制定用户的编码规则，通过图形化界面和动态跟踪实现代码走查的自动化，从而方便以后的回归测试。

（6）自动建立测试驱动程序和桩函数。自动生成并执行单元或组件级的测试，从而能够尽快地自动检测代码错误，以最快速、最容易的方法修正错误。

（7）实时监视测试的覆盖性。通过代码高亮的方式显示代码覆盖率以便分析，然后建立一个综合测试覆盖性报告，从而帮助测试人员测量当前使用的测试用例的有效性。

（8）通过图形或命令行方式进行团队部署。

7.4　本　章　小　结

软件自动化测试能够代替大量人工测试工作，可以避免重复性的测试，同时能够完成大量人工无法完成的测试工作。软件自动化测试可以有效地减轻工作量，提高软件测试效率。

软件测试工具是实现软件自动化测试的基础和手段，是软件测试不可缺少的一部分。软件测试工具可分为静态测试工具、单元测试工具、功能测试工具、性能测试工具、测试管理工具。

使用软件测试工具不但能对被测软件进行功能测试和性能测试，还能对源代码进行静态审查和对数据流及单元等进行静态分析。另外可以使用测试管理工具对测试需求、测试计划、测试用例和实施过程进行管理，对软件缺陷进行跟踪处理及控制。

本章介绍了自动化测试的定义及发展，软件测试工具的作用和优势，详细介绍了测试工具的分类，并选择了一些常用和主流的测试工具进行了介绍，在实际实施软件自动化测试时可根据被测软件的特点和测试需求选择测试工具。

习　题　7

1. 什么是软件测试自动化？
2. 简述测试自动化的发展过程。
3. 测试工具的作用和优势有哪些？
4. 有哪些类型的测试工具？
5. 静态测试工具一般提供哪些功能？
6. 单元测试工具一般提供哪些功能？
7. 功能测试工具一般提供哪些功能？
8. 性能测试工具一般提供哪些功能？
9. 测试管理和控制工具一般提供哪些功能？

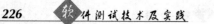

10. 有哪些常用的静态测试工具？
11. 有哪些常用的单元测试工具？
12. 有哪些常用的功能测试工具？
13. 有哪些常用的性能测试工具？
14. 有哪些常用的测试管理和控制工具？

第 8 章

自动化测试实例

本章学习目标
- 掌握使用 WinRunner 工具进行功能测试。
- 掌握使用 LoadRunner 工具进行负载测试。

本章先介绍使用 WinRunner 工具对 Flight 4A 版本进行传真订单功能的测试。再介绍使用 LoadRunner 工具利用局域网中两台计算机运行 20 个虚拟用户对 HP Web Tours 应用软件进行同时登录，以衡量服务器执行登录的性能。

8.1   WinRunner 功能测试实例

本节需要了解及实践以下操作过程：
- 实例简介及测试计划。
- 测试环境要求。
- 启动 WinRunner 8.2。
- 打开被测试软件。
- 识别 Flight 4A 程序的 GUI 对象。
- 录制脚本。
- 分析测试结果。

8.1.1   实例简介

WinRunner 自带测试软件 Flight Reservation（航班预订）应用软件。该程序有 Flight 4A 和 Flight 4B 两个版本，Flight 4A 版本是功能正常的软件，Flight 4B 版本有一些故意加入的错误。本实例对 Flight 4A 版本做测试。

本实例完成下列工作。

1. 录制基本脚本

（1）以 Context Sensitive 录制模式，录制打开 5 号订单的脚本。

（2）保存测试脚本。

通过以上两步可以让读者了解基本脚本的录制，并仔细观看录制的脚本。

2. 录制传真订单

（1）以 Context Sensitive 录制模式，录制填写传真号、利用鼠标手动签名、建立签名图像检查点、清除手动签名的脚本。

（2）以 Analog 录制模式，录制利用鼠标手动签名、建立签名图像检查点的脚本。

（3）以 Context Sensitive 录制模式，录制发送传真的脚本。

通过以上 3 步可以让读者了解在脚本录制过程中 Context Sensitive 及 Analog 录制模式的转换。

3. 查看测试结果

（1）查看测试执行结果。

（2）查看利用 Context Sensitive 录制模式及 Analog 录制模式分别录制签名图像的不同。

通过以上两步可以查看传真订单功能的测试结果，并了解对于图像录制只能采用 Analog 录制模式。

8.1.2　测试环境

本功能测试实例的软件环境如下：

（1）系统：Windows XP(32 位)。

（2）测试工具软件：WinRunner 8.2。

8.1.3　WinRunner 的测试过程

WinRunner 测试一般包括 4 个阶段：识别 GUI 对象、创建脚本、执行测试和查看测试结果。

（1）识别 GUI 对象。创建 GUI Map，识别应用程序的 GUI 对象。

（2）创建脚本。可通过录制、编程或两者同用的方式创建测试脚本。脚本创建后，可对测试脚本进行修改，如对脚本的错误进行修改等。

（3）执行测试。执行测试脚本。

（4）查看测试结果。WinRunner 通过 Test Results 窗口显示结果报告，将测试执行过程中发生的主要事件，如检查点、错误信息、系统信息和用户信息显示在结果报告中。在测试中如果发现错误而造成测试运行失败，也可在 Test Results 窗口中报告有关错误信息。

8.1.4　启动 WinRunner 8.2

1. 打开 Loading 界面

选择桌面的"开始"→"所有程序"→WinRunner→WinRunner 菜单命令，如图 8-1 所示，打开如图 8-2 所示的加载（Loading）界面。

图 8-1　WinRunner 启动命令

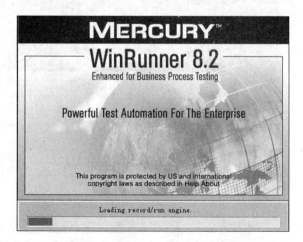

图 8-2　WinRunner 8.2 加载界面

2. 打开 WinRunner Add-in Manager 对话框

加载进度条满后，打开如图 8-3 所示的 WinRunner Add-in Manager 对话框。

图 8-3　WinRunner Add-in Manager 对话框

3. 打开 WELCOME To WinRunner 对话框

单击图 8-3 中的 OK 按钮，启动如图 8-4 所示的 WELCOME To WinRunner 对话框。

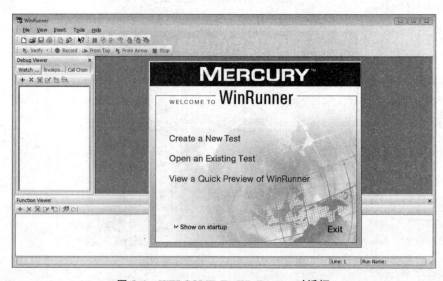

图 8-4　WELCOME To WinRunner 对话框

4. 创建测试

单击图 8-4 中的 Create a New Test 命令,进入 WinRunner 应用程序窗口并创建了一个新的测试,如图 8-5 所示。

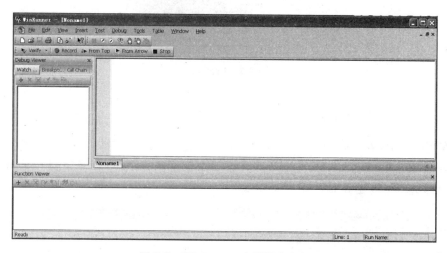

图 8-5   WinRunner 应用程序窗口

8.1.5   打开被测试软件

1. Login 界面

选择桌面的"开始"→"所有程序"→WinRunner→Sample Applications→Flight 4A 命令,如图 8-6 所示,打开如图 8-7 所示的 Login 界面。

图 8-6   Flight 4A 启动命令

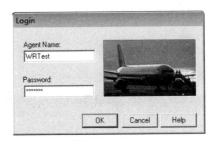

图 8-7　Login 界面

2. 打开 Flight 4A 主界面

在图 8-7 中，在 Agent Name 文本框中可输入 4 个字符以上的任意用户名，在 Password 文本框中输入密码 mercury（只能使用该密码，不可为任意字符），单击 OK 按钮，打开 Flight 4A 主界面，如图 8-8 所示。

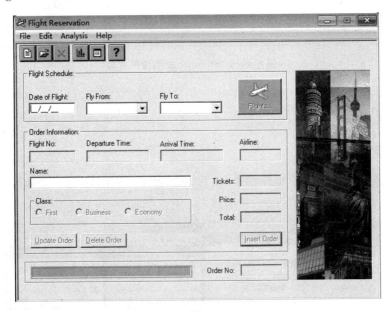

图 8-8　Flight 4A 主界面

8.1.6　识别 Flight 4A 程序的 GUI 对象

所谓的 GUI 对象，就是组成 Windows 应用程序的窗口、按钮、菜单等。WinRunner 通过学习 GUI 对象的属性来识别 GUI 对象，并把学习获得的这些 GUI 对象属性保存在 GUI Map 文件中。GUI Map 文件包含了 GUI 对象的逻辑名和物理描述，逻辑名是对象物理描述的简称，逻辑名和物理描述确保了每个 GUI 对象有唯一的标识。

使用 RapidTest Script Wizard 来学习应用软件指定窗体中所有 GUI 对象的属性。

1. 打开 RapidTest Script Wizard 的 Welcome 对话框

在图 8-5 所示的 WinRunner 应用程序窗口中,选择图 8-9 所示 Insert→RapidTest Script Wizard 菜单命令,打开 RapidTest Script Wizard 的 Welcome 对话框,如图 8-10 所示。

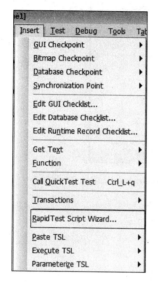

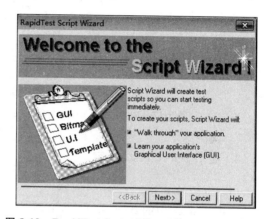

图 8-9　RapidTest Script Wizard 菜单命令　　图 8-10　RapidTest Script Wizard 的 Welcome 对话框

2. 显示 Identify Your Application 内容

在图 8-10 的 RapidTest Script Wizard 的 Welcome 对话框中,单击 Next 按钮, RapidTest Script Wizard 对话框内容更换为 Identify Your Application。

3. 显示被学习程序窗口标题名

在图 8-11 所示的 RapidTest Script Wizard 的 Identify Your Application 对话框中,

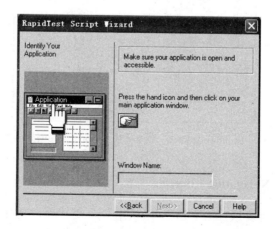

图 8-11　RapidTest Script Wizard 的 Identify Your Application 对话框 1

单击 按钮后，在图 8-8 所示的 Flight Reservation 窗口任一位置单击（指定被学习窗体），此时 Window Name 文本框将显示被学习程序窗口的标题名，如图 8-12 所示。

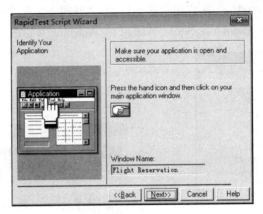

图 8-12　RapidTest Script Wizard 的 Identify Your Application 对话框 2

4. 显示 Select Tests 内容

（1）直接显示 Select Tests 内容。

单击图 8-12 中的 Next 按钮，打开图 8-14 所示的对话框窗口。

（2）通过 Relearn Application 显示 Select Tests 内容。

如果本次不是第一次学习 Flight 4A 程序的 GUI 对象，将打开如图 8-13 所示的对话框，否则直接打开如图 8-14 所示的对话框。选择如图 8-13 所示的 Relearn the entire application 单选按钮，单击 Next 按钮，打开图 8-14 所示的对话框。

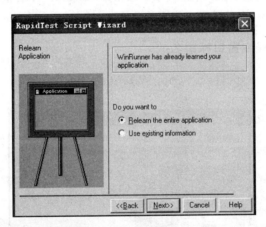

图 8-13　RapidTest Script Wizard 的 Relearn Application 对话框

5. 显示 Define Navigation Controls 内容

在图 8-14 中，所有复选框均不选择（默认第 3 个复选项被选择），单击 Next 按钮，打开如图 8-15 所示的对话框窗口。

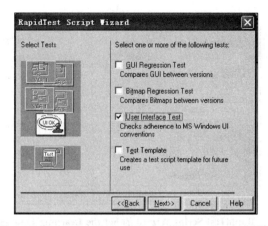

图 8-14 RapidTest Script Wizard 的 Select Tests 对话框

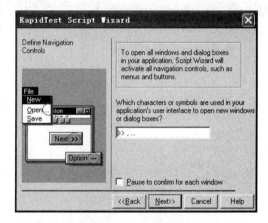

图 8-15 RapidTest Script Wizard 的 Define Navigation Controls 对话框

6. 显示 Set the Learning Flow 内容

单击图 8-15 中的 Next 按钮,打开如图 8-16 所示的对话框。

7. 学习 Flight Reservation 窗体的 GUI 对象

选择图 8-16 的 Express 单选按钮后,单击 Learn 按钮,此时可以观察到 RapidTest Script Wizard 学习 Flight Reservation 窗体中所有的 GUI 对象,此过程可能会花费几分钟(此过程的时间长短取决于窗体的复杂程度)。如果学习过程中弹出对话框通知 GUI 对象是 disabled,单击 Continue 按钮即可。在学习过程中会出现如图 8-17 所示的安装打印机对话框,如果实验环境没有连接打印机,选择"否"(可能会出现几次)。

图 8-16 中的单选按钮含义如下:

- Express:快速学习流程。
- Comprehensive:全面学习流程。

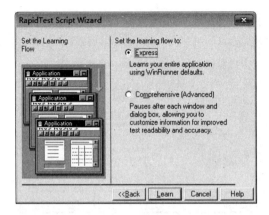

图 8-16　RapidTest Script Wizard 的 Set the Learning Flow 对话框

图 8-17　安装打印机对话框

8. 显示 Start Application 内容

学习完成后 RapidTest Script Wizard 对话框的内容进入 Start Application，本实例选择默认值 No(WinRunner 可以帮助用户自动执行 Flight Reservation 程序，本实例手动执行 Flight Reservation 程序)，如图 8-18 所示，单击 Next 按钮，打开图 8-19 所示的对话框。

9. 保存 GUI Map 文件

将 RapidTest Script Wizard 识别的所有 GUI 对象信息保存在一个 GUI Map 文件

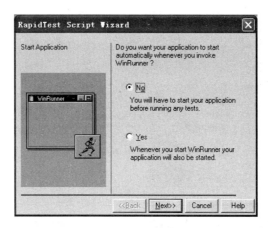

图 8-18　RapidTest Script Wizard 的 Start Application 对话框

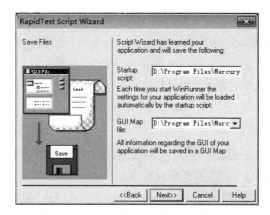

图 8-19　**RapidTest Script Wizard 的 Save Files 对话框**

中,并设定 Startup script,则每次执行 WinRunner 时会自动执行此 Startup script, Startup script 内只有一条指令,就是加载此 GUI Map 文件。使用默认保存路径及文件名(文件名为 flight4a.gui),如图 8-19 所示,单击 Next 按钮。

10. 完成 GUI 识别

单击图 8-20 中的 OK 按钮,GUI 识别完成。

说明:除了上述使用 RapidTest Script Wizard 识别应用程序的 GUI 对象的方法外,还可以使用下面两种方式。

(1) 在录制脚本时识别 GUI。

WinRunner 在以 Context Sensitive 模式录制脚本时,可以自动学习操作中碰到的 GUI 对象,WinRunner 先检查操作中碰到的对象是否已经在 GUI Map 文件中,如果没有,就学习这个对象,并把学到的信息放到临时 GUI Map 文件中。因此在退出 WinRunner 时要保存。这个方法虽然快速简单,但学习不全面,只学习操作的对象,没有操作的对象不会学习。

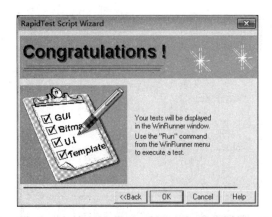

图 8-20　RapidTest Script Wizard 的 Congratulations 对话框

(2) 使用 GUI Map Editor 识别 GUI。

打开 WinRunner 8.2 应用程序窗口,选择菜单栏的 Tools→GUI Map Editor 菜单命令,打开 GUI Map 编辑器,单击 Learn 按钮。单击要识别的窗体标题栏,在提示是否识别窗体中所有对象时,单击 Yes 按钮,将识别这个窗体的所有对象,单击 No 按钮,可识别个别对象,只要将鼠标移到对象上单击就可以识别了。识别完后,将识别的信息保存。

8.1.7　录制脚本

在录制脚本时,WinRunner 会将用户对被测试软件的操作录制下来,并以 TSL(Test Script Language)语言记录下来,产生测试脚本。

WinRunner 脚本录制有 Context Sensitive 和 Analog 两种录制模式。Context Sensitive 模式是以 GUI 对象(菜单、按钮等)为基础,录制对 GUI 的对象的各类操作(按下、移动、选取等)。Analog 模式主要是录制鼠标的移动轨迹(用 X 轴和 Y 轴定位跟踪鼠标运行轨迹)。Context Sensitive 模式和 Analog 模式可以互相转换。

1. 开启 WinRunner 并加载 GUI Map 文件

(1) 打开 WinRunner 8.2 应用程序窗口,新建一个测试(如果 WinRunner 8.2 应用程序窗口已经打开并新建了测试,忽略此步)。

(2) 选择菜单栏的 Tools→GUI Map Editor 菜单命令,如图 8-21 所示,弹出如图 8-22 所示的 GUI Map Editor 窗口。

(3) 选择如图 8-23 所示的 View→GUI Map 菜单命令,GUI Map Editor 窗口内容变为如图 8-24 所示,检查是否已加载 flight4a.gui。如果没有加载,则选择 File→Open 菜单命令,选择 flight4a.gui,单击 Open 按钮将其载入。

(4) 将 WinRunner 8.2 窗口与 Flight Reservation 窗口(如果目前 Flight 4A 未启动,启动 Flight 4A,打开 Flight Reservation 窗口)位置做适当调整,使这两个窗口能同时在屏幕看到。

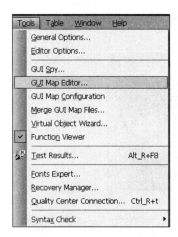

图 8-21　GUI Map Editor 菜单命令

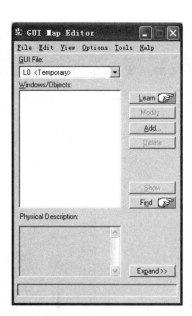

图 8-22　GUI Map Editor 窗口

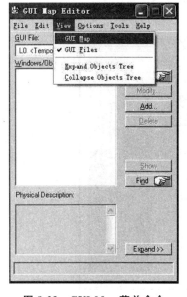

图 8-23　GUI Map 菜单命令

图 8-24　加载 flight4a.gui 文件的 GUI Map Editor 窗口

2. 以 Context Sensitive 模式录制测试脚本

（1）单击 WinRunner 窗口工具栏的 Record 快捷命令按钮（如图 8-25 所示），开始录制测试脚本（注意：此后所做的每个鼠标操作与键盘输入都会被录制）。

（2）在 Flight Reservation 窗口中，选择 File→Open Order 菜单命令，打开如图 8-26 所示的 Open Order 对话框。

图 8-25　Record 快捷命令

图 8-26　Open Order 对话框

（3）在图 8-26 中选择 Order No. 复选项，并在其下的文本框中输入 5 后，单击 OK 按钮，Flight Reservation 窗口内容变为如图 8-27 所示。

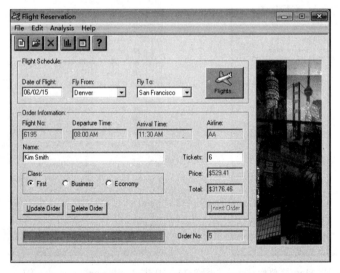

图 8-27　Flight Reservation 窗口

（4）单击 WinRunner 窗口工具栏的 Stop 快捷命令（如图 8-28 所示），停止脚本录制。

（5）此时 WinRunner 窗口中录制的脚本代码如图 8-29 所示。

（6）选择如图 8-30 所示的 File→Save 菜单命令，打开如图 8-31 所示的保存对话框。

（7）在"文件名"文本框中定义脚本名为 WRTest，单击"保存"按钮，保存录制的脚本。

图 8-28　Stop 快捷命令

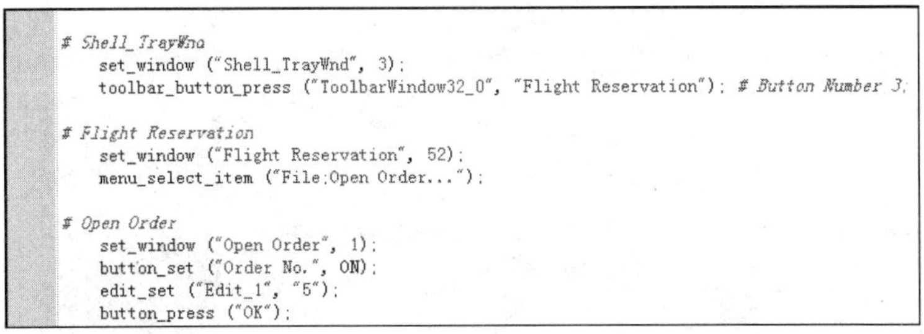

```
# Shell_TrayWnd
    set_window ("Shell_TrayWnd", 3);
    toolbar_button_press ("ToolbarWindow32_0", "Flight Reservation"); # Button Number 3;

# Flight Reservation
    set_window ("Flight Reservation", 52);
    menu_select_item ("File;Open Order...");

# Open Order
    set_window ("Open Order", 1);
    button_set ("Order No.", ON);
    edit_set ("Edit_1", "5");
    button_press ("OK");
```

图 8-29　录制的脚本代码

图 8-30　Save 菜单命令

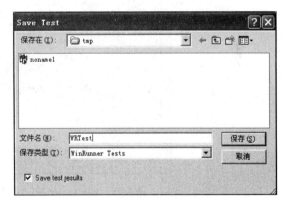

图 8-31　Save Test 对话框

说明：第(5)步已经停止了录制脚本,要继续录制时,需要再次单击 WinRunner 窗口 Record 按钮。

下面为以 Context Sensitive 录制模式录制签名。

(8) 回到 WinRunner 窗口中,单击工具栏的 Record 快捷命令按钮(继续以 Context Sensitive 模式录制签名)。

(9) 在 Flight Reservation 窗口,选择如图 8-32 所示的 File→Fax Order 菜单命令, 打开如图 8-33 所示的 Fax Order No.5 对话框。

(10) 在图 8-33 中,在 Fax Number 中输入传真号 0215842913,选择 Send Signature

图 8-32　**Fax Order 菜单命令**

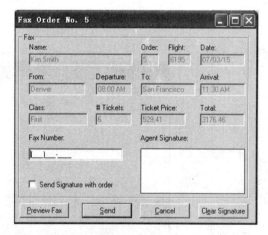

图 8-33　**Fax Order No. 5 对话框窗口 1**

with order 复选框,在 Agent Signature 选项下的空白框中利用鼠标手动签名"刘红",如图 8-34 所示。

(11) 建立图像检查点检查签名。在 WinRunner 窗口,选择 Insert→Bitmap Checkpoint→For Object/Window 菜单命令,单击图 8-33 中 Agent Signature 选项,WinRunner 会获取 Agent Signature 上的图像,并在测试脚本中插入 obj_check_bitmap。

(12) 在签名并建立图像检查点后,单击图 8-34 中的 Clear Signature 按钮清除签名。到 WinRunner 界面,按键盘上的 F2 键或再次单击工具栏的 Record 快捷命令按钮,切换录制模式为 Analog,再回到 Fax Order No. 5 窗口,重新签名"刘红",签名完毕,按键盘上的 F2 键或再次单击工具栏的 Record 快捷命令按钮,切换录制模式为 Context Sensitive。

图 8-34   Fax Order No. 5 对话框窗口 2

（13）再次建立图像检查点检查签名。在 WinRunner 窗口，选择 Insert→Bitmap Checkpoint→For Object/Window 菜单命令（或单击工具栏的按钮），单击 Agent Signature 选项，WinRunner 会获取 Agent Signature 上的图像，并在测试脚本中插入 obj_check_bitmap。

（14）单击 Send 按钮，出现 Flight Reservation 窗口，显示 Fax Sent Successfully 信息，如图 8-35 所示。

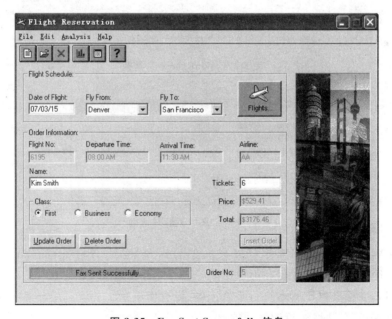

图 8-35   Fax Sent Successfully 信息

（15）在 WinRunner 窗口中，单击工具栏的 Stop 按钮，停止录制脚本，选择菜单栏的 File→Save 命令，保存脚本。

（16）在 8.1.5 节中已经通过 RapidTest Script Wizard 识别了 Flight Reservation 窗

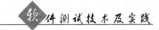

口中的 GUI 对象,但图 8-34 所示的 Fax Order No.5 窗口的对象并没有识别,当录制该窗口操作时,WinRunner 会识别到新的窗口和 GUI 对象,当关闭 WinRunner 窗口时,要将新识别的 GUI 对象保存起来。在 GUI Map Editor 窗口中,选择 File→as Save 菜单命令,打开如图 8-36 所示的 New Windows 对话框,单击 OK 按钮。

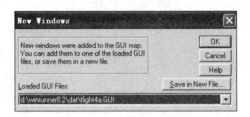

图 8-36   New Windows 对话框

8.1.8   分析测试结果

1. 显示测试结果

(1) 在 WinRunner 窗口中,选择工具条上 Verify 模式(如图 8-37 所示)。单击工具条的 From Top 按钮,弹出 Run Test 对话框,如图 8-38 所示。

图 8-37   WinRunner 工具条

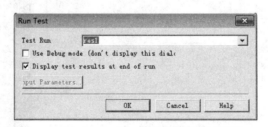

图 8-38   Run Test 对话框

说明:WinRunner 有 3 种执行脚本方式,分别为 Verify、Debug、Update。

① Verify:执行测试并保存测试结果。

② Debug:检查测试脚本执行是否流畅、没有错误。

③ Update:更新检查点的预期值。

(2) 在图 8-38 中,定义 Test Run,系统默认为 res1。单击 OK 按钮,执行脚本,会自动回放刚才录制脚本的整个过程。

(3) 运行结束,自动显示分析结果,如图 8-39 所示。

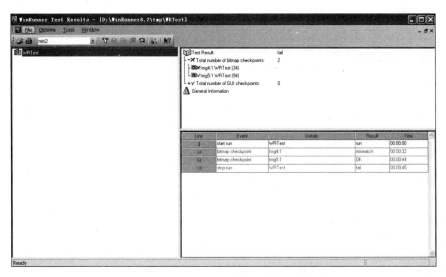

图 8-39　Test Results 窗口

2. 查看 WinRunner 获取的图像

在第 1 个 capture bitmap 事件双击，打开如图 8-40 所示的图像。在第 2 个 capture bitmap 事件双击，打开如图 8-41 所示的图像。

图 8-40　第 1 个图像

图 8-41　第 2 个图像

说明：可以在 Flight 4B 运行前面录制的脚本 WRTest。

8.2　LoadRunner 负载测试实例

本节需要了解及实践以下操作过程：

- 实例简介及测试计划。
- 测试环境要求。
- LoadRunner 负载测试流程。
- LoadRunner 术语。

- LoadRunner 11.0 启动文件夹简介。
- 启动 HP Web Tours 应用程序。
- 规划负载测试。
- 录制脚本。
- 修改脚本。
- 回放脚本。
- 设计负载测试场景。
- 运行负载测试。
- 分析结果。

8.2.1　实例简介

性能测试手动方式很难完成，借助于测试工具软件能达到很好的测试效果，LoadRunner 是一种适合各种体系架构的自动负载测试工具。为更好地帮助读者入门并使用 LoadRunner 进行软件系统的性能测试，本节编写了下面 LoadRunner 11.0 负载测试实例，该实例以 LoadRunner 11.0 自带的 HP Web Tours 应用程序作为被测试对象，HP Web Tours 应用程序是一个基于 Web 的旅行代理系统，用户可以连接到 Web 服务器，搜索航班、预订机票并查看航班路线。LoadRunner 支持四十多种类型的应用程序，本实例为对基于 Web 的应用程序进行负载测试。

本实例使用两台连接在局域网中的计算机做负载测试，每台计算机运行 10 个虚拟用户同时登录该数据库应用程序，为了衡量服务器执行登录的性能，对此进行负载测试，并分析测试结果。

8.2.2　测试环境

本负载测试实例的软件环境如下：
（1）系统：Windows 7 64 位或 32 位。
（2）浏览器：IE8。
（3）测试工具软件：LoadRunner 11.0。

8.2.3　LoadRunner 负载测试流程

负载测试一般包括 5 个阶段：规划负载测试、创建脚本、定义场景、运行场景和分析结果，如图 8-42 所示。

图 8-42　LoadRunner 负载测试流程

（1）规划负载测试：定义性能测试要求，例如并发用户数量、典型业务流程和要求的响应时间。

（2）创建 Vuser 脚本。使用 HP Virtual User Generator(VuGen)在自动化脚本中录制最终用户活动。

（3）定义场景：使用 HP LoadRunner Controller 设置负载测试环境。

（4）运行场景：使用 HP LoadRunner Controller 驱动、管理并监控负载测试。

（5）分析结果：使用 HP LoadRunner Analysis 创建图和报告并评估性能。

8.2.4　LoadRunner 术语

- 场景：场景文件根据性能要求定义每次测试期间发生的事件。
- Vuser：在场景中，LoadRunner 用虚拟用户（或称 Vuser）代替真实用户。Vuser 模仿真实用户的操作来使用应用系统。一个场景可以包含数十、数百乃至数千个 Vuser。
- Vuser 脚本：描述 Vuser 在场景中执行的操作。
- 事务：要评测服务器性能，需要定义事务。事务代表要评测的终端用户业务流程。

8.2.5　LoadRunner 11.0 启动文件夹简介

1. 启动 HP LoadRunner 文件夹

安装好 LoadRunner 11.0 后，选择桌面任务栏"开始"→"所有程序"，找到并单击 HP LoadRunner 文件夹，显示如图 8-43 所示 LoadRunner 11.0 应用程序树形启动文件夹。

图 8-43 各启动文件夹含义如下。

- Advanced Settings：高级配置。
- Applications：应用程序。
- Documentation：相关文档。
- Samples：测试示例。
- Tools：相关工具。

2. Applications 文件夹

单击图 8-43 中 Applications 文件夹，展开该文件夹的内容，如图 8-44 所示。

图 8-43　LoadRunner 11.0 树形启动文件夹

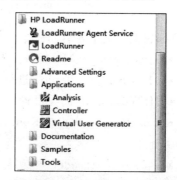

图 8-44　Applications 文件夹

Applications 文件夹下各启动命令含义如下。

- Virtual User Generator：通过录制典型最终用户在应用程序上执行的操作来生成虚拟用户（或称 Vuser）。然后 VuGen 将这些操作录制到自动化 Vuser 脚本中，将其作为负载测试的基础。
- Controller：场景设计和运行，组织、驱动、管理并监控负载测试。使用 Controller 可运行模拟真实用户操作的脚本，并通过让多个 Vuser 同时执行这些操作，从而在系统上施加负载。
- Analysis：提供包含深入性能分析信息的图和报告。使用这些图和报告可以找出并确定应用程序的瓶颈，同时确定需要对系统进行哪些改进以提高其性能。

3. Samples 文件夹

单击图 8-43 中 Samples 文件夹，展开该文件夹的内容，如图 8-45 所示。
Samples 文件夹下各启动命令含义如下：

- HP Web Tours Application：用默认浏览器打开 Web Tours 网页。
- Start Web Server：启动 Web Tours 服务。

4. Tools 文件夹

单击图 8-43 中 Tools 文件夹，展开该文件夹的内容，如图 8-46 所示。

图 8-45　Samples 文件夹

图 8-46　Tools 文件夹

Tools 文件夹下各启动命令含义如下：

- Host Security Manager：进行主机安全管理。
- Host Security Setup：进行主机安全设置。
- IP Wizard：IP 向导设置。
- LoadRunner Agent Runtime Settings Configuration：LoadRunner 运行时代理配置。
- Password Encoder：密码编码。
- VBA Setup：VBA 设置。

8.2.6　启动 HP Web Tours 应用程序

LoadRunner 11.0 所带的示例应用程序 HP Web Tours 是基于 Web 的旅行社系统。HP Web Tours 用户可以连接到 Web 服务器、搜索航班、预订航班并查看航班路线。首先要启动 Web 服务器后，才可打开 HP Web Tours 应用程序。

1. 启动 Web 服务器

单击"开始"→"所有程序"→HP LoadRunner→Samples→Web→Start Web Server 启动命令，启动 Web 服务器，此时任务栏右下角出现绿色的 X 图标，表示 Web 服务器启动成功，如果是红色的图标表示启动失败，如图 8-47 所示。

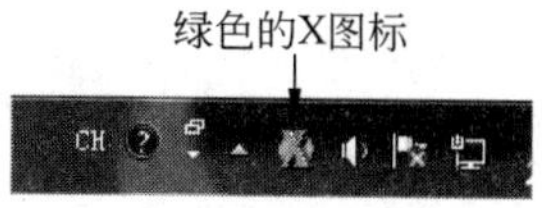

说明：如果尝试启动已运行的 Web 服务器，将会出现错误消息。

绿色的X图标

图 8-47　Web 服务器启动图标

2. 打开 HP Web Tours 应用程序

单击"开始"→"所有程序"→HP LoadRunner→Samples→Web→HP Web Tours Application 启动命令，用默认浏览器打开 HP Web Tours 应用程序登录界面，如图 8-48 所示。可以使用 HP Web Tours 应用程序原有的用户名 jojo 和密码 bean 登录。也可以重新注册账号登录。

图 8-48　HP Web Tours 登录界面

说明：

（1）确保 LoadRunner 安装在默认的计算机目录下。如果 LoadRunner 没有安装在默认目录下,将无法打开 HP Web Tours 应用程序。

（2）HP Web Tours 应用程序要求使用安装了 Java 的浏览器。

3. 注册账号

如需注册新账号,单击图 8-48 页面的 sign up now 文本链接,出现如图 8-49 所示的注册界面。

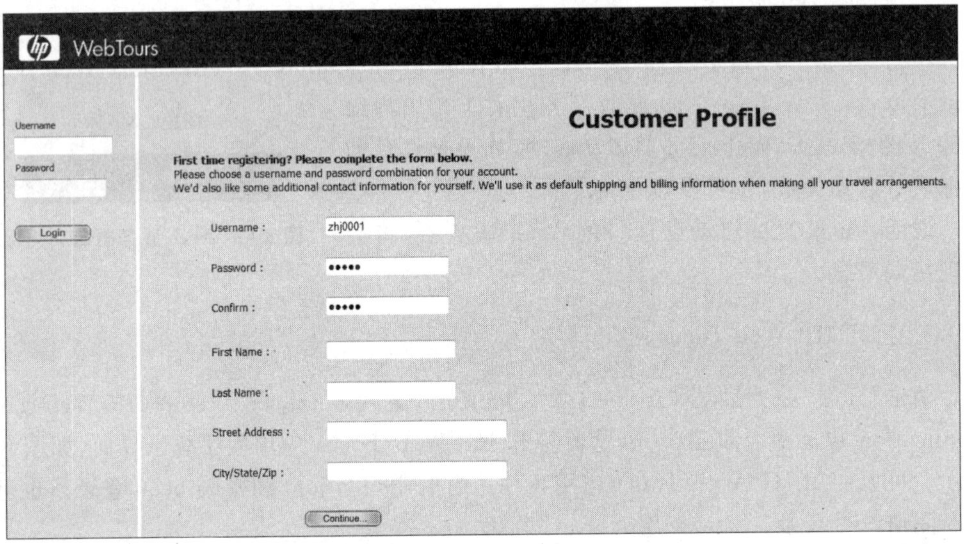

图 8-49　注册界面

在图 8-49 中,在 Username:文本框中输入用户名,在 Password:文本框中输入设置的密码,在 Confirm:文本框中再次输入设置的密码,其余选项可以不填写。单击 Continue 按钮,出现如图 8-50 所示的继续注册界面。

图 8-50　继续注册界面

单击 Continue 按钮,新注册的 zhj0001 账户登录完毕,显示 HP Web Tours 应用程序主界面,如图 8-51 所示。

HP Web Tours 主界面左侧导航按钮含义如下。

- Flights：搜索航班,订购机票。
- Ltinerary：查询已经订购的航班。
- Home：返回主页。
- Sign Off：退出。

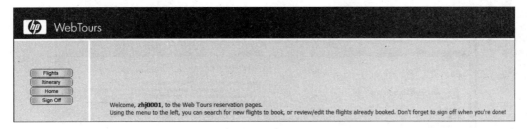

图 8-51　Web Tours 主界面

8.2.7　规划负载测试

本负载测试实例使用局域网中的两台计算机,模拟运行 20 个不同的用户同时登录 HP Web Tours 应用程序,HP Web Tours 必须能够处理 20 家旅行社的并发登录和注销操作,且分析响应时间是否超过要求。

要完成此性能测试,首先要对录制的脚本进行如下修改:在登录的前后插入事务起始及结束点,在注销的前后插入事务的起始及结束点,登录前插入集合点,对登录用户名和密码进行参数化,修改 URL。对脚本进行修改后,还要设计负载测试场景。

8.2.8　录制脚本

1. 启动 HP Web Tours 应用程序

按 8.2.6 节中的步骤启动 HP Web Tours 应用程序。

2. 打开 Virtual User Generator 功能

(1) 单击"开始"→"所有程序"→ HP LoadRunner → LoadRunner 命令,启动 LoadRunner 11.0 应用程序,打开如图 8-52 所示的主界面。

LoadRunner 主页面命令含义如下:

- Create/Edit Scripts:创建/编辑脚本。
- Run Load Tests:运行负载测试。
- Analyze Test Rusults:分析测试结果。

(2) 单击图 8-52 中 Create/Edit Scripts 命令,打开 HP Virtual User Generator 窗口,如图 8-53 所示。

说明: 要打开 HP Virtual User Generator 窗口,也可以在图 8-44 中找到 Applications 文件夹下的 Virtual User Generator 命令,右击,在弹出的快捷菜单中选择 "以管理员身份运行"命令(如果不是 Windows 7 或以上的操作系统,就不需要以管理员身份运行),即可打开图 8-53 所示的 Virtual User Generator 窗口。

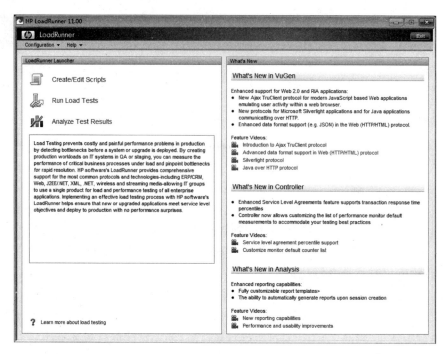

图 8-52 LoadRunner 主页面

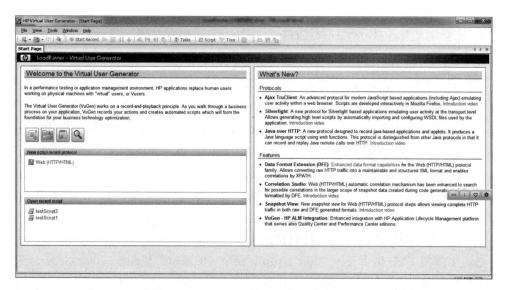

图 8-53 HP Virtual User Generator 界面

3. 录制脚本

（1）选择 File→New 新建脚本菜单命令，如图 8-54 所示，弹出如图 8-55 所示的 New Virtual User 窗口。

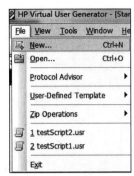

图 8-54　新建脚本菜单命令

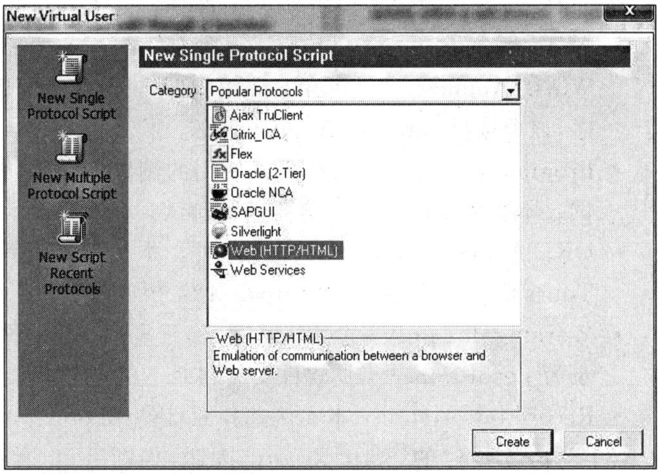

图 8-55　New Virtual User 窗口

说明：协议是客户端用来与系统后端进行通信的语言。HP Web Tours 是一个基于 Web 的应用程序，因此将创建一个 Web Vuser 脚本。

（2）在图 8-55 中选择默认的 Web（HTTP/HTML）协议，单击 Create 按钮，弹出如图 8-56 所示的 Start Recording 窗口。本实例按如图 8-57 所示进行设置，单击 OK 按钮。

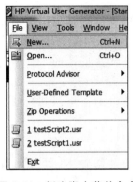

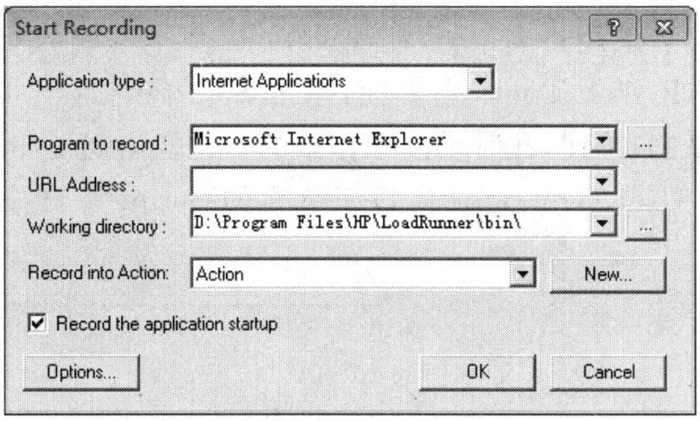

图 8-56　Start Recording 窗口

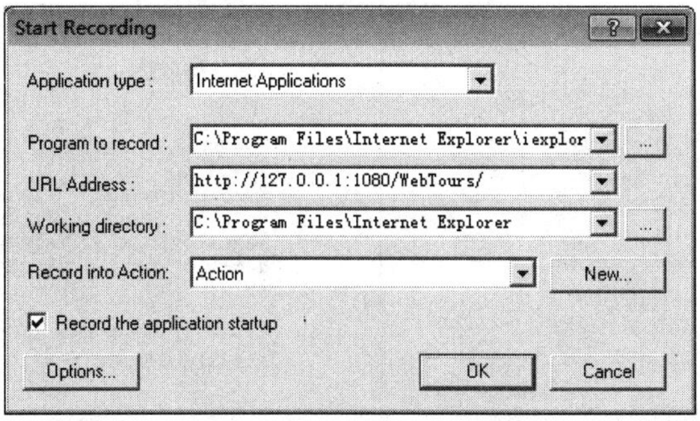

图 8-57　对录制操作的设置

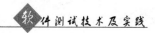

Start Recording 窗口各设置项含义如下：

- Application type：被测程序类型有 Internet Applications（Web 应用程序）和 Win32 Applications（Win32 应用程序）。本实例 HP Web Tours 为 Web 应用程序，该项选择 Internet Applications。
- Program to record：选择测试使用的浏览器，默认为 IE，可以选择其他浏览器测试。本实例使用 IE8 浏览器进行测试。
- URL Address：输入被测程序地址。本实例被测程序为该软件自带的 HP Web Tours 应用程序，地址为 http://127.0.0.1:1080/WebTours/。
- Working directory：设置工作目录，根据用户选择的浏览器自动变更。其默认目录为 LoadRunner 工具软件安装目录下的 bin 文件夹。
- Record into Action：本实例选择默认的 Action。

（3）单击工具栏的 Start Record 按钮，如图 8-58 所示，开始录制脚本，并弹出如图 8-59 所示的录制工具条。

图 8-58　Start Record 按钮

图 8-59　Recording 工具条

（4）此时会自动使用 IE 浏览器打开 HP Web Tours 应用程序的登录界面，在 Username 文本框输入登录用户名 jojo，在 Password 文本框输入密码 bean，单击 Login（登录）按钮，登录到 HP Web Tours 主界面，单击 Sign Off（退出）按钮，单击 Recording 工具条的 Stop（停止录制）按钮，此时录制工作条的标题栏出现了如图 8-60 所示的变化。

（5）单击 Virtual User Generator 窗口工具栏的 Script 工具按钮，显示已录制的脚本，如图 8-61 所示。

图 8-60　Recording 标题栏的变化

图 8-61　录制的脚本

8.2.9　修改脚本

为了更加真实地反映实际情况,脚本录制完成后,需要对录制的脚本进行适当的修改。本实例需要做如下修改。

1. 插入事务

在准备部署应用程序时,需要估计特定业务流程的持续时间,例如登录、预订机票等要花费多少时间。这些业务流程通常由脚本中的一个或多个步骤或操作组成。在 LoadRunner 中,通过将一系列操作标记为事务,可以将它们指定为要评测的操作。

LoadRunner 收集关于事务执行时间长度的信息,并将结果显示在用不同颜色标识的图和报告中。可以通过这些信息了解应用程序是否符合最初的要求。本实例中,将在脚本中插入一个事务来计算用户登录所花费的时间。

在图 8-61 所示的脚本窗口中,在登录之前插入事务的起始点,在退出 HP Web Tours 主界面之后插入事务的结束点。

(1)插入登录事务的起始点。

在图 8-61 所示的脚本窗口中,将光标定位在 web_url 之前,选择菜单栏的 Insert→Start Transaction 命令,如图 8-62 所示。弹出如图 8-63 所示的对话框,将插入的事务命名为 login,单击 OK 按钮。

图 8-62　插入事务起始点菜单命令

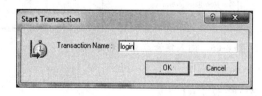

图 8-63　Start Transaction 对话框

(2)插入登录事务的结束点。

将光标定位在"web_image("SignOff Button"…"行之前,选择菜单栏的 Insert→End Transaction 命令,弹出如图 8-64 所示的对话框,在 Transaction Name 下拉列表中选择 login 事务,单击 OK 按钮。

图 8-64　End Transaction 对话框

（3）重复步骤（1）、（2）在"web_image（"SignOff Button"…"行及"return 0;"行之前分别插入退出事务起始点和结束点，并给该事务命名为 signoff。

2. 插入集合点

插入集合点是为了衡量在加重负载的情况下服务器的性能情况。在测试规划中，可能会要求系统能够承受 1000 人同时提交数据，在 LoadRunner 中可以通过在提交数据操作前面加入集合点，这样当虚拟用户运行到提交数据的集合点时，LoadRunner 就会检查同时有多少用户运行到集合点，如果不到 1000 人，LoadRunner 就会命令已经到集合点的用户在此等待；当在集合点等待的用户达到 1000 人时，LoadRunner 命令 1000 人同时去提交数据，从而达到测试规划中的需求。

集合点经常和事务结合起来使用。集合点只能插入到 Action 部分，而在 vuser_init 和 vuser_end 中不能插入集合点。

本实例插入集合点操作如下：将光标定位在脚本的 login 事务起始点之前，选择菜单栏的 Insert→Rendezvous 命令，如图 8-65 所示，弹出如图 8-66 所示的对话框，为插入的集合点命名为 LoginRendezvou，单击 OK 按钮，即在 login 事务之前插入了集合点。

图 8-65　插入集合点菜单命令

图 8-66　Rendezvous 对话框

3. 修改 URL

负载生成器测试需要修改脚本的 URL。

（1）查看本机内网 IP（查看 IP 的方法很多，下面只是其中的一种方法）。

单击桌面任务栏的开始按钮，在搜索框输入 cmd，如图 8-67 所示，按回车键，打开如图 8-68 所示的 DOS 功能窗口。在命令提示符后输入 ipconfig 命令，按回车键，"IPv4 地址"显示项即为本机的内网 IP 地址。

（2）修改脚本的 URL。

将脚本中的 URL＝http://127.0.0.1:1080/WebTours/修改为 URL＝http://192.168.113.24:1080/WebTours/。完成以上插入事务、插入集合点、修改 URL 操作后的脚本如图 8-69 所示。

图 8-67　搜索框

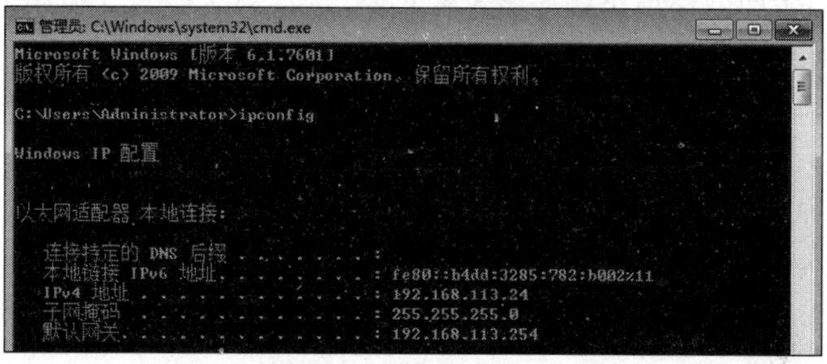

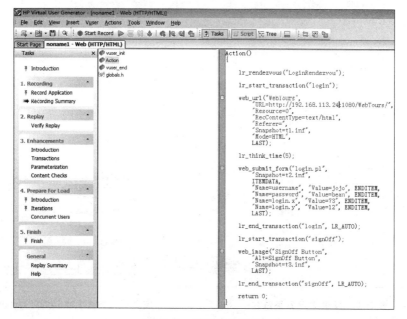

图 8-68　DOS 功能窗口

图 8-69　修改后的脚本

4. 参数化

本实例用户登录时需要输入用户名与密码,在录制脚本时只能是一个合法的用户名与密码,如果不进行参数化处理,10个用户登录就会使用相同的用户名与密码,这样不符合实际的运行情况,而且有可能引起冲突。为了能真实地模拟多个不同用户登录的情况,对脚本的登录用户名和密码进行参数化处理,使之更真实、合理。

参数化包含以下两项任务:

(1) 在脚本中用参数取代常量值。

(2) 设置参数的属性以及数据源。

参数化仅可以用于一个函数中的参量。不能用参数表示非函数参数的字符串。另外,不是所有的函数都可以参数化的。

用参数表示用户的脚本有两个优点:

(1) 可以使脚本的长度变短。

(2) 可以使用不同的数值来测试脚本。例如,要搜索不同名称的图书,仅需要写提交函数一次。在回放的过程中,可以使用不同的参数值,就能搜索不同名称的图书。

1) 登录用户名参数化

(1) 在如图8-70所示的脚本中选择jojo并右击,选择快捷菜单中的Replace with a Parameter命令,弹出如图8-71所示的对话框。

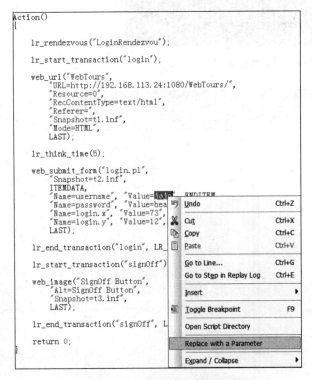

图 8-70　登录用户名参数化

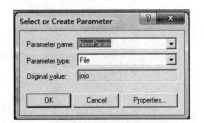

图 8-71　Select or Create Parameter 对话框

（2）将默认的参数名 NewParam 修改为 username（可以使用默认的参数名），单击 Properties 按钮，打开如图 8-72 所示的参数属性设置对话框。

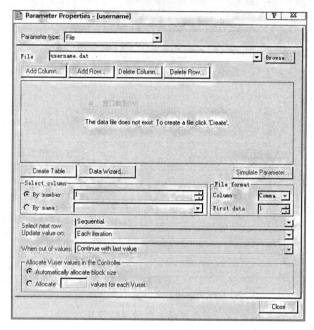

图 8-72 **Parameter Properties 对话框**

（3）单击图 8-72 中的 Create Table 按钮，弹出如图 8-73 所示的对话框，单击“确定”按钮，参数属性设置窗口变为如图 8-74 所示。

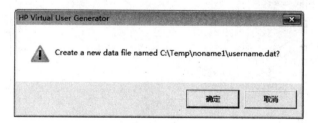

图 8-73 **确定创建新表对话框**

（4）单击图 8-74 中的 Edit with Notepad 按钮，打开如图 8-75 所示的记事本窗口。

（5）在记事本窗口中添加之前已经注册好的 9 个登录的用户名，如图 8-76 所示。

（6）关闭记事本窗口，弹出保存对话框，单击“保存”按钮，即将 9 个用户名添加到参数化属性设置窗口，如图 8-77 所示。单击 Close 按钮，弹出一个对话框，单击 OK 按钮，用户名参数化完成。

2）密码参数化

（1）在如图 8-70 所示的脚本中选择 bean 并右击，选择快捷菜单中的 Replace with a Parameter 命令，弹出如图 8-71 所示的对话框窗口。将默认参数名字 NewParam_1 修改为 password，单击 Propeties 按钮，弹出 password 参数属性设置对话框，单击 Create

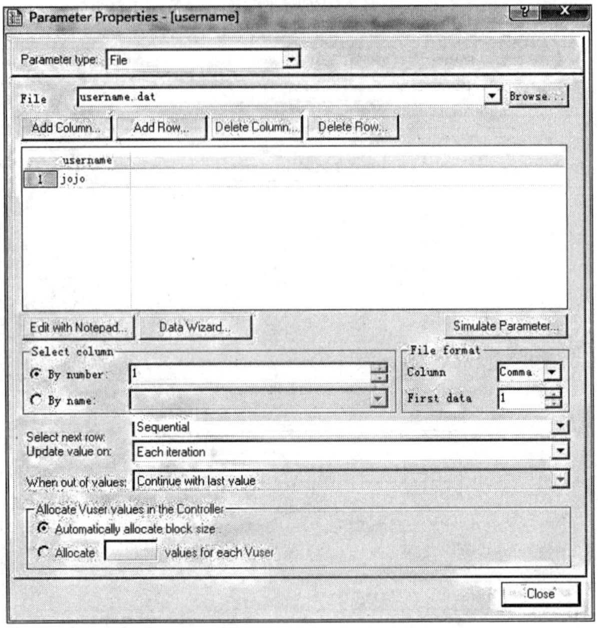

图 8-74　创建表后的参数属性设置对话框

图 8-75　记事本编辑窗口

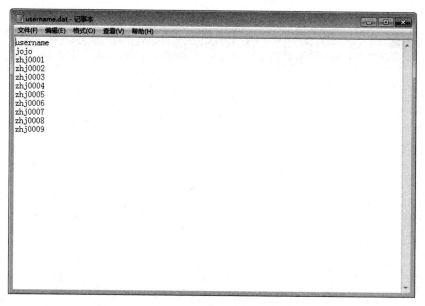

图 8-76　添加登录用户名

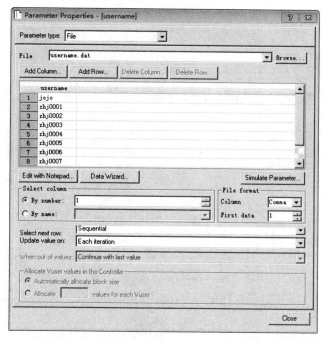

图 8-77　添加 9 个用户名的属性对话框

Table 按钮，弹出一个对话框，单击"确定"按钮。单击参数属性设置对话框的 Edit with Notepad 按钮，打开记事本窗口，在其中输入相应的 9 个密码，如图 8-78 所示。

（2）关闭记事本窗口，弹出保存对话框，选择"保存"，即将 9 个用户密码添加到参数化属性设置窗口，如图 8-79 所示。单击 Close 按钮，弹出一个对话框，单击 OK 按钮，密码参数化完成。

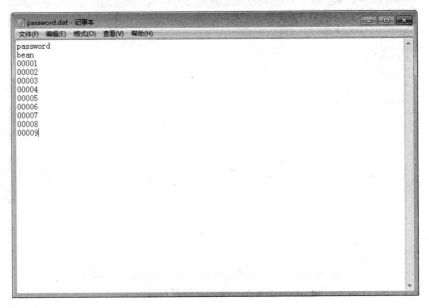

图 8-78　添加密码

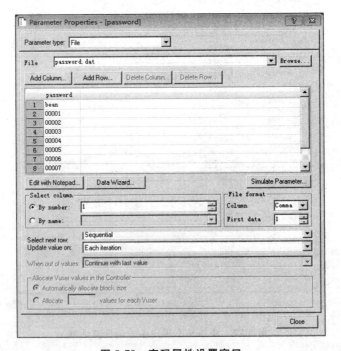

图 8-79　密码属性设置窗口

注：本实例注册的 9 个用户名为 zhj0001～zhj0009，对应密码为 00001～00009。

8.2.10　回放并保存脚本

1. 回放脚本

（1）选择菜单栏的 Tools→General Options 命令，如图 8-80 所示，打开如图 8-81 所示的对话框。

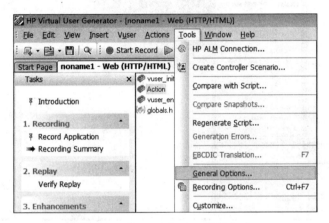

图 8-80　General Options 菜单命令

（2）在 General Options 对话框中，选择 Display 选项卡，相关设置如图 8-81 所示，单击 OK 按钮。

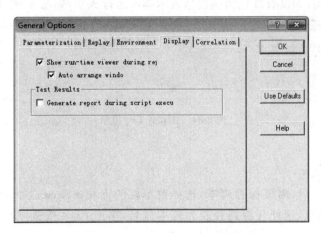

图 8-81　General Options 对话框

（3）单击 Virtual User Generator 窗口工具栏的运行按钮（如图 8-82 所示）或按快捷键 F5 即可运行脚本。

图 8-82　Virtual User Generator 窗口工具栏运行按钮

（4）脚本回放窗口如图 8-83 所示，左窗口为录制的脚本窗口，右窗口回放了左窗口录制的脚本，即用户登录及退出过程。

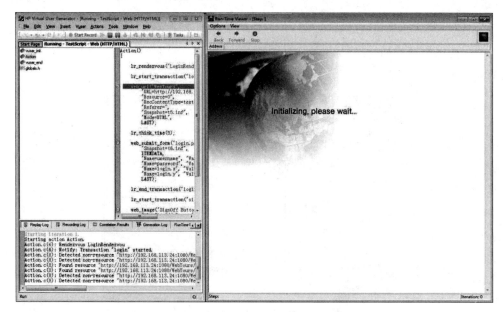

图 8-83　脚本回放窗口

（5）观察 Virtual User Generator 窗口下方的 Replay Log，如出现红色信息表示脚本运行中发现了错误，如没有红色错误信息表示脚本运行成功，如图 8-84 所示。

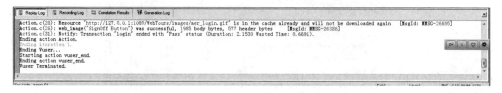

图 8-84　Replay Log 提示

2. 保存脚本

以上步骤完成后，需要保存脚本，选择菜单栏的 File→Save 命令或按 Ctrl＋s 快捷键，打开保存对话框，选择保存路径及为脚本命名，单击 Save 按钮。本实例保存路径为 D:\11\，脚本名为 TestScript。

8.2.11　负载测试的相关设置

1. 设置负载测试场景

（1）脚本保存完毕后，在 Virtual User Generator 窗口的菜单栏选择 Tools→Create Controller Scenario 命令，如图 8-85 所示，弹出如图 8-86 所示的创建场景对话框。

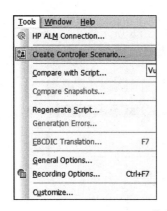

图 8-85 Create Controller Scenario 菜单命令

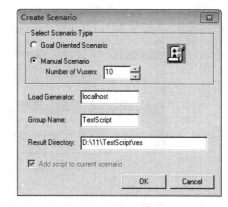

图 8-86 创建场景对话框

创建场景对话框中各设置选项的含义及本实例的设置如下：

- Goal Oriented Scenario：目标场景。
- Manual Scenario：手动场景（本实例选择手动设置场景）。
- Number of Vusers：虚拟用户数量。本实例共 10 个注册账号，并使用注册的账号对用户名和密码进行了参数化，所以设置 10 个虚拟用户。
- Load Generator：载入生成器，选择默认。
- Group Name：场景组名，选择默认。
- Result Directory：结果目录，选择默认。

（2）设置完毕，单击 OK 按钮，将打开 LoadRunner Controller 的 Design（设计）选项卡，TestScript 测试将出现在 Scenario Groups（场景组）窗格中。可以看到已经分配了 10 个 Vuser 来运行此测试，如图 8-87 所示。

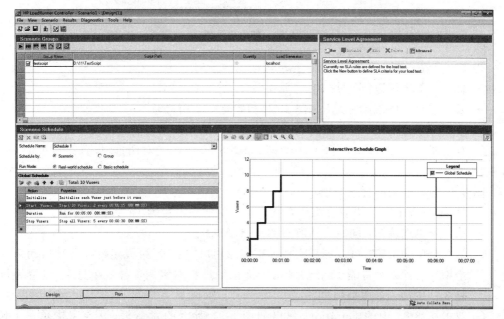

图 8-87 LoadRunner Controller 的 Design 选项卡

（3）设置 Global Schedule（全局计划）。

在图 8-87 的左下部为 Global Schedule 窗格，如图 8-88 所示。

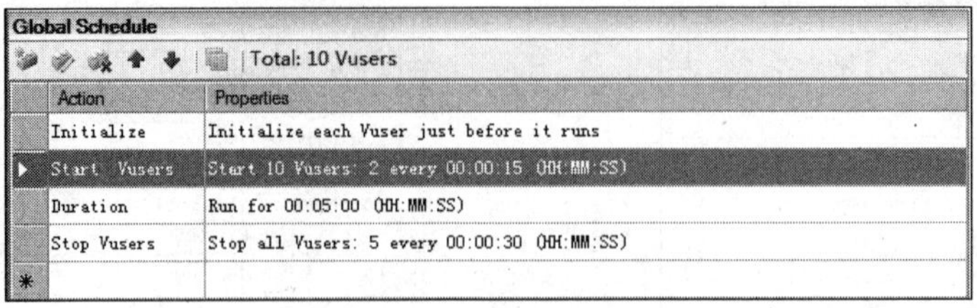

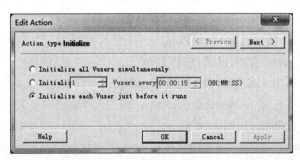

图 8-88　Global Schedule 窗格

Global Schedule 窗格中各设置项的含义如下：

- Initialize：初始化设置。
- Start Vusers：设置开始启动的虚拟用户。
- Duration：持续时间，登录完成后运行多少时间。
- Stop Vusers：设置结束时退出的虚拟用户。

① 双击图 8-88 中的 Initialize，弹出如图 8-89 所示的对话框，设置完毕单击 OK 按钮。

图 8-89　初始化设置

初始化设置共有 3 个单选按钮，各单选按钮含义如下：

- 第 1 个单选按钮：同时初始化所有用户。
- 第 2 个单选按钮：默认为每隔 15 秒初始化一个用户。
- 第 3 个单选按钮：每个用户运行之前进行初始化。本实例选择该单选按钮。

② 双击图 8-88 中的 Start Vusers，弹出如图 8-90 所示的对话框，设置完毕单击 OK 按钮。

图 8-90 中各选项的含义如下：

- Start … Vusers：设置虚拟用户数。本实例该项设置为 10 个虚拟用户。
- 第 1 个单选按钮：同时启动所有的虚拟用户。
- 第 2 个单选按钮：可以更真实地模拟实际用户的登录，可设定每隔几秒启动多少个用户。默认为每隔 15 秒启动两个虚拟用户。本实例选择该单选项，设置为每隔 3 秒启动一个虚拟用户。

③ 双击图 8-88 中的 Duration，弹出如图 8-91 所示的对话框，设置完毕单击 OK

按钮。

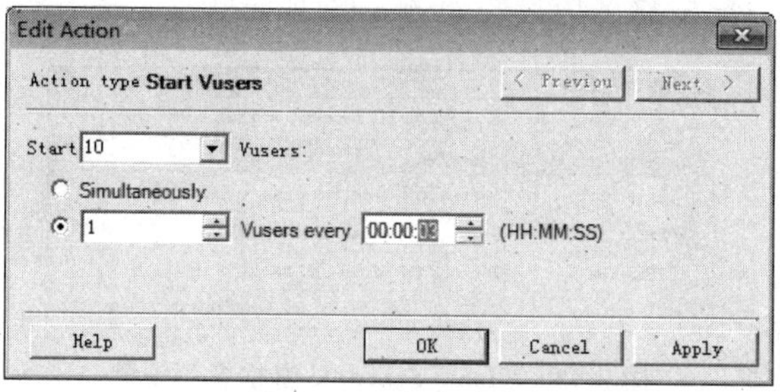

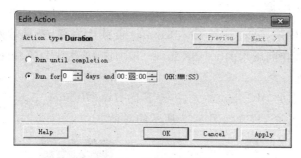

图 8-90　设置开始登录的虚拟用户

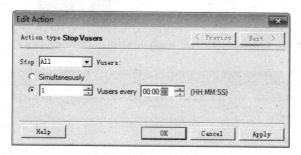

图 8-91　计划持续时间

图 8-91 有两个单选按钮,各单选按钮的含义如下:

- 第 1 个单选按钮:一直运行到结束。
- 第 2 个单选按钮:可设定运行时间。默认运行时间为 5 分钟。本实例运行时间为 2 分钟。

④ 双击图 8-88 中的 Stop Vusers,弹出如图 8-92 所示的对话框,设置完毕单击 OK 按钮。

图 8-92　计划退出虚拟用户

图 8-92 中各选项的含义如下:

- Stop All Vusers:停止所有虚拟用户。
- 第 1 个单选按钮:同时退出。
- 第 2 个单选按钮:可设置每隔几秒退出几个虚拟用户。默认设置为每隔 30 秒退出 5 个虚拟用户。本实例选择该单选按钮并设置每隔 3 秒退出一个虚拟用户。

⑤ Global Schedule 窗格各项设置如图 8-93 所示。

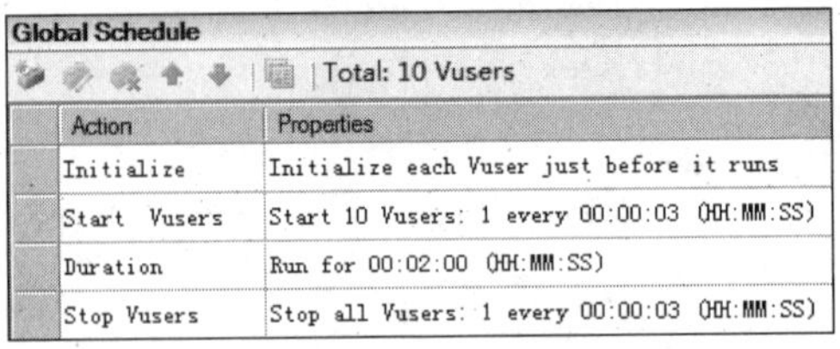

	Action	Properties
	Initialize	Initialize each Vuser just before it runs
	Start Vusers	Start 10 Vusers: 1 every 00:00:03 (HH:MM:SS)
	Duration	Run for 00:02:00 (HH:MM:SS)
	Stop Vusers	Stop all Vusers: 1 every 00:00:03 (HH:MM:SS)

图 8-93　Global Schedule 窗格各项设置

2. 设置负载生成器

本测试在局域网中进行，利用 LoadRunner 负载生成器，把局域网中另一台计算机（该计算机需要安装相同版本的 LoadRunner)添加进来，生成为负载计算机。

1) 负载计算机设置

（1) 单击图 8-94 中 Tools 文件夹下的 LoadRunner Agent Runtime Settings Configuration 启动命令，打开如图 8-95 所示的对话框。

图 8-94　LoadRunner Agent Runtime Settings Configuration 启动命令

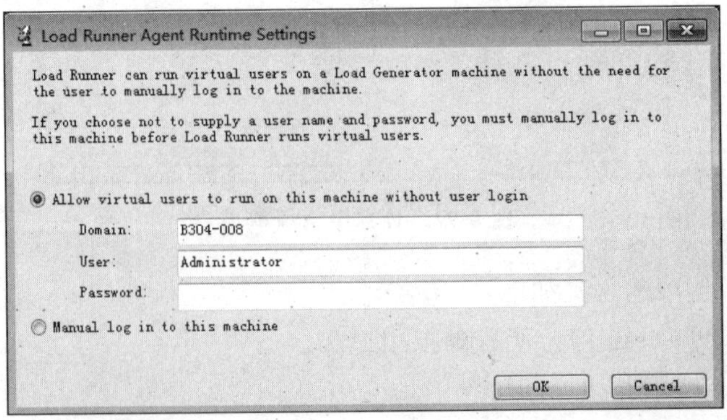

图 8-95　LoadRunner Agent Runtime Settings 对话框

（2）选择图 8-95 中的第一个单选按钮（该项为默认选项），Domain 及 User 自动生成，在 Password 后的文本框中输入该计算机的密码，单击

OK 按钮。此时桌面任务栏右下角出现一个小雷达图标，表示负载计算机设置成功，如图 8-96 所示。

图 8-96　桌面任务栏图标

2）查看负载计算机的 IP 地址

根据 8.2.9 节的方法查看负载计算机的 IP 地址，本实例使用的负载计算机的 IP 地址为 192.168.113.23。

3）场景设置

（1）以上设置完毕，回到 LoadRunner Controller 的 Design（设计）选项卡，单击 Scenario Groups 窗格的 Group Name 的第 2 行，如图 8-97 所示，出现下拉列表框，选择录制好的脚本 TestScript，单击 OK 按钮，此时场景中有两个组，如图 8-98 所示。

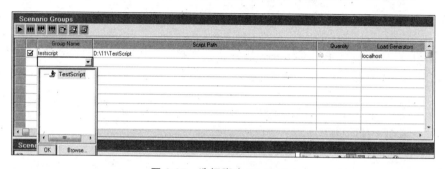

图 8-97　选择脚本 TestScript

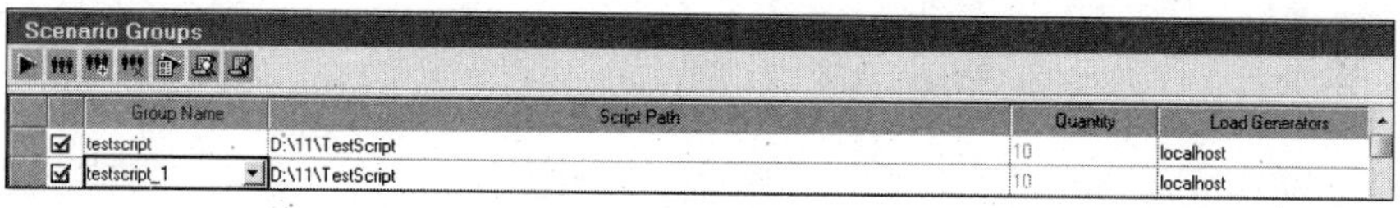

图 8-98　场景中的两个组

（2）单击图 8-98 中 testscript_1 组的 localhost，弹出下拉列表，如图 8-99 所示。

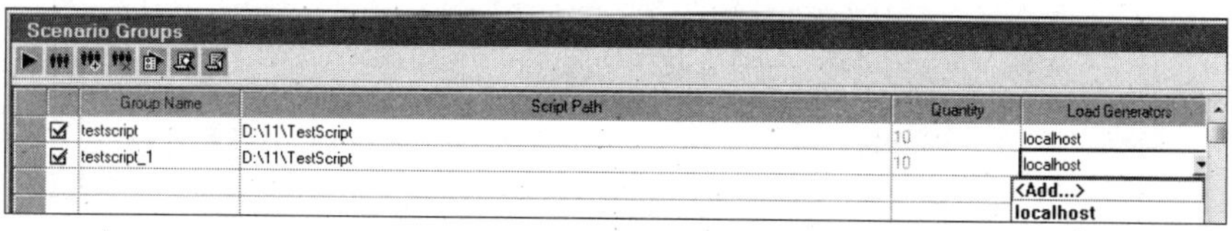

图 8-99　localhost 下拉列表

（3）单击图 8-99 下拉列表中的 Add，弹出 Add New Load Generator 对话框，在 Name 文本框输入负载计算机的 IP 地址（本测试的负载计算机 IP 地址为 192.168.113.23），Platform 选项选择负载计算机的系统，如图 8-100 所示。

（4）单击工具栏的 Load Generators 按钮，如图 8-101 所示，弹出如图 8-102 所示的对话框。

（5）在图 8-102 中分别选中本地计算机（localhost）和负载计算机（192.168.113.23）

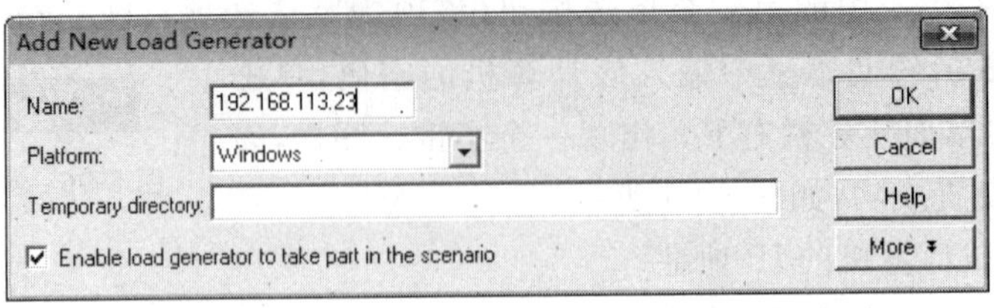

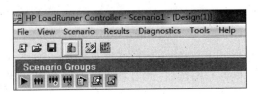

图 8-100　Add New Load Generator 对话框

图 8-101　Load Generators 按钮

的 Status 下的 Down，再单击 Connect 按钮将其连接，连接成功后，Down 状态变为 Ready 状态，如图 8-103 所示，单击 Close 按钮。

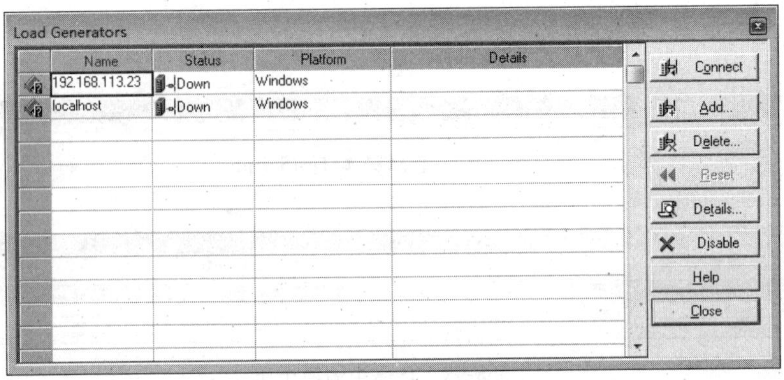

图 8-102　Down 状态

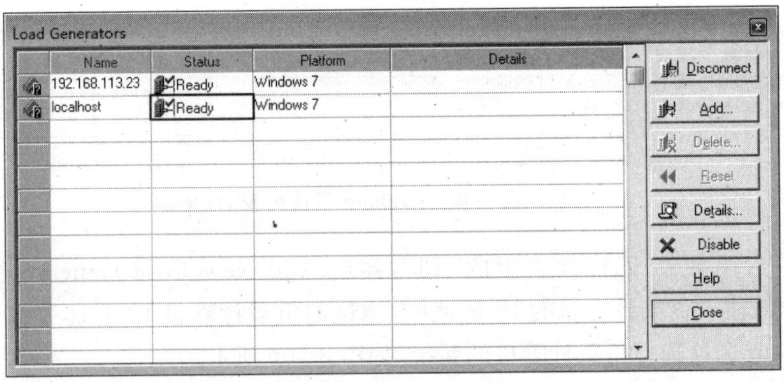

图 8-103　Ready 状态

3. 集合点设置

8.2.9 节在脚本中插入了集合点,在这里还需要设置集合点策略。

(1) 单击菜单栏的 Scenario→Rendezvous 命令,如图 8-104 所示,打开如图 8-105 所示的对话框。

(2) 在图 8-105 中,单击 Disable Rendezvous 按钮使其变为 Enable Rendezvous,单击 Policy 按钮,打开如图 8-106 所示的对话框。

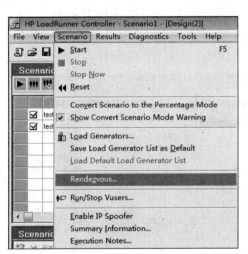

图 8-104　Rendezvous 菜单命令　　　　图 8-105　Rendezvous Information 对话框

(3) 在图 8-106 中,将第 2 个单选项设置为 50%(默认为 100%),Timeout between Vusers 设置为 60(默认为 30),如图 8-106 所示,单击 OK 按钮,回到图 8-105 所示的对话框,再单击 OK 按钮。

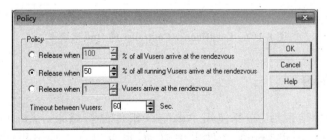

图 8-106　Policy 对话框

Policy 对话框中各选项的含义如下:

- 第 1 个单选按钮:场景中所有用户中指定百分比的用户到达集合点后,就释放等待的用户,继续执行场景。

- 第 2 个单选按钮:场景中正在运行的用户中指定百分比的用户到达集合点后,就释放等待的用户,继续执行场景。
- 第 3 个单选按钮:当指定数量的用户到达集合点后,就释放等待的用户,继续执行场景。
- Timeout between Vusers:当第 1 个用户到达集合点时,等待 30 秒,如果在 30 秒内等到指定数量的用户到达集合点,就开始继续执行场景;如果在 30 秒内还没等到指定数量的用户到达集合点,就不再等待,开始释放等待的用户,继续执行场景。

8.2.12 运行负载测试

场景设置完毕后,单击图 8-107 界面左下角 LoadRunner Controller 的 Run 选项卡,再单击 Start Scenario 按钮,开始运行场景,运行完毕弹出如图 8-108 所示的对话框,单击 Close 按钮。

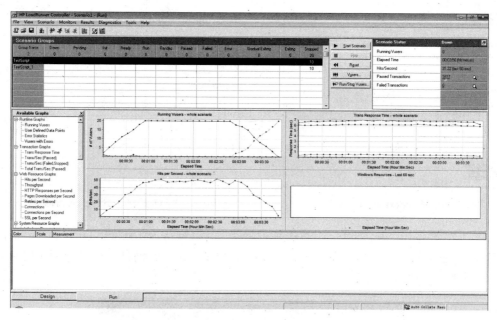

图 8-107　LoadRunner Controller 的 Run 选项卡

8.2.13 分析场景

负载测试运行结束后,需要使用 Analysis 组件分析结果。Analysis 组件可以在 8.2.4 节中介绍的 Applications 文件夹中启动,也可以在 Controller 功能窗口启动。Analysis 组件提供了多种详细图和报告,以便对测试结果进行分析。在分析结果时,可以将多个场景的结果组合在一起以比较多个图,还可以使用自动关联工具,将所有包含可能对响应时间有影响的数据的图合并起来,准确地指出问题的原因。使用这些图和报

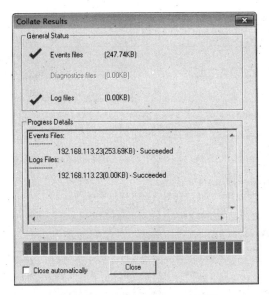

图 8-108 Collate Results 对话框

告,可以轻松找出应用程序的性能瓶颈,同时确定需要对系统进行哪些改进以提高其
性能。

1. 显示分析结果

选择图 8-107 菜单栏的 Results→Analyze Results 命令,打开 Analysis 功能窗口,通
过选择不同选项卡,可显示各类分析结果图,如图 8-109 至图 8-115 所示。

1) Summary Report

图 8-109 为概要报告,它提供有关场景运行的一般信息。在报告的统计信息概要部
分,可以了解测试中运行的用户数,并可查看其他统计信息,例如总/平均吞吐量和总/平
均点击次数。报告的事务摘要部分将列出每个事务的行为概要信息。

2) Running Vusers

选择 Running Vusers 选项卡,可查看运行的用户数变化情况,如图 8-110 所示。

3) Hits per Second

选择 Hits per Second 选项卡,可以查看每秒点击次数的变化情况,如图 8-111 所示。

4) Throughput

选择 Throughput 选项卡,可以查看吞吐量变化情况,如图 8-112 所示。

5) Transaction Summary

选择 Transaction Summary 选项卡,可以查看各种事务的次数统计,如图 8-113
所示。

6) Average Transaction Response Time

选择 Average Transaction Response Time 选项卡,可以查看事务的平均响应时间,
如图 8-114 所示。

Summary Report | Running Vusers | Hits per Second | Throughput | Transaction Summary | Average Transa...Response Time

Analysis Summary   Period: 2015/6/28 10:59 - 2015/6/28 11:02

Scenario Name: Scenario1
Results in Session: D:\11\TestScript\res\res.lrr
Duration: 3 minutes and 56 seconds.

Statistics Summary

Maximum Running Vusers:		20
Total Throughput (bytes):	⊘	7,206,809
Average Throughput (bytes/second):	⊘	30,408
Total Hits:	⊘	6,868
Average Hits per Second:	⊘	28.979

View HTTP Responses Summary

You can define SLA data using the SLA configuration wizard
You can analyze transaction behavior using the Analyze Transaction mechanism

Transaction Summary

Transactions: Total Passed: 1,252 Total Failed: 0 Total Stopped: 10   Average Response Time

Transaction Name	SLA Status	Minimum	Average	Maximum	Std. Deviation	90 Percent	Pass	Fail	Stop
Action_Transaction	⊘	1.284	3.438	10.117	0.894	4.09	404	0	10
login	⊘	0.853	1.9	2.931	0.434	2.447	404	0	0
signOff	⊘	0.415	0.798	1.796	0.283	1.184	404	0	0
vuser_end_Transaction	⊘	0	0	0	0	0	20	0	0
vuser_init_Transaction	⊘	0	0	0.001	0	0	20	0	0

Service Level Agreement Legend: Pass Fail No Data

HTTP Responses Summary

HTTP Responses	Total	Per second
HTTP_200	6,868	28.979

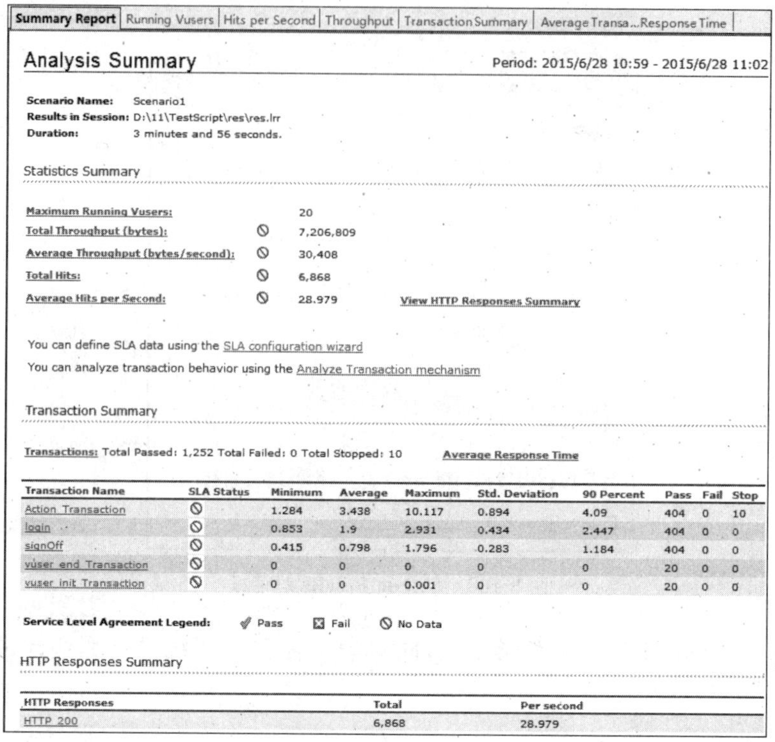

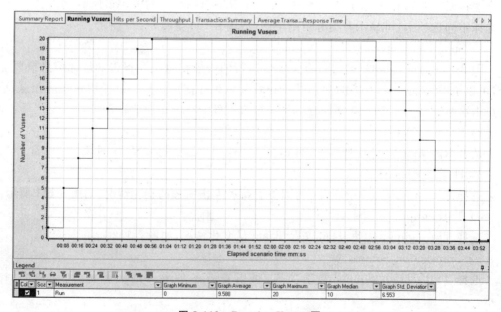

图 8-109 Summary Report 图

图 8-110 Running Vusers 图

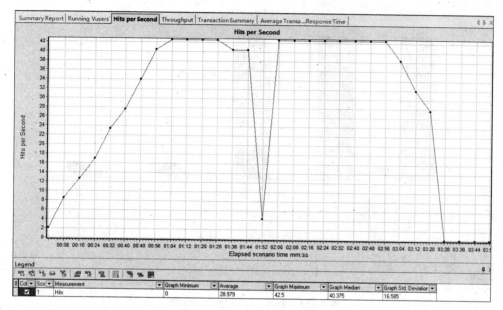

图 8-111 Hits per Second 图

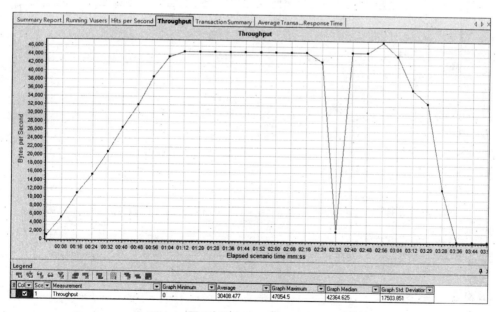

图 8-112 Throughput 图

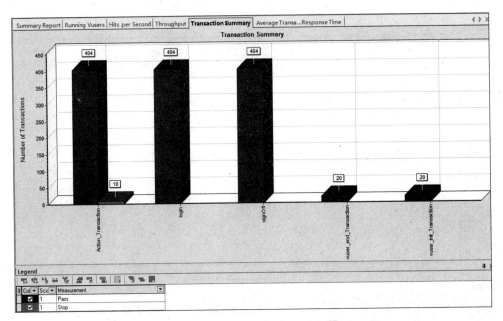

图 8-113　Transaction Summary 图

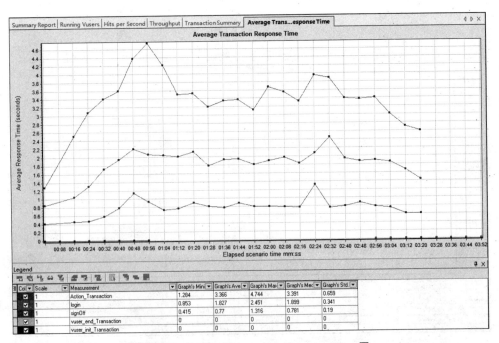

图 8-114　Average Transaction Response Time 图

7) Running Vusers 与 Average Transaction Response Time 合并图

选择 Running Vusers 与 Average Transaction Response Time 选项卡,可以查看运行的用户数与事务平均响应时间的合并图,如图 8-115 所示。

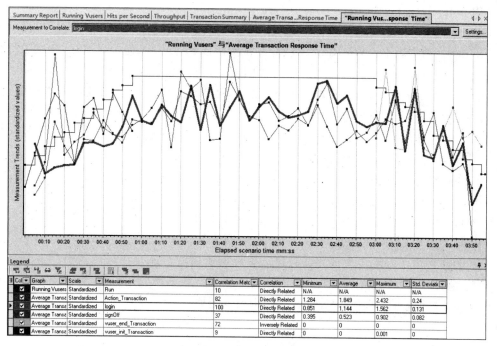

图 8-115 Running Vusers 与 Average Transaction Response Time 合并图

2. 保存分析结果

选择菜单栏的 File→Save 命令，打开 Save 对话框，保存分析结果文件，如图 8-116 所示。

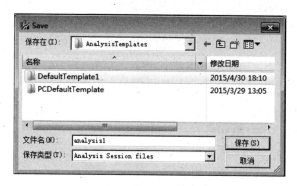

图 8-116 Save 对话框

8.3 本章小结

本章采用"任务驱动式"的编写模型，精心设计了 WinRunner 功能测试和 LoadRunner 负载测试两个实例。通过这两个自动化测试实例来带动 WinRunner 8.2、

LoadRunner 11.0 自动化测试工具的学习。

　　WinRunner 自带了测试软件 Flight Reservation(航班预订)。该程序有 Flight 4A 和 Flight 4B 两个版本。WinRunner 功能测试实例以 Flight 4A 版本做测试,测试了传真订单功能。通过 WinRunner 功能测试实例的学习,使读者了解 WinRunner 脚本录制有 Context Sensitive 和 Analog 两种录制模式。Context Sensitive 模式是以 GUI 对象(菜单、按钮等)为基础,录制对 GUI 的对象的各类操作(按下、移动、选取等)。Analog 模式主要是录制鼠标的移动轨迹(用 X 轴和 Y 轴定位跟踪鼠标运行轨迹)。Context Sensitive 模式和 Analog 模式在录制脚本过程中可以互相转换。

　　性能测试手动方式很难完成,借助于测试工具软件能达到很好的测试效果。LoadRunner 是一种适合各种体系架构的自动负载测试工具。LoadRunner 11.0 自带了 HP Web Tours 应用程序,HP Web Tours 应用程序是一个基于 Web 的旅行代理系统。HP Web Tours 用户可以连接到 Web 服务器,搜索航班、预订机票并查看航班路线。本实例以 HP Web Tours 作为被测试对象。本实例使用两台连接在局域网中的计算机做负载测试,每台计算机运行 10 个虚拟用户同时登录该数据库应用程序,为了衡量服务器执行登录的性能,对此进行负载测试,并分析测试结果。

习　题　8

1. WinRunner 测试工具软件主要可对软件进行什么测试?
2. LoadRunner 测试工具软件主要可对软件进行什么测试?
3. WinRunner 的 Context Sensitive 模式和 Analog 模式的区别是什么?
4. 在 WinRunner 中录制图像可采用什么录制模型?
5. Context Sensitive 模式和 Analog 模式在录制过程中如何转换?
6. 在 WinRunner 中,识别应用程序的 GUI 对象可以使用几种方式?
7. 在 LoadRunner 中,场景的含义是什么?
8. 在 LoadRunner 中,Vuser 的含义和作用是什么?
9. 在 LoadRunner 中,事务的作用是什么?
10. 在 LoadRunner 中,集合点的作用是什么?
11. 在 LoadRunner 中,参数化包含的任务是什么?
12. 在 LoadRunner 中,参数化用户脚本的优点是什么?
13. 简述 WinRunner 测试工具软件的测试过程。
14. 简述 LoadRunner 测试工具软件的测试过程。
15. 简述如何利用 LoadRunner 负载生成器添加局域网中另一台计算机生成负载计算机。
16. 简述集合点需进行哪些设置。

参 考 文 献

［1］ 佟伟光.软件测试.北京：人民邮电出版社,2008.

［2］ Andreas Spillner.软件测试基础教程.刘琴等,译.北京：人民邮电出版社,2009.

［3］ 黎连业,等.软件测试.北京：清华大学出版社,2009.

［4］ 韩利凯,等.软件测试.北京：清华大学出版社,2013.

［5］ 郑文强,马均飞.软件测试管理.北京：电子工业出版社,2010.

［6］ 朱少民.软件测试方法和技术.3版.北京：清华大学出版社,2014.

［7］ 张湘辉,等.软件开发的过程与管理.北京：清华大学出版社,2005.

［8］ Cem Kaner.计算机软件测试.王峰,等译.北京：中信出版社,2004.

［9］ 路晓丽,等.软件测试实践教程.北京：机械工业出版社,2010.

［10］ 宫云战,等.软件测试教程.北京：机械工业出版社,2009.

［11］ 黎连业,等.软件测试与测试技术.北京：清华大学出版社,2009.

［12］ 杜文洁,等.软件测试基础教程.北京：中国水利水电出版社,2008.

［13］ 李龙,等.软件测试实用技术与常用模板.北京：机械工业出版社,2013.

［14］ 史济民,等.软件工程——原理、方法与应用.北京：高等教育出版社,2002.

［15］ Paul C. Jorgensen.软件测试.3版.李海峰,等译.北京：人民邮电出版社,2011.